U0541537

清华科史哲丛书

阿格里科拉的矿物观念变革

严弼宸 著

图书在版编目（CIP）数据

阿格里科拉的矿物观念变革 / 严弼宸著 . -- 北京：商务印书馆，2025. -- （清华科史哲丛书）. -- ISBN 978-7-100-25015-3

Ⅰ. P57

中国国家版本馆CIP数据核字第2025T3J683号

权利保留，侵权必究。

清华科史哲丛书

阿格里科拉的矿物观念变革

严弼宸 著

商 务 印 书 馆 出 版
（北京王府井大街36号 邮政编码100710）
商 务 印 书 馆 发 行
北京市艺辉印刷有限公司印刷
ISBN 978-7-100-25015-3

2025年5月第1版 开本 880×1230 1/32
2025年5月北京第1次印刷 印张 12 5/8
定价：58.00元

总　　序

科学技术史（简称科技史）与科学技术哲学（简称科技哲学）是两个有着内在亲缘关系的领域，均以科学技术为研究对象，都在20世纪发展成为独立的学科。在以科学技术为对象的诸多人文研究和社会研究中，它们担负着学术核心的作用。"科史哲"是对它们的合称。科学哲学家拉卡托斯说得好："没有科学史的科学哲学是空洞的，没有科学哲学的科学史是盲目的。"清华大学科学史系于2017年5月成立，将科技史与科技哲学均纳入自己的学术研究范围。科史哲联体发展，将成为清华科学史系的一大特色。

中国的"科学技术史"学科属于理学一级学科，与国际上通常将科技史列为历史学科的情况不太一样。由于特定的历史原因，中国科技史学科的主要研究力量集中在中国古代科技史，而研究队伍又主要集中在中国科学院下属的自然科学史研究所，因此，在20世纪80年代制定学科目录的过程中，很自然地将科技史列为理学学科。这种学科归属还反映了学科发展阶段的整体滞后。从国际科技史学科的发展历史看，科技史经历了一个由"分科史"向"综合史"、由理学性质向史学性质、由"科学家的科学史"向"科学史家的科学史"的转变。西方发达国家大约在20世纪五六十年代完成了这种转变，出现了第一代职业科学史家。而直到20世纪末，我国科技史界提出了学科再建制的口号，才把上述"转变"提上日程。在外部制度建设方面，再建制的任务主要是将学科阵地由中国科学院自然科学史所向其他机构特别是高等院校扩展，在越来越多的高校建立科学史系和科技史学科点。在内部制度建设方面，再建制的任务是由分科史走向综合史，由学科内史走向思想史与社会史，由中国古代科技史走向世界科技史特别是西方科技史。

科技哲学的学科建设面临的是另一些问题。作为哲学二级学科的"科技哲学"过去叫"自然辩证法"，但从目前实际涵盖的研究领域来看，它既不能等同于"科学哲学"（Philosophy of Science），也无法等同于"科学哲学和技术哲学"（Philosophy of Science and of Technology）。事实上，它包罗了各种以"科学技术"为研究对象的学科，是一个学科群、问题域。科技哲学面临的主要问题是，如何在广阔无边的问题域中建立学科规范和学术水准。

本丛书将主要收录清华师生在西方科技史、中国科技史、科学哲学与技术哲学、科学技术与社会、科学传播学与科学博物馆学五大领域的研究性专著。我们希望本丛书的出版能够有助于推进中国科技史和科技哲学的学科建设，也希望学界同行和读者不吝赐教，帮助我们出好这套丛书。

吴国盛
2018 年 12 月于清华新斋

目　录

导言 …………………………………………………………… 1
　一　矿物观念与形而上学的完成 ……………………………… 1
　二　阿格里科拉矿冶著作概述 ………………………………… 8
　三　20世纪科学史中的阿格里科拉 …………………………… 22
　四　矿物思想史研究现状 ……………………………………… 43
　五　研究范围的界定 …………………………………………… 54
　六　章节安排 …………………………………………………… 56

第一章　古代到中世纪的矿物成因理论 …………………… 61
　一　自然的秩序：亚里士多德《气象学》中的矿石与金属 …… 64
　二　人工与自然之争：中世纪炼金术中的矿物生成 ………… 83
　三　神意、自然与人工：大阿尔伯特的双重调和 …………… 107
　四　小结：自然秩序的人化与神圣化 ………………………… 147

第二章　阿格里科拉矿冶研究的转变 ……………………… 151
　一　矿冶研究的背景 …………………………………………… 151
　二　矿冶研究的三个阶段 ……………………………………… 163
　三　阿格里科拉的自然哲学转向 ……………………………… 168

第三章　描述矿物：矿物的医药学研究 …………………… 172

一	医学人文主义的目标	172
二	描述特殊矿物：一种矿物研究新方法的确立	179
三	矿物成因问题的浮现	206

第四章 放弃形式：矿物生成的新自然哲学 216

一	自然哲学阶段的知识来源与生产	219
二	地下之物作品集的自然哲学架构	225
三	《论起源和原因》的既往研究	248
四	阿格里科拉论矿物成因	253
五	新自然哲学的特征	298
六	自然、人工和神意的新位置	308

第五章 重建性质：表象矿物的普遍话语 328

一	本性的丧失与性质的重建	329
二	矿物学的普遍话语规则	347
三	功用的话语与普遍矿冶工业的诞生	365

结语 373

参考文献 379

后记 391

导　言

一　矿物观念与形而上学的完成[1]

技术思想史家芒福德(Lewis Mumford,1895—1990)在1934年出版的《技术与文明》中反思了人类对自然资源的追求以及采矿技术造成的深远影响。[2] 在他的笔下，以阿格里科拉(Georgius Agricola,1494—1555)为典型代表的16世纪采矿业不仅代表了经济和技术的驱动力，也是现代思维与制造模式的源头。他以戏剧性的口吻断言，16世纪的少数人看待地下矿物的方式，最终成为现代文明看待一切物乃至整个自然的普遍理念，矿工在地下世界的生活方式最终延伸到地上的每个角落：

> 对大自然态度的改变，在其为人们普遍接受之前，首先出现于孤立于人群的少数人之中……阿格里科拉因其对采矿的

---

[1] 此节大部分内容已单独撰文发表，见严弼宸：《矿物作为现代隐喻与形而上学的完成》，《自然辩证法研究》2023年第11期。

[2] 芒福德：《技术与文明》，陈允明等译，中国建筑工业出版社1999年版，第63—71页。

兴趣,也对山脉进行了探查,发现了同样的现象……只要大自然存在,就会被人类所探索、所占用、所征服,最后被理解。①

从18世纪开始,西方文明以采矿业及其产品作为基础并反映了采矿业的实践和理念,即使在远离矿区的地方也是如此。阿格里科拉时代偶尔而局部的破坏现在已经变成了西方文明的一个普遍特征。②

采矿业的方法和理念逐渐成了整个西方世界发展工业的主导模式,这一事实被证明是件很糟糕的事情。爆炸、潮湿、碾压、萃取——其中总有些邪恶和凶险的东西。③

16世纪的矿物观念和采矿方法最终成为现代工业文明的主导模式,而矿工那种抽象而可计量化的价值观念成为现代价值观的原型,芒福德这一令人印象深刻的观点也在麦茜特(Carolyn Merchant,1936—)的《自然之死》中得到了呼应。麦茜特同样以阿格里科拉的矿冶著作为例,分析了16世纪的矿物观念和采矿实践如何成为人与自然疏远的关键因素:把自然视为关怀者和养育者的传统观念,正是在人与矿物打交道的过程中最突出地受到了挑战,并最终被一种新的自然观所取代——它将自然视为调查、实验和适合资本主义剥削的被动对象。④也正是从阿格里科拉开

---

① 芒福德:《技术与文明》,第28—29页。
② 同上书,第68页。
③ 同上书,第69页。
④ 麦茜特:《自然之死——妇女生态和科学革命》,吴国盛译,吉林人民出版社1999年版,第24—49页。

始,地球失去了神圣性,"新的开采活动已将地球从一个慷慨富足的母亲变成一个被人类奸污的被动接受者",这直接导致了现代工业世界的生态困境。①

然而,这类将16世纪采矿业视为现代工业文明原型的观点在矿业史领域却颇受争议。有学者指出《技术与文明》这部完成于近一个世纪前的作品,对16世纪采矿业的认识几乎仅依赖于阿格里科拉的《矿冶全书》(*De re metallica*,1556)。② 仅仅从单一的文本来源就概括出如此宽泛和独断的论点,这对现代历史学家而言多少显得过于大胆。更严重的批评是,芒福德对16世纪采矿业的描绘过分基于技术/文化与自然的简单二元对立,这种对立本身只是在机械主义世界观流行之后才成为常态。因此,一个长期存在于现代早期的更富精神性的有机自然,与采矿和冶金实践相关的更为丰富的活力论观念,都在这一叙事中被掩盖了。③

这些批评对于揭露现代早期更为多元的矿业文化固然是十分有益的,但这并不意味着芒福德的断言就因此而缺乏力量。古人在谴责矿业时将采矿比作探入大地母亲的腑脏,侵犯她的身体④,而现代人却将身体比作有待开发的人力资源,把代孕技术、基因编

---

① 张卜天:《阿格里科拉的〈矿冶全书〉及其对采矿反对者的回应》,《中国科技史杂志》2017年第3期。
② E. Hamm, "Mining history: people, knowledge, power", *Earth Sciences History*, 2012, vol. 31, no. 2, pp. 321-326.
③ T. Asmussen, "Spirited metals and the oeconomy of resources in early modern european mining", *Earth Sciences History*, 2020, vol. 39, no. 2, pp. 371-388. 另参见本书第一章第四节对现代早期矿物观念复杂性和多元性的综述。
④ 皮埃尔·阿多:《伊西斯的面纱》,张卜天译,华东师范大学出版社2015年版,第154页。

辑技术纷纷看作有潜力可发掘的矿藏时,这强烈地暗示着古今之间有什么东西被颠倒了。从"家里有矿""人矿"等网络流行语,到区块链技术中"矿机""挖矿"等专用术语,再到"人民生活中本来存在着文学艺术原料的矿藏"等名人名言,矿物作为一种隐喻如今已渗入现代语言的方方面面,好像成了每个现代人都能够心照不宣的暗号——试想如果古人来到这个无处不充满"矿物"、无处不在"挖矿"的现代世界,必然会大感不解。这并不单纯只是一个技术时代的文化现象,能够潜入现代语言的基底处,一定意味着矿物自身的概念已根本性地契合于现代的形而上学基础。在此处,海德格尔(Martin Heidegger,1889—1976)提示了芒福德隐而未彰的线索。

在海德格尔看来,现代技术把一切存在当作筹划和操控的对象——非但自然丧失了丰富的可能性,受到预先的算计和谋划,连人本身都在现代技术的逻辑下成为了被数据统计的人口红利,隐身入一条环环相扣的定制链条中。[1] 在这里,同样显示出矿物这一根本性的隐喻,它成为一切能量和资源的一种易于理解的原型表述。"在现代技术中起支配作用的解蔽乃是一种促逼,此种促逼向自然提出蛮横要求,要求自然提供本身能够被开采和贮藏的能量。"[2]"这种促逼着自然能量的摆置是一种双重意义上的开采。"[3]在海德格尔的语言中,连同与矿业相关的过程"开采""贮藏",都附

---

[1] 海德格尔:《演讲与论文集(修订译本)》,孙周兴译,商务印书馆2018年版,第14—28页。
[2] 同上书,第15页。
[3] 同上书,第16页。

带地具有了某种蛮横定制的意味。"某个地带被促逼入对煤炭和矿石的开采之中,这个地带于是便揭示自身为煤炭区、矿产基地","空气为着氮料的出产而被摆置,土地为着矿石而被摆置,矿石为着铀之类的材料而被摆置,铀为着原子能而被摆置,而原子能则可以为毁灭或者和平利用的目的而被释放出来"。① 在这里海德格尔更是直接将采矿活动作为昭显现代技术预先控制、精密筹划的本质的最鲜明例证。

因此有理由相信,在芒福德和麦茜特的直觉背后隐含着更为根本的条件——矿物能够成为一种体现现代精神的隐喻,矿业的理念能够成为现代工业文明的原型,这不仅仅是在丰富观念中做出的一种偶然选择,而是因为在16世纪形成的一种对矿物的认识方式,深刻地与现代形而上学的完成相契合。在此,本书借用海德格尔所说的"形而上学的完成"这一概念来理解现代之物在存在论和认识论意义上的基本特点。

"形而上学的完成"是海德格尔紧扣西方哲学发展理路而提出的重要概念。② 在完成了形而上学的现代世界中,人力求成为那种给予一切物以尺度的存在者。海德格尔又将这样的"人"称为"求意志的意志",世界在它面前收缩成图像,它迫使自己去筹划和算计面对的一切,只是为了达到对它自己的保障,一种可以无条件地使自己继续维持在对置状态的保障。③ 在海德格尔看来,这一完成遥启于柏拉图(Plato,约为 427—348 BC)——当巴门尼德

---

① 海德格尔:《演讲与论文集(修订译本)》,第10页。
② 同上书,第84页。
③ 同上书,第82—84页。

(Parmenides of Elea,活跃于公元前 5 世纪早期)提出存在者之存在是自在地归属于它自己时①,当古希腊人需要贴近存在者的自行敞开才能够对其存在有所觉知时,是柏拉图率先把存在者之存在规定为爱多斯(Eidos,相、外观、理念),把觉知到某物的存在仅仅规定为看到其外观,继而直达其永恒的理念,回避了原本需要进入每个存在者的自行敞开领域才能够把握的本质。② 亚里士多德(Aristotle,384—322 BC)看似为经验可感的自然世界进行过辩护——亚氏的自然研究以具体经验为起点,从中逐步分析出事物的本原和构成要素,最终达至规定存在的实体形式,从而完成对自然的体认。③ 然而作为最终规定的实体形式依然与质料相分离,本性/本质仍需穿透现象之流去找寻,这在根本上仍近于柏拉图的存在论。亚氏为整个自然界建立起宏伟融贯的理论架构,与其说这是对柏拉图的克服,毋宁说他反倒以最权威的方式推进了形而上学的进程。④ 这一架构在现代早期受到全面挑战,柏拉图主义的形而上学在伽利略的时代重回大地,自然开始了普遍数学化和对象化的进程。⑤ 一切物就其本质而言都是能被且需要被数学化

---

① 海德格尔对巴门尼德的阐释与通常的理解略有不同。通常的理解强调巴门尼德把存在视为没有变化的同一,但海德格尔更侧重存在者之存在归属于自身的自在性,参见海德格尔:《林中路》,孙周兴译,商务印书馆 2019 年版,第 99 页。
② 海德格尔:《演讲与论文集(修订译本)》,第 180—181 页。
③ 亚里士多德:《物理学》,张竹明译,商务印书馆 1982 年版,第 15 页。
④ 丁耘:《儒家与启蒙:哲学会通视野下的当前中国思想(增订版)》,生活·读书·新知三联书店 2020 年版,第 246 页。
⑤ 胡塞尔:《欧洲科学的危机与超越论的现象学》,王炳文译,商务印书馆 2017 年版,第 33—35 页。

表象从而被认知的存在。世界成为图像的同时，人成为主宰。①笛卡尔将"我思"确立为无疑的在场和先于一切并固定不变的存在，一切存在者都要被摆置到"我思"面前才得以确立。形而上学由此被推向极致，走向其完结。

尽管海德格尔本人重视历史，强调对现成概念的历史的追问，但上述关于西方思想发展脉络的哲学洞见毕竟还是缺少历史维度。20世纪30年代以来科学思想史在现代科学起源与科学革命问题上的一系列研究，对哥白尼、开普勒、笛卡尔、伽利略、牛顿等现代早期科学伟人的论述与思想进行了详细的辨析和考证，澄清了现代数理科学柏拉图主义和德谟克里特主义的形而上学基础②，揭示了与现代科学相伴随的和谐整体宇宙解体、世界普遍数学化与机械化的历史图景③。这些工作似乎为海德格尔"形而上学的完成"这一概念补充了丰满的历史性。然而，被芒福德和麦茜特视为现代工业文明源头的矿业和阿格里科拉，却在这条历史线索中隐而不彰。这或许意味着，仅仅沿着现代数理科学发展的路径追问和激活现代工业文明的历史沉淀，还不足以完全揭示其思想的根源。

"矿山正是17世纪物理学家建立的抽象世界的具体模型。"④

---

① 海德格尔：《林中路》，第96—98页。
② 伯特：《近代物理科学的形而上学基础》，张卜天译，商务印书馆2018年版，第41—45页；A. Koyré, "Influence of philosophic trends on the formulation of scientific theories", *The Scientific Monthly*, 1955, vol. 80, no. 2, pp. 107-111.
③ 柯瓦雷：《从封闭世界到无限宇宙》，张卜天译，商务印书馆2018年版；戴克斯特豪斯：《世界图景的机械化》，张卜天译，商务印书馆2018年版。
④ 芒福德：《技术与文明》，第66页。

芒福德直觉般的断言揭示了矿物与现代数理科学之间的某种隐秘关联。矿山何以与17世纪物理学所构想的抽象世界——那个被摆置到主体对面具有普遍数学化和机械化结构的世界——有关？对矿物的认识方式又是如何根本性地与现代的形而上学基础相契合，以至于矿物能够成为一种现代的普遍隐喻？对矿物观念的追问是否能够在另一条路径上揭示出现代文明隐而未彰的基因？从芒福德对矿物的洞见所激发出的这些问题，促使本书回到现代矿物学的生发处，回到被称为"现代矿物学之父"的阿格里科拉那里，去探究矿物的观念究竟发生了怎样的转变。

二　阿格里科拉矿冶著作概述

阿格里科拉以其矿冶著作闻名于世，以下将对本研究涉及的阿格里科拉矿冶作品进行概述，简要展现文本内容与翻译、研究现状，作为本研究在文献方面的准备。

1.《贝尔曼篇》(*Bermannus*)

1530年，已在开姆尼茨的约阿希姆斯塔尔镇（Joachimstahl, Chemnitz）担任了三年镇医的阿格里科拉，出版了他第一部矿物主题的作品《贝尔曼篇》。这是一本就矿物和采矿知识进行问答的拉丁文对话集，也是阿格里科拉就地下矿物世界给出的一份研究纲领——在序言中阿格里科拉首先点明了本书乃至他今后研究的志向：古人对矿物领域的知识在若干世纪以来遭到了遗忘，以至于连矿物的名称都面临巨大的混淆，而他的目标便是重新辨识矿物世界，为名称混乱的矿物确定命名，为地下之物重新赋予秩序。在这一目标和努力的背后，是阿格里科拉试图恢复古人完整的自然知识，重建几百年来逐渐混沌的词与物之间清晰关联的宏伟抱负。[①]

中世纪的经院学者主要通过文本接触自然，他们对自然知识的构建依托于权威著作而非现实世界。早期人文主义者试图通过文本工作重构自然知识，但在阿格里科拉看来，仅靠语文学上的努力只能恢复语词的纯洁性，对于事物的理解依然受到忽视。那些滥用矿物名称的庸医就对矿物本身一无所知，更遑论还有许多矿物是古典作家都未曾知晓的。因此，除了回到古典著作，让那些古老的、未被破坏的名称揭示自身，使我们能够了然它们所表示的物，另一方面的工作就是直接去自然界中寻找答案。[②] 作品中那位博学的矿工贝尔曼，被视为阿格里科拉的代言人。与他展开对话的分别是阿拉伯语和亚里士多德医学专家安贡（Nicolaus Ancon）和精通古希腊和罗马医学著作的医学人文主义者奈维乌斯（Johannes Naevius）。在贝尔曼的带领下，两位学者漫游于矿区之间，就沿途所见的采矿景象进行讨论，他们尤其注重辨析矿物和采矿术语，内容涉及矿物的性质、命名、历史、传说，矿场的管理制度以及采矿机械的使用等。该书致力于将古人提到的矿物与在萨克森地区发现的矿物联系起来，突出展现了古代文本知识与经验

[①] H. Wilsdorf, *Georgius Agricola Ausgewählte Werke Band II: Bermannus*, Berlin: VEB Deutscher Verlag der Wissenschaften, 1955, pp. 66-70.

[②] Ibid., pp. 69-70.

在矿物领域的交锋。① 在附录中,阿格里科拉的好友普拉提亚努斯(Petrus Plateanus,1495—1551)则为正文提到的 76 个矿冶拉丁术语整理了一份德语方言对照表,这一做法也将延续至阿格里科拉以后的矿物学著作中。

《贝尔曼篇》由巴塞尔的弗罗本出版社(Forben,Basil)出版,这是欧洲最著名的出版社之一,由北方人文主义宗师鹿特丹的伊拉斯谟(Desiderius Erasmus,1466—1536)经营。伊拉斯谟本人对这部作品也颇为赞赏,在正文前收录的伊拉斯谟来信中,他解释了阿格里科拉作品的重要性,称赞其术语的精确性和简洁性。自 1530 年初版后,这部作品几经修订。1546 年,阿格里科拉在他的矿物学作品集中收录了《贝尔曼篇》的第二版。1558 年的作品修订集则收录了阿格里科拉本人对这部作品的最后一个修订版,其中增加了一些新材料。②

《贝尔曼篇》长期以来不受研究者的重视,在 1994 年出版的纪念阿格里科拉诞辰 500 周年的文集中,科学史学家尼科莱塔·莫雷洛(Nicoletta Morello,1946—2006)呼吁人们注意这部被严重忽视的作品。③ 在证明《贝尔曼篇》的重要性时,莫雷洛讨论了人

---

① 参见胡佛在《矿冶全书》英译本附录中对阿格里科拉著作的介绍。G. Agricola, *De re metallica*, trans. by H. Hoover & L. H. Hoover, 1950, New York: Dover, pp. 596-597.

② G. Agricola, *De re metallica*, trans. by H. Hoover & L. H. Hoover, pp. 596-597.

③ N. Morello, "Bermannus—the names and the things" in F. Naumann (eds.), *Georgius Agricola 500 Jahre: Wissenschaftliche Konferenz vom 25-27. März 1994 in Chemnitz, Freistaat Sachsen*, Basel: Birkhäuser, 1994, pp. 73-81.

文主义运动如何通过对拉丁文和希腊文的深入和批判性研究,有效地揭示了古典知识的局限性。当16世纪的博物学家在自然界中遇到古人所不知道的事物时,他们大胆修改和扩展了古典知识,从而引起了真正的科学发现。阿格里科拉的《贝尔曼篇》反映的正是这一过程。化学史家欧文·汉纳威(Owen Hannaway,1939—2006)同样表示,文艺复兴时期的古典知识和经验科学知识的结合,在《贝尔曼篇》中得到了最好的诠释。① 然而这两位作者都没有讨论文本本身的任何具体案例。约翰·诺里斯(John A. Norris)在2015年的文章中以《贝尔曼篇》对黄铁矿的讨论为例,具体展现了人文知识和经验知识如何在阿格里科拉笔下互动,并比较了阿格里科拉与帕拉塞尔苏斯(Paracelsus,1493—1541)和大阿尔伯特(Albertus Magnus,1200—1280)对于黄铁矿认识的差异。② 这项工作为研究《贝尔曼篇》以及阿格里科拉的矿物思想提供了范例。

《贝尔曼篇》在19世纪前有两个德译本和一个意大利文译本,而最新的德译本则来自民主德国在20世纪后半叶整理的阿格里科拉作品集。③《贝尔曼篇》的德译本收于这套选集的第二卷,它于1955年由地质学家维尔斯多福(Helmut Wilsdorf,1912—

---

① O. Hannaway,"Georgius Agricola as Humanist",*Journal of the History of Ideas*,vol. 53,no. 4,pp. 553-560.

② J. A. Norris,"Agricola's Bermannus: A dialogue of mineralogical humanism and empiricism in the mines of Jáchymov"in T. Nejeschleba and J. Michalík (eds),*Latin Alchemical Literature of Czech Provenance*,Olomouc:Palacký University,2015:pp. 7-20.

③ 参见Wolfgang Paul进行的版本考证,W. Paul,*Mining Lore:An Illustrated Composition and Documentary Compilation with Emphasis on the Spirit and History of Mining*,Portland,Or:Morris Print. Co,1970,p. 229.

1996)根据 1530 年初版译出。① 1970 年,沃尔夫冈·鲍尔(Wolfgang Paul)主编的矿业文化资料汇编《矿业传说》中,收入了编者根据 1955 年维尔斯多福的德译本译出的英文节译本《贝尔曼篇》。②

2. 地下之物作品集

1544—1546 年,阿格里科拉完成了他第二阶段的矿物主题作品———一套用拉丁语写成的,系统阐述地下之物生成理论和性质,并对矿物进行完善分类的矿物作品集,其中包含《论地下之物的起源和原因》(*De ortu et causis subterraneorum*)、《论地下流出之物的性质》(*De natura eorum quae effluent ex terra*)、《论矿物的性质》(*De natura fossilium*)、《论新旧矿藏》(*De veteribus et novis metallis*)以及《贝尔曼篇》的第二版和一份题为《矿物德语释义》(*Interpretation Germanica uocum rei Metallica*)的拉丁文-德文矿冶术语词汇表。③ 这一系列作品可看作阿格里科拉践行 16 年前在《贝尔曼篇》中首次提出的研究纲领的努力——他要为整个地下的无机世界赋予秩序。阿格里科拉首先把地下世界的无机自然物分为两类:一类是依靠自身力量从地下流溢出来的东西,如水、空气、散发物以及火;另一类则是被人挖掘或开采出来的东西,如石头、金属、凝浆、特殊的土以及上述各种混合物。他的整个研究计划便是首先整体探究地下之物所具特性的起源与原因,这将在

---

① H. Wilsdorf, *Bermannus*, pp. 57-172.

② W. Paul, *Mining Lore*, pp. 252-319.

③ 参见胡佛在《矿冶全书》英译本附录中对阿格里科拉著作的介绍,G. Agricola, *De re metallica*, trans. by H. Hoover & L. H. Hoover, pp. 593-598.

《论地下之物的起源和原因》中被详细讨论,接着便是研究两类地下之物的本性,这分别在《论地下流出之物的性质》《论矿石的性质》两书中得到处理。①

自1546年首次在巴塞尔印刷出版后,这部作品集在1556年、1558年、1612年和1657年多次重印。它在1550年就有了意大利文译本,1557年它又被译成德文出版。1807—1812年,恩斯特·雷曼(Ernst Lehmann)完成了另一个德译本。然而这些译本被认为不甚准确。② 以下将分别介绍作品集中的几部重要著作。

(1)《论地下之物的起源和原因》

这部作品共五卷,分别讨论了上述两类地下之物。由于阿格里科拉认为挖掘物或矿物是由地下流出之物形成的,因此他首先在第一、二卷讨论流出之物。第一卷首先讨论了不同类型的地下水和凝浆的起源和分布,后半部分和第二卷的一部分专门讨论了地下热的起源。第二卷的其余部分主要讨论了地下的"蒸气"或"散发物"。关于流出之物的核心问题是它们的种类又有哪些,它们如何在地下流动并与之相互作用,以及流动过程如何影响地下与地表。第三卷的主要部分是关于矿脉的起源,在第三卷的后半部分以及第四、五两卷中,他给出了将在《论矿物的性质》中详加讨论的矿物分类,并在此书中解释了各类矿物的起源,他试图为矿物

---

① B. Fritscher,"Wissenschaft vom Akzidentellen. Methodische Aspekte der Mineralogie Georgius Agricolas"in F. Naumann (eds.),*Georgius Agricola 500 Jahre*,Basel:Birkhäuser,pp. 82-89.

② G. Agricola,*De re metallica*,trans. by H. Hoover & L. H. Hoover, pp. 593-598.

外部特征的变化寻找原因。①

这部作品中包含大量对古代哲学家、炼金术士和占星术士的矿物成因观念的反驳,并提出了后来《矿冶全书》中描述的矿床形成和矿物沉淀过程的理论基础,阿格里科拉也在《矿冶全书》中多次引用这部作品中阐述的水文和地质概念。正因为此,1912—1916年赫伯特·胡佛(Herbert C. Hoover,1874—1964)着手翻译《矿冶全书》时,格外注意到了这部早期的作品,并认为从纯科学的角度来看,《论地下之物的起源和原因》的重要性比《矿冶全书》有过之而无不及。② 他选择了部分与矿物成因相关的内容译成英文,放在《矿冶全书》英译本相关处的脚注中。也是因为阿格里科拉的这一工作,胡佛将他称为阐述了如今已成为地质学基础的热液矿床成因理论的第一人。③ 1956年,格奥尔格·弗豪斯塔德(Georg Fraustadt)根据1546年的第一版将此书译成德文,收于阿格里科拉作品选集的第三卷。④

然而,作为阿格里科拉最重要的理论作品之一,《论地下之物的起源和原因》的研究依然显得十分匮乏。加拿大地质学家弗兰克·亚当斯(Frank D. Adams,1859—1942)在他的地质学史名著

---

① I. F. Barton, "Georgius Agricola's contributions to hydrology", *Journal of Hydrology*, 2015, vol. 523, pp. 839-849; G. Agricola, *De re metallica*, trans. by H. Hoover & L. H. Hoover, pp. 593-598.

② G. Agricola, *De re metallica*, trans. by H. Hoover & L. H. Hoover, pp. xii.

③ Ibid, pp. xii.

④ G. Fraustadt, *Georgius Agricola Ausgewählte Werke Band III: Schriften zur Geologie und Mineralogie I*, Berlin: VEB Deutscher Verlag der Wissenschaften, 1956, pp. 83-187.

《地质科学的诞生与发展》中仅仅用了五段文字介绍了阿格里科拉的矿物沉淀理论和他关于泉水和河流的起源理论；地质学史家戴维·奥尔德洛伊德(David R. Oldroyd,1936—2014)在其《地质学思想史》中也只是用寥寥数语提及了这部作品。伊莎贝尔·巴顿(Isabel F. Barton)在 2015 年发表了一篇专门介绍《论地下之物的起源和原因》的文章，从水文学的角度概述了这部作品的主要内容，并讨论了阿格里科拉思想的影响。她依据 1556 年在弗罗本出版的拉丁文修订版对本书的许多重要段落进行了英文翻译，为进一步研究此作提供了参考。[①]

（2）《论地下流出之物的性质》

这部作品共四卷，是一份识别不同类型地下流体的指南。它讨论了它们的各种性质以及对人类健康的影响。主要部分提到了水的颜色、味道、温度、药用价值，以及对河流、湖泊、沼泽和水渠等的描述。对这本作品的研究历来十分匮乏。1956 年，弗豪斯塔德根据 1546 年的第一版将此书译为德文，收于阿格里科拉作品选集的第三卷[②]。

（3）《论矿物的性质》

这是阿格里科拉除了《矿冶全书》以外最著名的作品，共有十卷，阿格里科拉自述将要讨论那些挖掘物的独特特征、物理属性及有用的性能。在第一卷，阿格里科拉概述了矿物具有的各种特征，包括颜色、光泽、味道、形状、硬度等，并提出了一个矿物分类标准。首先依据混合的程度分为非混合矿物和混合矿物，后者由前者简

[①] I. F. Barton, "Georgius Agricola's contributions to hydrology", pp. 839-849.

[②] G. Fraustadt, *Schriften zur Geologie und Mineralagie I*, pp. 226-320.

单混合而来,可通过机械方式分离;而非混合矿物又可分为简单矿物和复合矿物,后者是前者的同质复合物,因其同质而不能再用机械方式分离出简单矿物;简单矿物则可分为土、石、凝浆和金属四类。在接下来的九卷中,阿格里科拉分别介绍了各类矿物的性质和用途。第二卷介绍了各种土,包括黏土、赭石、白垩等;第三卷是凝浆,包括盐、苏打、硝石、明矾、白矾、石膏、雄黄、硫黄等;第四卷介绍了一类没有完全凝结的浆汁,包括樟脑、沥青、煤、烟煤页岩、琥珀等;第五卷到第七卷分别介绍了四类不同的石;第八卷是各类金属、金属矿石以及合金;第九卷介绍了各类人工冶炼的操作,如制造黄铜、镀金、镀锡,以及诸如炉渣、氧化锌、白铅、红铅等金属产品;第十卷则介绍了各类复合矿物,也包括对一些可识别的银、铜、铅、水银、铁、锡、锑和锌矿物的描述。[①]

正是由于包含一个基于外在性质的矿物分类方案,《论矿物的性质》被普遍认为是现代系统矿物学的首次尝试,这部作品也被称作"第一本矿物学教科书"。班迪(M. C. Bandy)在 1955 年依据 1546 年的拉丁文初版将其翻译为英文,更扩大了这本书的影响。[②] 1958 年,弗豪斯塔德与汉斯·普雷舍(Hans Prescher,1926—1996)将这部作品翻译为德文,收于阿格里科拉选集的第四卷,他们所依据的底本同样是 1546 年的拉丁文初版。[③]

---

① G. Agricola, *De natura fossilium* (*Textbook of mineralogy*), trans. by M. C. Bandy & J. A. Bandy, New York: Dover publications, 1955, pp. v-xi.

② Ibid., pp. v-xi.

③ G. Fraustadt, *Georgius Agricola Ausgewählte Werke Band IV*: *De natura fossilium libri X*, Berlin: VEB Deutscher Verlag der Wissenschaften, 1958.

(4)《论新旧矿藏》

这篇短篇作品被认为是第一部矿业史作品,阿格里科拉汇编了从希腊文和拉丁文经典中选取的关于金属矿场的历史和地理资料,以及一些关于中欧矿场历史的信息,对金属矿物的地理分布进行了讨论。① 1961 年,汉斯·普雷舍根据 1546 年的拉丁文初版将这部作品译为德文,收于阿格里科拉作品选集的第六卷。② 目前几乎未见对它的具体研究。

(5)《矿物德语释义》

这份词表被附在阿格里科拉致好友沃尔夫冈·穆勒(Wolfgang Meurer)的一封信之后。穆勒是莱比锡大学哲学和希腊语教授,阿格里科拉在信中向他表示,由于德国拥有他在作品集中讨论的大多数矿物,因此一份拉丁语-德语的技术对照词表能够帮助那些想要深入研究的人。这封信感谢了穆勒和其他人的帮助,这或许表明这份词表是他们与阿格里科拉合作编写的。词表包括大约 500 个矿物学和冶金学术语,按照拉丁语首字母排序。这些拉丁术语中有许多是阿格里科拉自己创造的。它被认为是第一部技术辞典,对研究矿物命名有很大价值,但也几乎未见对它的专门研究。阿格里科拉选集的第二卷收录了这一词表。③

3.《论地下动物》(*De Animantibus Subterraneis*)

这部短篇作品于 1549 年在巴塞尔首次出版,它是阿格里科拉

---

① G. Agricola, *De re metallica*, trans. by H. Hoover & L. H. Hoover, p. 597.
② G. Fraustadt, *Georgius Agricola Ausgewählte Werke Band VI: Vermischte Schriften I*, Berlin: VEB Deutscher Verlag der Wissenschaften, 1961, pp. 68-105.
③ H. Wilsdorf, *Bermannus*, pp. 169-173.

对古代地下动物知识的汇编,这些动物的生命中至少有一部分时间生活在地下。之所以将它也列入与阿格里科拉矿物观念相关的论著,是因为它一方面代表了阿格里科拉希望为整个地下世界整理秩序的学术眼界——在《论地下动物》的开篇,阿格里科拉就表示,关于地下的无生命物质,他已经在此前的多部作品中论述了,因此他将要继续处理地下的生命。① 另一方面,阿格里科拉对动物的研究方式也是他对矿物研究方法的参照,例如在文本最后,阿格里科拉为所涉及的动物制定了一个名称索引,并根据动物的运动形式对它们进行了分组,从中可以看出阿格里科拉对系统命名和分类的一以贯之的追求。另外值得注意的是,在《论地下动物》的末尾处阿格里科拉记载了生活在地下矿洞中的几种魔鬼,描述了他们与矿工的关系。这类在矿业文化和民间信仰中常见的虚构形象为何被阿格里科拉在作品中严肃讨论,还是一个有待讨论的问题,而这或许代表了阿格里科拉矿物观念的一个不可忽略的面向。

《论地下动物》在 1549 年初版后,于 1556 年被附于《矿冶全书》之后再版。胡佛 1912 年的《矿冶全书》英译本忽略了这个文本,这导致它并不为现代学者所熟知。1961 年,弗豪斯塔德依据 1549 年的拉丁文初版将这部作品译成德文,收于阿格里科拉选集的第六卷。② 2009 年,奥尔德里奇(Michele L. Aldrich)等研究者

---

① M. L. Aldrich, et al, "Georgius Agricola, De Animantibus Subterraneis, 1549 and 1556: A translation of a Renaissance essay in zoology and natural history", *Proceedings of the California Academy of Sciences*, vol. 60, no. 1, 2009, pp. 89-94.

② G. Fraustadt, *Schriften zur Geologie und Mineralagie I*, pp. 164-201.

依据1556年拉丁文第二版将这部作品译成英文,并作了相关背景的介绍。①

4.《矿冶全书》

《矿冶全书》②于1556年在巴塞尔出版,是阿格里科拉最为著名的作品。全书共十二卷,包含近三百幅精美的木刻版画插图,全面介绍了采矿和冶炼业涉及的丰富技艺知识。《矿冶全书》的第一卷描绘了采矿业的概况,列举了采矿所需要的知识和技能,以及人们反对采矿的论点,并为采矿的正当性进行了辩护;第二卷讨论了矿工和矿脉的勘探;第三卷讨论了各种矿脉的区别,包括岩脉、细脉、矿层等;第四卷解释了确定矿脉范围的方法,描述了矿业官员的职能;第五卷描述了对矿石的采掘以及勘测者的技艺;第六卷描述了矿工的工具和机器;第七卷讨论了对矿石和金属制品的各种试验方法;第八卷讨论的是如何焙烧、粉碎和洗涤矿石;第九卷解

---

① M. L. Aldrich, et al, "Georgius Agricola, De Animantibus Subterraneis, 1549 and 1556: A translation of a Renaissance essay in zoology and natural history", pp. 89-174.

② De re metallica 这部作品旧多译为"论金属",潘吉星先生认为此作论述的内容远比金属丰富,故首次提出"矿冶全书"的译法,参见潘吉星:《阿格里柯拉的〈矿冶全书〉及其在明代中国的流传》,《自然科学史研究》1983年第1期。本书采纳了潘先生的译法,主要基于两个理由。首先,阿格里科拉所说的Metallica并不限于今日通常认为的金属,他在《论新旧矿藏》中指出,这个词在希腊语和拉丁语中表示好几样东西,即(1)某种矿物,包括金矿、银矿和其他矿物,(2)采掘这些矿物的矿坑和矿脉,以及(3)冶炼出的金属。参见 G. Fraustadt, *Vermischte Schriften I*, p. 71. 因此将这部作品直译为"论金属",容易使古今不同的"金属"概念混淆,从而掩盖阿格里科拉的本意。其次,阿格里科拉在 De re metallica 的前六卷主要讨论了矿工如何开采矿物,如何试验矿物的金属含量,在后六卷才开始讨论如何从矿物中冶炼金属,并且在第12卷还讨论了非金属产品的生产方式。因此,仅仅用"冶金"一词也不足以概括这部作品的内容。

释了冶炼矿石的方法;第十卷讨论了各种分离金属的方法,包括如何从粗金中分离出银,以及从粗金或粗银中分离出铅;第十一卷讨论了如何从粗铜中提取银;第十二卷则讨论了如何从矿物中制造出盐、碱、明矾、硫酸、硫黄、沥青、玻璃等非金属产品。[1]

早在1529年,阿格里科拉就有了《矿冶全书》的写作计划,这一点在其友人佩特鲁斯·普莱塔努斯致伊拉斯谟的信中得到了证明。1533年,阿格里科拉在《论罗马和希腊的度量衡》(De mensuris et ponderibus Romanorum atque Graecorum)一书的献词中,表明了要在自己有生之年写出这部作品的愿望。由此可见,早在阿格里科拉写作第一本矿物主题的作品《贝尔曼篇》时,就已经开始构思这样一本矿冶业技术的全书。事实上,阿格里科拉在1550年就已经完成了这部作品,致萨克森公爵莫里斯和奥古斯特的献词便是在那一年的12月写就的。1553年,阿格里科拉将完成的书稿寄给巴塞尔的弗罗本出版社,但由于书中众多精美的木刻版画插图需要大量的准备时间,最终的出版日程被一再拖延,以至于这部作品直到阿格里科拉去世的第二年才正式出版。[2]

《矿冶全书》自问世以后便大受欢迎,先后在1561年、1621年和1657年多次重印。1557年《矿冶全书》就有了第一个德译本,1563年有了第一个意大利文译本,此后又在1580年和1621年出现了新的德译本。1638—1640年,在明廷光禄寺卿李天经(1579—1659)的倡议和主持下,耶稣会士汤若望(Johann Adam

---

[1] G. Agricola, De re metallica, trans. by H. Hoover & L. H. Hoover.
[2] 关于《矿冶全书》的写作过程以及版本流传情况,参见胡佛在英译本导言中的介绍,G. Agricola, De re metallica, trans. by H. Hoover & L. H. Hoover, pp. xv-xvii.

Schall von Bell,1592—1666)等人以《矿冶全书》为主要底本,译作《坤舆格致》进献给崇祯皇帝,以图发展中国的矿业。① 直到 18 世纪中叶,《矿冶全书》都是全欧洲矿物与冶金领域的权威教科书。1906 年始,矿业工程师赫伯特·胡佛与他作为地质学家和拉丁语学者的妻子卢·胡佛(Lou H. Hoover,1874—1944)一道,以 1556 年的拉丁文初版为底本,历时五年将《矿冶全书》译成英文,这也是《矿冶全书》的第一个英文译本②。这一兼具学术创作性质的译本影响深远,成为公认的质量最高、最为通行的译本。1974 年,弗豪斯塔德和普雷舍依据 1556 年的拉丁文初版,将《矿冶全书》译成德文,收入阿格里科拉选集的第八卷③。

　　现代学者对《矿冶全书》的研究相对充分,在很大程度上是因为胡佛的英译本为这部作品赢得了远比阿格里科拉其他作品,以及同时代其他矿冶著作更广泛的关注,《矿冶全书》成为了解阿格里科拉乃至 16 世纪矿冶业和技术史的主要文本。同时由于胡佛英译本为《矿冶全书》做了详尽的评注与附录,不仅给出了一些能够澄清文本的评论,而且还提供了大量关于文本议题的历史信息,它本身也成为《矿冶全书》乃至阿格里科拉研究的一大传统。④ 对 16 世纪欧洲技术史和经济史的研究往往涉及对《矿冶全书》的引用,因而产生了一批从矿冶技术、机械技术、图像分析、自然观念等

---

① 参见潘吉星:《阿格里柯拉的〈矿冶全书〉及其在明代中国的流传》。

② G. Agricola, *De natura fossilium*, trans. by M. C. Bandy & J. A. Bandy. 关于胡佛夫妇翻译《矿冶全书》的历程,参见 O. Hannaway, "Georgius Agricola as Humanist".

③ G. Fraustadt, H. Prescher, *Georgius Agricola Ausgewählte Werke Band VIII*: *De re metallica Libri XII*, Berlin: VEB Deutscher Verlag der Wissenschaften, 1974.

④ O. Hannaway, "Georgius Agricola as Humanist".

多角度研究《矿冶全书》的文献,与本研究相关者将在后文进行综述,此处不再一一介绍。然而与之形成鲜明对照的是,中国科技史界长期以来对《矿冶全书》缺乏研究,仅有的几篇相关论文主要是关于版本流传、中西方文化交流以及中译本《坤舆格致》展开的研究[1],《矿冶全书》的具体内容尚未引起学界的普遍关注。张卜天曾对《矿冶全书》第一卷的主要内容进行了介绍,着重展现了矿业反对者对矿业的批判和阿格里科拉为矿业进行的辩护。[2] 张卜天认为《矿冶全书》对于理解工业文明的兴起具有重要的作用,而理解矿业正当性辩论背后所反映的对待自然的不同态度,对于全面认识西方科学技术的文化基因和思想根源更有特殊的重要性。这一思路给本研究以很大的启发,出于同样的目的,本研究试图对阿格里科拉的矿冶著作进行通盘考察,并将阿格里科拉置于矿物观念古今变革的历史中,以求进一步理解16世纪欧洲的矿物和自然观念转变是如何影响现代工业文明的。

三 20世纪科学史中的阿格里科拉[3]

由于上述一系列经典矿冶作品的流传,阿格里科拉在16—19

---

[1] 潘吉星:《阿格里柯拉的〈矿冶全书〉及其在明代中国的流传》;刘劲生:《阿格里柯拉及其〈论金属〉》,《自然杂志》1986年第11期;傅汉思:《〈坤舆格致〉惊现于世:阿格里科拉 De re metallica 1640年中译本》,曹晋译,《澳门历史研究》2015年第14期;严弼宸:《试验与冶炼之辩:论南图藏〈坤舆格致〉抄本第二卷内容与卷次》,《中国科技史杂志》2021年第4期。

[2] 张卜天:《阿格里柯拉的〈矿冶全书〉及其对采矿反对者的回应》,《中国科技史杂志》2017年第3期。

[3] 此节大部分内容已单独撰文发表,见严弼宸:《20世纪科学史中的阿格里科拉:一项编史学考察》,《中国科技史杂志》2023年第1期。

世纪的矿冶科学领域备受推崇。埃克尔（Lazarus Ercker,1530—1594）、斯威登堡（Emanuel Swedenborg,1688—1772）、克龙斯泰特（Axel F. Cronstedt,1722—1765）等冶金与矿物学家无不承认阿格里科拉的影响。① 现代矿物学创始人、地质学弗赖堡学派的代表人物维尔纳（Abraham G. Werner,1750—1817）在《矿脉形成的新理论》(*Neue Theorie über Entstehung der Gänge*,1791) 一书中,将阿格里科拉奉为"第一个就矿脉问题进行写作并提出解释的现代人""矿物学和采矿学之父"。②

然而,现代科学史家通常认为阿格里科拉的影响极为有限。如化学史家霍姆雅德（Eric J. Holmyard,1891—1959）断言阿格里科拉的《矿冶全书》"几乎没有对中世纪阿拉伯炼金术士设计的金属提取、提纯和化验方法进行任何改进",曾任美国科学史学会主席的马尔特霍夫（Robert P. Multhauf,1919—2004）则认为阿格里科拉不过是一个严重依赖前人工作的医生。③ 帕拉塞尔苏斯是与阿格里科拉同时代的德国学者,在其作品中矿冶主题同样占据重要位置。与前者在科学史中的显赫声名相比,阿格里科拉显得更受轻视。科学史家萨顿（George Sarton,1884—1956）在比较二人的影响力时便颇为阿格里科拉感到不平,认为"就增进我们的知识而

---

① 贝雷塔详细考证了阿格里科拉作品的流传情况以及他在化学和矿冶科学领域的持久影响,参见 M. Beretta, "Humanism and chemistry: the spread of Georgius Agricola's metallurgical writings", *Nuncius*, 1997, vol. 12, no. 1, pp. 17-47.

② A. G. Werner, *New Theory of the Formation of Veins*, trans. by C. Anderson, London: Encyclopædia Britannica Press, 1809, pp. 9-10.

③ M. Beretta, "Humanism and chemistry: the spread of Georgius Agricola's metallurgical writings".

言,阿格里科拉其实远比帕拉塞尔苏斯做得更多"[1]。

事实上,伴随着不同时期编史纲领的变化,阿格里科拉在20世纪科学史中的形象几经变迁——有时他是现代科学方法的奠基者,有时他被认为与传统的亚里士多德主义者一般无二,有时他又被称作一个人文主义者。本节将对阿格里科拉的不同形象进行梳理,展现20世纪以来几种不同的科学编史学纲领对其形象的塑造,以便从中把握他在古今矿物观念转变中的恰当位置。

1. 科学奠基者与矿物学之父

20世纪以来的阿格里科拉研究,可追溯到《矿冶全书》的著名英译本的诞生。1906年始,日后成为美国第31任总统的矿业工程师赫伯特·胡佛,与妻子卢·胡佛一道,领导了一个研究与翻译团队,历时五年将《矿冶全书》译成英文。胡佛不仅为该译本给出了能够澄清文本的详尽评论,而且还在注释和附录中提供了大量关于文本议题的历史信息。这一兼具学术创作性质的译本影响深远,成为公认的质量最高、最为通行的译本,胡佛评注也成为阿格里科拉研究的一大传统。[2]

在胡佛夫妇的笔下,阿格里科拉不仅被塑造为一位追求技术进步的采矿和冶金专家,更是一位未受足够重视的现代科学方法

---

[1] G. Sarton, *Six Wings: Men of Science in the Renaissance*, Bloomington: Indiana University Press, 1957, pp. 125-126.

[2] 胡佛夫妇翻译《矿冶全书》的历程,参见 O. Hannaway, "Herbert Hoover and Georgius Agricola: The Distorting Mirrors of History", *Bull. Hist. Chem.*, 1992, no. 12, pp. 3-10.

奠基人。英译本的导言首先详尽介绍了阿格里科拉的生平,接着便在"阿格里科拉的知识造诣及其在科学中的地位"一节中仔细讨论了他在地质学、矿物学、采矿工程等领域取得的进步。胡佛列举了阿格里科拉在专业领域的贡献,如第一个阐述了如今已成为地质学基础的热液矿床成因理论,第一个尝试基于溶解性、均质性以及颜色、硬度等外部特征对矿物进行系统分类,第一个宣称铋和锑是真正的金属等。但他并不满足于这些具体的专业成就,还试图在科学方法论领域为阿格里科拉提出更广泛有力的主张,并且通过与帕拉塞尔苏斯的比较为他正名:

> 阿格里科拉对他们(经院学者)的某些学说进行了激烈的驳斥,他为驳斥这些学说所做的艰苦而详细的论证,构成了科学界关于观察结果与归纳推测结果的第一次斗争。[1]
>
> 与他仅仅在特定领域所取得成就的细节相比更重要的是,阿格里科拉一反过去那类没有成果的臆测,成为第一个在研究和观察的基础上发现自然科学的人。相比地质学家,医学领域对其学科的发展抱有更广泛的兴趣,这导致了帕拉塞尔苏斯这位阿格里科拉的同时代人,被视为演绎科学的第一人而受到推崇。然而,如果把这位半天才、半炼金术士的无比自大的狂言,与阿格里科拉那种谦虚冷静的逻辑和真正的研究与观察相比较,人们就丝毫不会怀疑,后者才应该被授予那无可比拟的更高的地位,后者才是从观察中推理而为科学奠

---

[1] G. Agricola, *De re metallica*, trans. by H. Hoover & L. H. Hoover, p. xii.

定基础的先驱者。科学是培植今日文明的根基,当我们日常将功劳归于所有在上层建筑中的耕耘者时,也请不要忘记那些最初为科学奠基的人。他们中最伟大的人物之一,就是阿格里科拉。①

美国化学史家欧文·汉纳威认为,胡佛通过翻译《矿冶全书》完成的对阿格里科拉形象的塑造,并不仅仅是一种学术性的描绘,而是有意识地将他本人的形象与期望融入其中的结果。阿格里科拉对矿业的辩护,以及他的矿冶成就在科学史上的位置,体现了矿业专家具有的进步思想,这有助于提升胡佛本人所从事的采矿工程专业的地位和尊严。而将阿格里科拉奉为现代科学方法创始人的深层原因,在于胡佛希望通过创造一部不仅仅局限在专业领域,更致力于关切普遍科学事业的经典学术著作,实现自己的身份转换——从采矿工程步入公共服务领域。②

如果说胡佛的《矿冶全书》译著代表了20世纪阿格里科拉向英美学界乃至社会公众的首次亮相,那么加拿大地质学家弗兰克·亚当斯于1939年出版的《地质科学的诞生与发展》,则反映了国际地质学领域对阿格里科拉形象的认知。这部作品再次确认了"矿物学之父"这个后来经常被用于形容阿格里科拉的名号。

亚当斯曾任国际地质学大会主席、美国地质学会会长,是享有盛誉的国际地质学权威,他晚年所著的《地质科学的诞生与发展》

---

① G. Agricola, *De re metallica*, trans. by H. Hoover & L. H. Hoover, p. xiv.
② O. Hannaway, "Herbert Hoover and Georgius Agricola: The Distorting Mirrors of History".

长期以来被奉为地质学史的经典之作。① 在第六章"现代矿物学的诞生与发展——从阿格里科拉到维尔纳与贝采利乌斯"中,亚当斯认为阿格里科拉毫无疑问是地质科学史上最杰出的人物之一,并引用了维尔纳对阿格里科拉的评价,称其为"矿物学之父"。② 亚当斯介绍了阿格里科拉矿物学研究的两本主要作品——《贝尔曼篇》和《论矿物的性质》,认为阿格里科拉拒绝了亚里士多德、阿维森纳(Avicenna,980—1037)、大阿尔伯特等人提出的矿物分类主张,不再采用传统宝石书中常见的寓言故事和道听途说的传言,提出了一种全新的、基于矿物物理特性的系统分类方案。这个方案虽有种种不足,但无疑是一大进步,也是其后许多矿物分类的基础。除此以外,阿格里科拉还根据实地考察经验,对数百种矿物以及它们的相互关系进行了客观准确的描述。亚当斯最后总结道,这些贡献使阿格里科拉当之无愧地被称为"矿物学之父"。③

无论是胡佛还是亚当斯,都持有典型的、在20世纪上半叶流行的实证主义科学观。与之匹配的编史观念认为,科学史就是一部实证知识的积累史,它通过描绘某一学科的科学方法或概念演化史,展现这些被当下认为正确的主题和方法是何时何地以及如何出现的。在这样的科学史中登场亮相的阿格里科拉,自然是科学进步之路上的先驱形象。而这一形象在50年代却面临两种截然不同的命运。

---

① 参见《科学传记辞典》中的相关词条,C. Gillispie C, *Dictionary of Scientific Biography*, vol. 1, New York: Charles Scribner's Sons, 1980, pp. 51-53.

② F. D. Adams, *The Birth and Development of the Geological Sciences*, London: Baillière, Tindall and Cox, 1939, p. 175.

③ Ibid., pp. 183-195.

2. 科学先驱还是时代误植？

1955年初春，德意志民主共和国（后简称民主德国）部长会议指定中央阿格里科拉委员会（the Central Agricola Commission of the Republic）与柏林科学院合作，编写出版一本关于阿格里科拉的文集，以纪念这位伟大的德国科学家逝世400周年。这本文集收录了25篇文章，涉及的两大主题具有典型的实证主义辉格史风格。其一是比较阿格里科拉所描述的方法与当前矿冶业仍在使用的方法是否有区别，其二则是讨论阿格里科拉著作对今后的行业及社会发展有何影响。书中展现的阿格里科拉，是一位以采矿、冶金和矿物学为职业核心的敏锐观察者，一位以其对自然科学以及科学如何作用于社会经济的观点而对有识之士产生影响的思想解放者。①

同年，民主德国德累斯顿国家矿物学和地质学博物馆（Staatlichen Museums fur Mineralogie und Geologie zu Dresden）启动了阿格里科拉德语选集的编译项目。该项目由地质学家、国家矿物学和地质学博物馆馆长汉斯·普雷舍担任主编，历时42年，共计整理出版文集12卷。内容涵盖阿格里科拉传记和阿格里科拉在矿冶、政治、医学等领域的几乎所有著作、信件与档案整理成果、书目以及关于时代背景的研究成果等，是迄今唯一一部称得上丰富全面的阿格里科拉作品集。

从20世纪50年代中期以来，民主德国对阿格里科拉表现出

---

① A. Sisco A, "Georgius Agricola, 1494-1555, Zu Seinem 400. Todestag, 21. November 1955. Rolf Wendler", *Isis*, 1958, vol. 49, no. 3, pp. 369-370.

极大的重视，集中力量对阿格里科拉开展了长期的全面研究，形成了一个独具特色的编史学传统。这一传统一方面深受民主德国"利用在德意志民族历史中起过进步作用的历史事件和人物来推动国家建立"的文化政策的影响①，另一方面也直接受惠于赫森（B. M. Hessen）、齐尔塞尔（E. Zilsel）等学者倡导的马克思主义科学社会史编史纲领——这一纲领重视技术和工业的发展状况，强调时代的政治经济背景对科学的作用，认为新兴资产阶级与封建秩序斗争的胜利，才使科学发展与思想解放成为可能。② 因而在这一传统中，阿格里科拉保持了20世纪初形成的科学先驱形象，同时还带上了鲜明的民族主义色彩与意识形态痕迹——他既是德意志民族英雄般的实证主义科学奠基人，同时也被赋予了从封建主义生产方式向近代资本主义过渡的思想解放特征。然而在铁幕的另一侧，阿格里科拉的固有形象却日渐受到质疑。

直至50年代早期，英美学术界尚对以阿格里科拉作品为代表的16世纪欧洲矿冶技术文献抱有相当的热情。绝版多年后由于译者胡佛的总统身份而奇货可居的英译本《矿冶全书》，于1950年在纽约多佛出版社再版，受到了科学史研究者的欢迎。③ 阿格里科拉另一著作《论矿物的性质》的英译本则于1955年刊载于美国

---

① 赫尔弗里德·明克勒：《德国人和他们的神话》，李维、范鸿译，商务印书馆2017年版，第433—435页。

② P. O. Long, *Artisan/Practitioners and the Rise of the New Sciences*, 1400-1600, Corvallis: Oregon State University Press, 2011, pp. 11-21.

③ I. B. Cohen, "Bergwerk-Und Probierbüchlein. Anneliese Grünhaldt Sisco, Cyril Stanley Smith; De Re Metallica. Herbert Clark Hoover, Louhenry Hoover, Georgius Agricola", *Isis*, vol. 42, no. 1, pp. 54-56.

地质学会专刊,被认为必将使正在建制化的科学史家群体和关心科学史的地质学家受益。[1] 芝加哥大学金属研究所的冶金学家西里尔·斯坦利·史密斯(C. S. Smith,1903—1992)与他的合作者在1942—1951年陆续翻译出版了比林古乔的《火法技艺》(*Pirotechnia*,1540)、16世纪早期匿名出版的《矿山小书》(*Bergbüchlein*)和《试金小书》(*Probierbüchlein*)。这些译作往往附有译者的历史性和技术性评注,因而颇受读者好评——科学史家科恩(I. B. Cohen,1914—2003)当时曾对史密斯这种实证主义的研究风格表示赞许,认为在对历史及其方法有适当的尊重和理解的前提下,对专门学科的历史最好由了解这门专业的人去研究。[2]

然而,在50年代中后期,实证主义与科学社会史的编史纲领受到柯瓦雷(A. Koyré,1892—1964)、霍尔(A. R. Hall,1920—2009)等学者的批判。柯瓦雷认为科学史的本质是观念内在更替的思想史,而科学思想的历程并非新发现和新知识的积累之路,必须把研究对象置于它自己的精神氛围中,依据当时的思维方式加以解释。[3] 霍尔认为科学革命主要是一场由学者主导的理论和解释的革命,提倡一种以科学观念自主性为中心的研究纲领。[4] 他

---

[1] G. W. White,"De Natura Fossilium (Textbook of Mineralogy). Georgius Agricola",*The Journal of Geology*,vol. 65,no. 1,pp. 113-114.

[2] I. B. Cohen,"Bergwerk-Und Probierbüchlein. Anneliese Grünhaldt Sisco,Cyril Stanley Smith;De Re Metallica. Herbert Clark Hoover,Louhenry Hoover,Georgius Agricola".

[3] 柯瓦雷:《我的研究倾向和规划》,孙永平译,载吴国盛编:《科学思想史指南》,四川教育出版社1994年版,第137页。

[4] A. R. Hall,"Merton revisited or science and society in the seventeenth century",*History of science*,1963,vol. 2,no. 1,pp. 1-16.

们的倡导对50年代后期至80年代初英美科学史学术研究的主流趋势产生了极大的影响。在这几十年中，科学史家的注意力主要集中在哥白尼、伽利略、牛顿等科学革命时期的伟人及其思想上，他们认为正是这些思想构成了现代科学的起源，并常常反对物质文化或手工业实践影响早期现代科学发展的观念。①

在这样的氛围中，偏离科学革命的阿格里科拉于科学史上的地位日渐变得无足轻重。霍尔认为，阿格里科拉等人在16世纪出版的技术文献，对科学的贡献微不足道，无非是为比自己更有哲学素养的人提供素材而已。② 荷兰技术史家福布斯（R. J. Forbes, 1900—1973)1960年为《阿格里科拉选集》第四卷撰写的书评，颇能体现这一时期阿格里科拉研究的尴尬处境。③ 选集第四卷出版于1958年，主要包括阿格里科拉《论矿物的性质》的德文翻译与评注。福布斯一方面在书评中引用编译者普雷舍的介绍，指出这部作品再次表明阿格里科拉是一位杰出的科学家，但另一方面却不得不承认，对大多数科技史家而言，阿格里科拉只是个不太出名的人物。在书评最后，福布斯向所有对地质学、矿物学和采矿史感兴趣的人推荐了这部译作。但即便在专科史领域，阿格里科拉的地位也开始遭到质疑。

---

① P. O. Long, *Artisan/Practitioners and the Rise of the New Sciences*, 1400-1600, pp. 11-21.

② A. R. Hall, "The Scholar and the Craftsman in the Scientific Revolution" in M. Clagett (eds.), *Critical Problems in the History of Science*, Madison: University of Wisconsin Press, 1959, pp. 3-23.

③ R. J. Forbes, "Ausgewählte Werke. De Natura Fossilium Libri X, Die Mineralien", *Isis*, vol. 51, no. 2, p. 239.

1977年，澳大利亚科学史家兰道尔·艾伯瑞（Randall Albury，1944—）与地质学史家戴维·奥尔德洛伊德发表了《从文艺复兴矿物研究到历史地质学》一文。① 这篇文章讨论了法国哲学家米歇尔·福柯（Michel Foucault，1926—1984）在《词与物——人文科学考古学》一书中提出的欧洲思想自近代以来发生的两次知识型断裂，是否能够体现在矿物研究领域——福柯本人已经以自然志中的动植物研究为例阐述了这种断裂。在福柯描绘的图景中，欧洲思想在17世纪中叶发生了第一次断裂，从文艺复兴时期进入古典时期。文艺复兴自然志研究者通常以相似性原则来组织研究对象，而进入古典时期后组织原则转变为物的表象。② 作者需要处理的一个问题是，"矿物学之父"阿格里科拉是否有别于一般文艺复兴自然研究者，以完全不同的概念体系来研究矿物。结果颇令人感到意外，作者认为阿格里科拉的作品，包括被称为第一本矿物学教科书的《论矿物的性质》，与典型的文艺复兴矿物著作没有本质区别，同样依赖相似性原则，是一个融合了实际观察与道听途说的大杂烩。阿格里科拉过去常为人称道的科学贡献——第一次根据矿物外部特征进行系统分类——在作者看来既不系统，也没有被以后的矿物学所采纳：

然而，这些特征以及关于矿物形式起源的理论考量，大部

---

① W. R. Albury & D. R. Oldroyd, "From Renaissance Mineral Studies to Historical Geology, in the Light of Michel Foucault's the Order of Things". *The British Journal for the History of Science*, vol. 10, no. 3, 1977, pp. 187-215.

② 福柯：《词与物——人文科学考古学》，莫伟民译，上海三联书店2016年版，第130—152页。

分都被古典时期的自然志学者严格地排除在分类学特征之外。此外，阿格里科拉并没有系统地利用他的分类法来编排他对矿物的讨论。例如在论土的那一章中，他简要地指出了他的分类方法，但转身又接着依据其他原则去描述各种土——首先是依据它们最能派上用场的技艺或贸易，其次是依据它们名称的含义。因而我们看到，阿格里科拉的文本并没有从根本上背离文艺复兴时期矿物研究的模式，将这部著作视为"矿物王国的自然志"只是时代误植而已。①

艾伯瑞和奥尔德洛伊德否认了阿格里科拉作为"矿物学之父"在思想史上的开创性，并认为矿物学真正的古今转变发生在17世纪中叶，与福柯描绘的总体图景相当一致。在1996年出版的专著《思考大地：地质学思想史》中，奥尔德洛伊德依然延续了这一观点：在他构建的整部地质思想史中，阿格里科拉仅仅是一位文艺复兴时期的亚里士多德派学者，他的矿物知识只是依据亚里士多德哲学所能整理出来的最全面的知识而已。②

这一时期，阿格里科拉的形象在英美学界似乎陷入低谷。《科学传记辞典》(Dictionary of Scientific Biography，1981)中收录的"阿格里科拉"词条，撰写者虽是民主德国历史学家、参与编译阿

---

① W. R. Albury & D. R. Oldroyd, "From Renaissance Mineral Studies to Historical Geology, in the Light of Michel Foucault's the Order of Things", pp. 190-191.

② D. R. Oldroyd, *Thinking About the Earth: a History of Ideas in Geology*, Cambridge: Harvard University Press, 1996. 另参见中译本：奥尔德罗伊德：《地球探赜索隐录：地质学思想史》，杨静一译，上海科技教育出版社2006年版，第40—48页。

格里科拉选集的赫尔穆特·威尔斯朵夫（Helmut Wilsdorf, 1912—1996），但传文中却丝毫没有在民主德国文献中常见的溢美之词，仅仅平铺直叙地介绍了阿格里科拉的生平。① 技术史家瑞秋·劳丹（Rachel Laudan，1944—）在1987年出版的《从矿物学到地质学》一书中，对艾伯瑞和奥尔德洛伊德完全接受福柯的断裂图景提出疑问，认为至少在矿物学领域这一图景过于生硬。② 在她看来，矿物研究的历史根本不存在断裂，只有不同知识传统的此消彼长、互相糅合——从亚里士多德到阿格里科拉乃至18世纪的所有矿物学家，都或多或少地同时依据矿物外部特征和矿物对水与热的不同反应来区分矿物类别。尽管他们对矿物学发展的连续性问题持有不同的观点，但就阿格里科拉扮演的角色而言，劳丹的看法其实与奥尔德洛伊德十分接近：阿格里科拉只不过是在18世纪地质学家知识背景中显得泯然众人而已。

然而，就在80年代中后期，随着社会建构论、知识社会学等科学编史学新纲领的影响日益增大，随着铁幕两侧意识形态对立的逐渐瓦解，英美科学史界不再由科学思想史独擅胜场，德国学术界则即将迎来"学术正常化"③，一场对阿格里科拉形象描绘的新的转向正在酝酿之中。

---

① 参见《科学传记辞典》中的相关条目，C. Gillispie C, *Dictionary of Scientific Biography*, vol. 1, pp. 77-78.

② R. Laudan, *From Mineralogy to Geology: The Foundations of a Science*, 1650-1830. Chicago: University of Chicago Press, 1987, pp. 22-26, 85-86.

③ 关于德国矿冶史研究在两德统一后进入"学术正常化"的表述，参见 S. Felten, "Mining Culture, Labour, and the State in Early Modern Saxony", *Renaissance Studies*, 2020, vol. 34, no. 1, pp. 119-148.

3. 作为人文主义者的阿格里科拉

1997年,美国化学史家欧文·汉纳威发表了他此生最后一篇学术论文《阅读图像:阿格里科拉木刻版画的语境》。[①] 在这篇文章中,汉纳威梳理了自胡佛以来阿格里科拉研究的几大传统,并概括了他从80年代晚期以来一直倡导的新的研究纲领:

> 我曾经表明,16世纪的人文主义是评价阿格里科拉著作最相关的知识纲领和前景。我认为正是因为阿格里科拉从学生时代起就致力于以伊拉斯谟的新人文主义精神贯穿其学术生涯,才使他所有的科学、技术和专业追求,包括医学在内,都具有方法论和概念上的统一性。[②]

"人文主义"对阿格里科拉而言并非新的标签,早在1938年的《地质科学的诞生与发展》中,亚当斯就称阿格里科拉是"一个伟大的人文主义者"。[③] 但这通常只是因为阿格里科拉接受过人文主义教育,并与人文主义者过从甚密。而一旦论及他的矿冶著作,人文主义背景就变得可有可无,甚至是需要克服的倾向——胡佛就

[①] O. Hannaway, "Reading the pictures: the context of Georgius Agricola's woodcuts", *Nuncius*, 1997, vol. 12, no. 1, pp. 49-66. 关于这篇文章的写作背景以及汉纳威教授生平及其一生的学术志趣,可参考他的学生、科技史家帕梅拉·史密斯为老师撰写的悼辞:P. H. Smith, "Eloge: Owen Hannaway, 8 October 1939-21 January 2006", *Isis*, vol. 98, no. 1, pp. 143-148.

[②] O. Hannaway, "Reading the pictures: the context of Georgius Agricola's woodcuts", p. 51.

[③] F. D. Adams, *The Birth and Development of the Geological Sciences*, p. 175.

认为阿格里科拉的可贵之处在于能够利用亲身观察和经验对自己浸淫其中的古典学术进行批判。① 这归根结底是因为人文与科学长期以来被看作相互对立的两种文化,而汉纳威自70年代以来的学术兴趣,就是关注现代科学的人文主义起源,努力证明研究自然和恢复古典世界对16、17世纪的研究者而言并非对立的目标。② 当汉纳威在1991年向科学史与技术史大会递交《作为人文主义者的阿格里科拉》这篇纲领性文章时,他想要阐明的便是人文主义并非阿格里科拉作为矿冶研究者的可有可无的注脚,阿格里科拉首先并且最终也是一位人文主义者——恰恰是人文主义的方法和价值观引导了他毕生的学术实践与写作,不理解他的人文主义追求就无法准确把握他矿冶著作的位置与旨归:

> 这些词表③不仅是阿格里科拉著作内容的基础,也是他写这些作品的原因,更是他的历史感受力的载体。这种感受力在他的《论新旧矿藏》中得到了最好的体现,其目的是重建古代世界与他自己所处的当下世界的连续性。重建连续性的方式是通过词与物。他从古人的文本中收集词语,并试图将这些词语翻译成他可以从自己或他人的经验中识别的东西,从而使过去的语词再次变得有意义和有用:他从自己与他人的经验中,创造了一门崭新而又古老的语言,以描述关于地下

---

① G. Agricola, *De re metallica*, trans. by H. Hoover & L. H. Hoover, p. xi.
② P. H. Smith, "Eloge:Owen Hannaway, 8 October 1939-21 January 2006".
③ 指拉丁文-德文对照的矿冶术语词表。

世界的科学和技艺,从而使当代世界可以无缝地接续古人的世界。①

尽管汉纳威本人由于突如其来的中风过早地结束了学术生涯,但他的人文主义研究纲领却影响深远。1989年春,他在福尔杰研究所(Folger Institute)组织的研讨会上,强调了人文主义动机对阿格里科拉矿冶写作的决定性影响,这一观点给与会者留下了深刻印象,科技史家帕梅拉·朗(Pamela O. Long,1943—)便是其中的一位。②

在1991年发表的《知识公开:16世纪采矿与冶金著作的理想及其语境》一文中,帕梅拉·朗展现了阿格里科拉从第一部矿冶著作《贝尔曼篇》到最后一部作品《矿冶全书》始终秉持的知识公开的理想。③ 正是这一理想,驱使阿格里科拉努力将古代知识与当下信息融合成清晰一致的技术术语,并极力贬斥一切含混隐秘的语言:

> 因为语言模糊,黑暗已经笼罩在良好的研究以及出色的技艺上,遗忘已经悄然来临……阿格里科拉的目标是将古代知识与当下信息融合在一起,这在一定程度上经由形成一致

---

① O. Hannaway,"Georgius Agricola as Humanist",pp. 559-560.

② 对此次研讨会情况的介绍参见 Long 这篇文章的注释85,P. O. Long,"The Openness of Knowledge:An Ideal and Its Context in 16th-Century Writings on Mining and Metallurgy",*Technology and Culture*,1991,vol. 32,no. 2,p. 352.

③ P. O. Long,"The Openness of Knowledge:An Ideal and Its Context in 16th-Century Writings on Mining and Metallurgy",p. 352.

的技术词汇来实现。他认为雅致和纯正(作为精准术语的对立面)在拉丁语和希腊语中大行其道,但是直到当时为止,关于事物的知识则大多被忽略了……他之所以写《贝尔曼篇》,是要让热心钻研的人看到行将到来的工作会是什么;他也寄希望于说服同代人更致力于勤奋研究;最后他也想让那些在德国矿业中发现的、古人尚未知晓的事物得见天日。①

在这个意义上朗得以重新宣告阿格里科拉在科学史上的地位。这一地位现在并不基于他是否给出了一个符合现代地质科学的知识体系,更多的是因为他率先在矿物研究中,超越了以古典文本为核心的经院学术传统为知识领域划定的界限,将自然本身以及当下人们对自然的直接经验也纳为合法知识,并试图以这种全新的方式来补足传统学术的缺陷。朗继而认为,阿格里科拉这类占据学者、精英和工匠之间交界地带的 16 世纪矿冶文献作者,使采矿和冶金从工匠技艺最终成为一门能够登堂入室的新学问,他们的理想与实践给 17 世纪的实验哲学带来了重要影响,而这一理想的来源之一便是人文主义价值观。②

从 1991 年至今,涌现出一批沿着新的人文主义研究纲领探索的论述,本已陷入沉寂的阿格里科拉研究又重现活力。M. 贝蕾塔(Marco Beretta,1962—)在《人文主义与化学:阿格里科拉冶金学

---

① P. O. Long,"The Openness of Knowledge: An Ideal and Its Context in 16th-Century Writings on Mining and Metallurgy", pp. 338-339.

② P. O. Long, *Artisan/Practitioners and the Rise of the New Sciences*, 1400-1600, pp. 107-112, 127-131.

著作的传播》①及其专著《物质的启蒙：从阿格里科拉到拉瓦锡》②中,研究了1550—1782年冶金学、矿物学、炼金术和化学辞典的来源和发展,她摒弃了炼金术和现代化学之间具有重要连续性的传统观点,描绘了以阿格里科拉为代表的人文主义矿冶作者为现代化学的诞生所作的贡献——他们用更清晰和实用的术语取代了炼金术中晦涩难懂的名称和符号——而作为分析工具的命名方式和术语系统,既是获取科学知识最重要的手段,也是一门独立学科的标志。N. 莫雷洛的《阿格里科拉与16世纪意大利矿物科学的诞生》③、F. G. 萨科(Francesco G. Sacco)的《伊拉斯谟、阿格里科拉与矿物学》④以及R. 拉斐尔(Renée Raphael)的《汞矿开采的知识生产：地方实践与文本工具》⑤等,则从不同方面展现了人文主义对阿格里科拉矿冶研究的深刻影响。

值得一提的是,两德统一后新成立的阿格里科拉自然科学史与技术史促进会(der Georg-Agricola-Gesellschaft zur Forderung der Geschichte der Naturwissenschaften und der Technik)在1994年编纂了《阿格里科拉500年》纪念文集,其中收入了数篇探

---

① M. Beretta, "Humanism and chemistry: the spread of Georgius Agricola's metallurgical writings".

② M. Beretta, *The Enlightenment of Matter: The Definition of Chemistry from Agricola to Lavoisier*, Canton, MA: Science History Publications, 1993.

③ N. Morello, "Agricola and the birth of the mineralogical sciences in Italy in the sixteenth century" in G. B. Vai & W. G. E. Caldwell (eds.), *The Origins of Geology in Italy*, Geological Society of America, 2006, pp. 23-30.

④ F. G. Sacco, "Erasmus, Agricola and Mineralogy", *Journal of Interdisciplinary History of Ideas*, 2014, vol. 3, no. 6, pp. 1-20.

⑤ R. Raphael, "Producing Knowledge about Mercury Mining: Local Practices and Textual Tools", *Renaissance Studies*, 2020, vol. 34, no. 1, pp. 95-118.

讨阿格里科拉与人文主义关系的论文。① 这表明自 50 年代以来就自成一统的民主德国阿格里科拉研究,也已悄然参与到由英美学界主导的这一人文主义新纲领中。

冶金史学者伊莎贝尔·巴顿于 2016 年发表的《现代早期学术中的阿格里科拉〈矿冶全书〉》,可被视为自 20 世纪最后十年开始兴起的人文主义新纲领的缩影。巴顿指出《矿冶全书》的传统形象是一部包含大量技术创新但缺乏哲学思想的技术文本。而事实恰恰相反,阿格里科拉的科学思想以及他所记录的技术,虽有一些创新,但并无深远影响。他的真正贡献是在矿冶领域颠覆了他那个时代的学术概念与工匠知识的关系——他为那种以前只能停留在方言文献和口头传承中的、以观察和经验为基础的矿冶研究,赋予了拉丁文的正统学术形式,使之能够登堂入室。而他之所以能做到这一点,是因为他把 16 世纪初以观察为基础的医学实践的趋势延伸到了对地下世界的研究中。②

从表面上看,巴顿延续并推进了帕梅拉·朗等人的研究思路,似乎更清楚地表明了人文主义究竟如何影响阿格里科拉对研究主题的选择和表述,他又是通过何种方式完成了学者与工匠知识的融合。但这也恰恰凸显了这一进路存在的根本性问题。当帕梅拉·朗另起炉灶,从塑造矿物学研究新形式的角度为阿格里科拉的开

---

① 包括 N. 莫雷洛的《〈贝尔曼努斯〉:名与物》,丘金(Peter F. Tschudin)的《阿格里科拉与巴塞尔人文主义:伊拉斯谟手中的〈贝尔曼努斯〉》,以及舍恩贝克(Charlotte Schönbeck)的《阿格里科拉:德国文艺复兴时期的人文自然主义者》。F. Naumann (eds.), *Georgius Agricola 500 Jahre*, Basel:Birkhäuser,1994.

② I. F. Barton, "Georgius Agricola's De Re Metallica in Early Modern Scholarship", *Earth Sciences History*,2016,vol. 35,no. 2,pp. 265-282.

创性意义正名时,她其实回避了艾伯瑞与奥尔德洛伊德的质疑——阿格里科拉在矿物学思想上与其前辈并无二致。而巴顿在文章中的态度,近乎是承认了这一点:

> 对《矿冶全书》的研究使人们认为阿格里科拉是一位科学上的创新者;由于它古典的拉丁文形式和对经典的大量引用,阿格里科拉又常被认为是一个哲学上坚定的传统主义者。但若仔细研究他关于采矿的作品,就会发现情况并非如此。除了个别例外,《矿冶全书》中的地质学和矿物学思想与16世纪关于地球的思想并没有太大出入,尽管它们确实包含了一些创新。①

由此就引出了一个问题:在思想内容上与亚里士多德主义矿物研究者区别不大的阿格里科拉,何以能够接受这门学问在形式上的改变?巴顿认为阿格里科拉坚持用拉丁文写作、长篇大论地引用古代文献,都只是一种别有用意的修辞手段,其目的是使他真正依赖的地方性观察经验进入正统的学术研究。问题在于他为什么能够这样苦心孤诣地改变知识的来源,自信地引入这些传统上被认为"不合法"的知识。仅仅像巴顿那样指出阿格里科拉可能仿效了15世纪晚期以来医学对观察的依赖,并不能从根本上回答这一问题。如果不在阿格里科拉思想本身中找到依据,甚至就连他人文主义者的身份也变得可疑——在巴顿的叙事中,阿格里科拉

---

① I. F. Barton, "Georgius Agricola's De Re Metallica in Early Modern Scholarship", pp. 269-270.

好像是一位已预见到什么是科学真知识的先知,在尽其所能地将矿冶研究引入正轨,人文主义不过是他可资利用的手段而已。由此可见,在人文主义新纲领将自身推进到底之际,却模糊了阿格里科拉的人文主义者身份,反而重新彰显出那个思想史的根本问题——阿格里科拉的矿物思想本身是否有所革新?

4. 重回科学思想史

20世纪早期的实证主义编史纲领,将阿格里科拉塑造为一位科学先驱者,这一形象在50年代以后被民主德国学术界所继承,并为之赋予了民族主义和意识形态色彩。而与此同时,阿格里科拉在英美学术界却遭到了主要关注科学革命议题的科学思想史纲领的质疑与轻视,艾伯瑞、奥尔德洛伊德等地质学史家转而将他视为传统保守的亚里士多德主义者。20世纪晚期兴起的人文主义新纲领,极大地丰富了我们对阿格里科拉著作与其时代文化背景关系的认知,但由此引出的问题也昭示着,我们仍需重新面对艾伯瑞与奥尔德洛伊德的质疑,回到科学思想史的角度,思考阿格里科拉究竟在何种意义上被称为"矿物学之父"。

事实上,在20世纪的最后十年,便已有研究勾画出了一种在科学思想史脉络中重新审视阿格里科拉的可能性。《阿格里科拉500年》中收录了德国地质学史家B.弗里彻(Bernhard Fritscher,1954—2013)的一篇只有短短七页的文章,题为《偶性的科学——阿格里科拉矿物学的方法论》[①]。作者想要回答的同样是那个摆

---

① B. Fritscher, "Wissenschaft vom Akzidentellen", pp. 82-89.

在我们眼前的问题：《论矿物的性质》究竟有什么根本性的新意，或者说阿格里科拉作为现代矿物学的奠基人究竟意味着什么。作者认为答案在于他颠倒了自亚里士多德以来自然研究方法的顺序——对古代和中世纪的自然研究而言，核心问题是透过各种可变可感的偶然属性，认识隐藏在事物背后的实体形式和本性，而到了阿格里科拉那里，对事物偶性的认知成为终极问题，颜色、气味、味道等偶然属性取代了矿物的本性，构成了《论矿物的性质》一书的主题。

研究方式的颠倒意味着矿物之存在本身或许发生了转变。弗里彻的短文提示我们，阿格里科拉能够设计一套以外在性质差异为基础的矿物分类方案，工匠具有的关于矿物性质和用途的经验能够取代权威对矿物本性做出的各种论断并成为合法的矿物学知识，现代矿物学家能够以对矿物诸性质作直接或间接数学化的方式更精确地把握矿物的存在，可能都建立于这一条件之上——矿物本体论意义上的存在首先在阿格里科拉那里完成了转变，亦即一种对古代矿物观念的彻底革新。因此，在思想史中找出更多线索，把矿物观念转变的渊源以及阿格里科拉在这场转变中所扮演的角色描绘清楚，将成为当前阿格里科拉研究的真正任务。

四　矿物思想史研究现状

在以柯瓦雷为代表的科学思想史纲领中，数理科学的发展是西方现代早期科学革命叙事的主要线索。思想史纲领注重对哥白尼、开普勒、笛卡尔、伽利略、牛顿等伟人的研究，认为数学、天文学、力学、光学等领域的观念变革最深刻地决定了普遍数学化、机械化和人类中心主义这些现代性的根本特征,因而致力于在这些领域的观念内在演变中找寻古代和现代之间的剧烈转型和深刻断裂。① 在这种研究旨趣的影响下,矿物理论、炼金术-化学等领域的观念长期以来处于边缘位置。因此,被芒福德和麦茜特视为现代工业文明之源的矿业和阿格里科拉,在传统的科学思想史中并未展现出重要性。

80年代以后,科学史领域不断涌现出化学论纲领、社会建构论、女性主义等新的编史纲领。② 与此同时,伴随着"语言学转向""文化转向"及微观史等更大范围的史学研究风潮的变化,历史学家对人类学意义上的文化,对历史表象中语言、符号和意义的探询,对历史人物的心态、经验和记忆的分析,超过了以往对历史演变的结构、古今思想的断裂等宏大问题的关注③,这也对科学史家的编史兴趣产生了持续至今的影响。其结果是,注重概念分析与观念内在演变的传统科学思想史逐渐显得"过时",思想史越来越注重借鉴社会史和新文化史的方法,并尝试转型为思想的社会文化史。这在一定程度上纠正了科学思想史以往对数理科学的过分偏重,使现代早期的矿冶作者与矿业实践者逐渐获得了更多关注,对矿物思想的讨论也与矿冶文化、机械文化、物质文化、知识交流

---

① 吴国盛:《由史入思:从科学思想史到现象学科技哲学》,北京师范大学出版社2018年版,第438页。
② 同上书,第439页。
③ 张旭鹏:《观念史的过去与未来:价值与批判》,《武汉大学学报》(哲学社会科学版)2018年第2期。

等主题交织在一起,构成了一种更广泛的矿冶文化史写作。① 而另一方面,新的科学史编史潮流也倾向于与传统科学革命论题所秉承的断裂论叙事保持距离。这种新的连续论叙事(对比于辉格式的连续进步论)往往通过强调更为复杂和多元的历史现实来模糊中世纪与现代早期之间认识论的边界,将转折和变革限定在个体和微观的层面,从而否认现代早期发生了时代精神的整体断裂。② 因此,将16世纪采矿业的理念和阿格里科拉的矿物思想视为古今之变中的转折点,这类芒福德式的观点在矿冶文化史的新潮流中已不受青睐。

1. 多元混杂的矿物观念

矿冶文化史对于上述芒福德式的观点大致采取两种回应方式,它们共同揭示了16—18世纪矿物观念的多元混杂性。

首先,一部分学者认为矿物学的真正转变,如果非要说存在一种明显变革的话,其实发生在18世纪而非16世纪,直到那时才形

---

① 例如索戴伊(J. Sawday)和帕梅拉·朗对矿冶文化的分析,参见 J. Sawday, *Engines of the Imagination:Renaissance Culture and the Rise of the Machine*, Abingdon:Routledge,2017,pp. 86-96;P. O. Long, *Artisan/Practitioners and the Rise of the New Sciences*,1400-1600. 另可参见《文艺复兴研究》(*Renaissance Studies*)在2020年出版的一期关于近代早期欧洲矿冶与物质文化的专刊,蒂娜·爱斯姆森(Tina Assmussen)和帕梅拉·朗为这期专刊写的导言充分展现了近年来矿冶文化史的新动向,见 T. Asmussen,P. O. Long, "Introduction:The Cultural and Material Worlds of Mining in Early Modern Europe", *Renaissance Studies*,2020,vol. 34,no. 1,pp. 8-30.

② L. Daston,K. Park, *Wonders and the Order of Nature 1150-1750*, Princeton University Press,1998,pp. 17-19;H. Taylor, "Mining Metals,Mining Minds:An Exploration of Georgius Agricola's Natural Philosophy in De re metallica (1556)", Doctoral Dissertation of Vanderbilt University,2021,pp. 15-16.

成了我们今天习以为常的矿物和物质观念。在艾伯瑞和奥尔德洛伊德看来,18世纪矿物学变革的特征之一就是在矿物可见的外部形态和不可见的内部结构之间建立经验性联系,并以此作为矿物分类的依据。[1] 奥尔德洛伊德认为,文艺复兴时期用来建立事物秩序的相似性原则在18世纪才被真正摒弃,此后机械论思想被用来直接解释岩石、晶体、矿物的性质,这种机械论矿物观念给矿物生成和更宏大的地质过程作出数学化的说明提供了基础,也使得自古以来统一地研究地下之物的学问,最终分离为地质学、矿物学、晶体学、地貌学等不同的现代专业学科。[2] 正是在这一意义上,阿格里科拉在矿物思想史上的开创者地位被予以否认,他被认为依然生活于文艺复兴时期那个神话和万物有灵的世界之中。

福什(Fors)在2015年的专著《物质的边界》中,更具体地讨论了现代物质观念在18世纪上半叶的建立过程。[3] 物理学史家长期以来一直关注物理学如何构建现代的实在观念,而福什的历史叙事却将目光投向矿物学家、矿工、验金师和炼金术士——那些对构成地球本体的岩石、金属和矿藏最为了解的人,试图阐明他们在建立现代物质观念上所作的贡献。18世纪一个核心的观念变化是,金属一方面被定义成了最为基本的、不再能分解的金属元素,

---

[1] W. R. Albury & D. R. Oldroyd, "From Renaissance Mineral Studies to Historical Geology, in the Light of Michel Foucault's the Order of Things".

[2] D. R. Oldroyd, *Thinking About the Earth: a History of Ideas in Geology*, pp. 72-74, 84-85.

[3] H. Fors, *The Limits of Matter: Chemistry, Mining, and Enlightenment*, Chicago: University of Chicago Press, 2015.

另一方面则被建构为可以收集和转化为商品的原材料。福什细致地展示了围绕瑞典矿务局的学者群体是如何通过将一些物体定义为初始的自然物质,而将另一些物体定义为复合的、非自然或虚幻的,从而为物质观念赋予新的边界,重新塑造精神领域(或想象力)和物质领域之间的关系。其结论是18世纪瑞典矿务局的矿物学家和化学家对现代欧洲的实在观作出了重大贡献,他们的解释为现代物质理论以及现代化学元素概念奠定了基础,并将一系列以往被认为是自然的实体和现象彻底驱除出自然之外。

福什敏锐地把握到矿物观念与现代物质和本体观念之间的深刻关联,在传统的数理科学纲领之外,为追问现代世界的本体论基础找到另一条可能的线索。然而他并没有再向前追溯,16世纪的矿物观念中是否已经蕴含了18世纪瑞典矿物学家能够将矿物视为脱离精神之单纯物质的可能性条件。这在很大程度上是因为,这种可能性条件被当前矿冶文化史所展现的16世纪矿物观念的多样性与复杂性遮蔽。正如一些矿业史专家对芒福德的批评,一种基于技术/文化与自然简单二元对立的对16世纪采矿业的描绘,忽视了长期存在于现代早期的那个更具活力论色彩、与人类技术和社会纠缠更紧密的自然。① 而他们则通过强调更为复杂和多元的矿物观念,淡化了16世纪矿物学和矿业背后的变革性特征。

奥尔德洛伊德认为16—18世纪的采矿业依然沉浸在浓厚

---

① T. Asmussen,"Spirited metals and the oeconomy of resources in early modern European mining", *Earth Sciences History*, 2020, vol. 39, no. 2, pp. 371-388.

的有机论传统中。他明确意识到,矿工与采矿书籍在采矿史上做出的贡献并不同步,他区分了矿工的意会知识和作为学问的"采矿学""矿物学",认为当矿物学观念发生重大变革时,矿工们关于大地和矿物的隐性知识,却还依然与古老的有机传统保持着连续性。①

在现代早期(1500—1700)发展成熟的炼金术,也与同时代的矿物学和矿业产生了密切联系。炼金术的金属与矿物观念作为理论基础,构成了16世纪矿物观念史复杂叙事的一部分。②斯帕灵(Andrew W. Sparling)于2018年提交的博士论文《神意与炼金术:帕拉塞尔苏斯论知识的展开,物质的发展和物体的完善》便揭示了在帕拉塞尔苏斯炼金术理论中占据核心位置的神意观念,这一与中世纪基督教传统有着深刻连续性的观念,广泛影响了他及其16、17世纪的后学看待矿物和金属生成与嬗变的方式。③

W. A. 迪姆的采矿史研究则为展现16世纪以来矿冶学者、矿工、矿业官员、炼金术士等不同群体复杂的矿物观念及其互动关系提供了范例。她表明在16世纪的矿冶书籍中,炼金术理论开始与古典的和基督教的矿物观念综合起来,并因其重要的实用功能而

---

① D. R. Oldroyd, *Thinking About the Earth:a History of Ideas in Geology*, pp. 99-100.

② 劳伦斯·普林西比:《炼金术的秘密》,张卜天译,商务印书馆2018年版,第157—163页。

③ A. W. Sparling, "Providence and Alchemy:Paracelsus on How Knowledge Unfolded, Matter Developed, and Bodies Might Be Perfected", Doctoral Dissertation of University of Nevada, 2018, pp. i-iii.

受矿业官员和矿工青睐。① 矿物蒸气(Witterungen)是其中的重要概念,基于矿物蒸气在地表可能留下的痕迹,探矿术(Dowsing)被探矿者和矿工认为是用于寻找地下矿物的合法手段——尽管他们对金属嬗变的可能性持怀疑态度,但这不妨碍他们将炼金术理论中的实用观念转化为探矿知识。迪姆的专著《探矿科学》,则以探矿棒的使用为例,更细致地展现了被阿格里科拉拒斥的传统探矿术及其背后关联着的矿物蒸气理论、矿脉有机生长理论、星体的成矿理论、液相成矿理论等复杂多样的矿物观念,如何在矿工、学者以及矿业官员之间流行与相互竞争,并逐渐与其中被视为不合法的魔法成分划清界限,最终在18世纪的弗赖堡矿业学院存活下来,融入一门新的实验科学。② 迪姆细致的历史叙述充分表明16世纪以来的矿物观念史并不仅仅是芒福德强调的机械论式的单线叙事,对它的全面理解还有待于对特定时代、地点不同群体的矿物观念的充分洞察。

在这个意义上,近年来对德国的新教传教士马特西乌斯(Johannes Mathesius,1504—1565)的研究也值得重视,这位长期工作于约阿希姆斯塔尔矿区的牧师被视为采矿业中学者文化和大众文化间的调解人。其著作《山上布道集》(*Sarepta oder Bergpostille*)的核心目标是在矿区颂扬新教神学,并通过将神学与有着特殊实践和信仰的矿业文化融为一体,使采矿业变得道德化和

---

① W. Dym. "Alchemy and Mining:Metallogenesis and Prospecting in Early Mining Books", *Ambix* ,2008,vol. 55,no. 3,pp. 232-254.

② W. Dym, *Divining Science*:*Treasure Hunting and Earth Science in Early Modern Germany*,Leiden:Brill,2010.

合法化。因此,他广泛吸纳当代与矿物相关的学术知识、民间实践与信仰,将它们与新教神学教义相结合,成为其独特的布道策略。① 迪姆分析了《山上布道集》对矿业实践者最关心的三个重要问题的处理方式:如何确定矿物的位置,如何绘制地下的隧道和矿脉,以及如何理解矿物的生成。② 马特西乌斯在处理这三个问题时,广泛采纳了当时流行的硫汞理论、矿物蒸气理论、矿物生成的有机论以及探矿术等多种观念,但从中剔除金属嬗变、占星术以及对恶魔的信仰等违背新教教义的成分,将一种经过复杂糅合的矿业文化传达给矿区教众。诺里斯则阐释了马特西乌斯矿物生成观念中强烈的神意因素,他表明正是首先从上帝旨意的框架出发来解释矿物的成因,马特西乌斯才能够包容各种不同的矿物生成理论——自然生成对人类有用的矿物体现了上帝的仁慈,而正因矿物是上帝难以捉摸的手笔,因而人类难以用理智辨别矿物的真正原因,而人因堕落丧失和谐纯洁的智慧,更加剧了这种能力的丧失。③ 诺里斯的后续研究进一步揭示出马特西乌斯在《山上布道集》中对炼金术矿物观念的挪用,他以硫汞理论为基础,采用一种

---

① 关于马特西乌斯的生平及近年来对他的研究,参见 W. Dym, "Thoughts on Mining History", *Earth Sciences History*, 2012, vol. 31, no. 2, pp. 315-335; H. Haug, "In the Garden of Eden? Mineral lore and preaching in the Erzgebirge", *Renaissance Studies*, 2020, vol. 34, no. 1, pp. 57-77。

② W. Dym, "Mineral fumes and mining spirits: Popular beliefs in the Sarepta of Johann Mathesius (1504-1565)", *Reformation & Renaissance Review*, 2006, vol. 8, no. 2, pp. 161-185。

③ J. A. Norris "The providence of mineral generation in the sermons of Johann Mathesius (1504-1565)", *Geological Society*, 2009, vol. 310, no. 1, pp. 37-40。

与当地实践更加契合的汩尔(Guhr)理论[1]来解释矿物的生成。[2]对马特西乌斯的一系列研究充分表明,基督教的神意观念、炼金术的硫汞理论、当地民间的采矿传说并没有在 16 世纪销声匿迹,相反,它们以一种新的融合形式在约阿希姆斯塔尔矿区获得了强大的生命力,解释了矿工日常实践中接触到的矿物现象。

2. 阿格里科拉的知识生产

以上研究的确为 16—18 世纪丰富的矿物观念及其互动过程描绘了更完整的图景,但这并不意味着阿格里科拉本人对矿物的认识方式便完全淹没于同时代多元混杂的矿物观念中。恰恰相反,16 世纪思想的混杂性更体现出阿格里科拉作为变革者的真正价值所在,而承认这一点也将是历史地理解阿格里科拉矿物观念的基本态度。

已有一些学者从知识生产的角度表明,通过阿格里科拉等矿冶文献作者的学术编纂,多元混杂的地方性矿物观念和实践知识被转化成一种新的实验哲学话语,最终汇入现代科学。帕梅拉·史密斯考察了影响 16 世纪矿业实践者矿物观念的几种思维结构,包括位置结构(从隐藏在地下且位置不确定难以发现的角度理解

---

[1] 汩尔是一种被认为可以形成矿物的黏稠状地下液体。A. H. Alfonso-Goldfarb, H. F. Marcia,"Gur, Ghur, Guhr or Bur? The quest for a metalliferous prime matter in early modern times", *The British Journal for the History of Science*, 2013, vol. 46, no. 1, pp. 23-37.

[2] J. A. Norris, "Auß Quecksilber und Schwefel Rein: Johann Mathesius (1504-65) and Sulfur-Mercurius in the Silver Mines of Joachimstal", *Osiris*, 2014, vol. 29, no. 1, pp. 35-48.

矿物)、物质结构(从物质性、与人体和生命的对置性的角度来理解矿物)、精神信仰结构(在大宇宙-小宇宙、上帝神意造物等框架下理解矿物)、对象表达结构(从可操作的对象、人工制品的角度理解矿物)和二元性结构(从冷-热、干-湿、丰腴-贫瘠等性质上的对立来理解矿物),并阐释了阿格里科拉如何将这些复杂甚至矛盾的实践性知识结构,以更有逻辑的方式编纂成学术著作。①

帕梅拉·史密斯表明了阿格里科拉对同时代丰富的矿物观念的接纳和转换能力,而弗朗西斯科·卢齐尼(Francesco Luzzini)最新的研究则表明,整个现代早期欧洲的各种矿物观念的基底处大都蕴含着矿物生长、矿脉"种子"等有机类比的特征,但16世纪出现了一种植根于矿业实践的经验主义新态度。② 以阿格里科拉为代表的经验主义作家意图把他们在地下和实验室中获得的知识与经验合并到一个统一融贯的解释中。尽管炼金术概念、哲学和有机类比在理解矿物生成方面依旧发挥着重要作用,甚至阿格里科拉的作品中也含有明显的猜测成分,但从这些作品中依然可以辨识出一种蔑视一切来自推理理论的经验主义态度。

希拉里·泰勒(Hillary Taylor)在2021年提交的《采掘金属,采掘思想:对阿格里科拉〈矿冶全书〉中自然哲学的探究》(*Mining Metals, Mining Minds: An Exploration of Georgius Agricola's*

---

① P. H. Smith,"The codification of vernacular theories of metallic generation in sixteenth-century European mining and metalworking"in *The Structures of Practical Knowledge*,Cham:Springer,2017,pp. 371-392.

② F. Luzzini,"Sounding the depths of providence:Mineral(re)generation and human-environment interaction in the early modern period", *Earth Sciences History*, 2020,vol. 39,no. 2,pp. 389-480.

Natural Philosophy in De re metallica),是近年来少有的以阿格里科拉为专门研究对象的一篇博士论文,她同样从知识史的角度切入这一主题。论文的核心问题,如泰勒所说,是"阿格里科拉如何将自己塑造成采矿业的权威,他需要表现出什么样的美德才能让读者相信他的观察是合法的"[①]。泰勒认为,阿格里科拉意识到他所处的时代存在着多种相互竞争的思维模式,而他通过展示自己的医学知识、人文主义倾向和宗教情感,通过表达一种具有功利性维度和自然志特点的自然哲学,通过在作品中记录精确的观测结果,忠实于古代作者,并提醒读者注意自身的偏见,展现了精确性、忠实性和主观性这三种认识论上的美德,从而使自己在矿冶和自然哲学领域成为更可信的权威。因此,尽管泰勒试图挖掘《矿冶全书》这部技术文献背后的自然哲学和宗教思想,但它们都被视作塑造知识权威性的一种修辞。而这一关切所忽视的,与第三节中提到的以巴顿为代表的人文主义纲领类似,正是阿格里科拉之所以能秉持一种具有功利性维度和自然志特点的自然哲学,以及拥有那些"认识论美德"的可能性条件。也就是说,它缺失一种对思想史脉络的深层考察。阿格里科拉并非天生就具备某种特定的自然哲学,具备对某些认识论美德的重视,这些都建立在他对前人思想观念有所取舍的基础上。基于这个原因,泰勒对阿格里科拉在矿物知识和宗教思想方面所处知识背景的还原,以及对这一背景如何影响阿格里科拉自身矿物观念的讨论,还不够充分。

以上对阿格里科拉矿冶作品的知识史研究都已注意到阿格里

[①] H. Taylor, "Mining Metals, Mining Minds", p. 1.

科拉在对其矿物观念与矿冶实践的表述中，隐含着一些与16世纪思考矿物的更为普遍的思维结构相异的观念，这已经体现出阿格里科拉作为时代变革者的价值所在。然而对这些观念进行专门而明确的把握，以及对它们之所从来的思想内部历时演进的梳理，都不为知识史研究所重视。这导致阿格里科拉本人的矿物观念，在人类认识矿物古今之变中的位置依然晦暗不明。阿格里科拉认识矿物的方式与16世纪多元的矿物观念有多大的不同，而与我们今日有多大的相近，这些都还不是评判阿格里科拉开创性意义的关键。真正的问题在于，阿格里科拉面临着哪些自古以来流传的矿物观念，而他又在这些观念基础上作出了什么样的变革。

五 研究范围的界定

探究阿格里科拉对矿物观念的变革，不是指考察他在学者和矿工共同体间的实践如何更新矿物学这门学问的形式，将各种地方性知识编纂为一门登堂入室的学问，也不试图探讨阿格里科拉所处的具体社会、政治和经济背景如何形塑了他对于矿物以及人与矿物关系的一种新的想象，更不是指在他的作品中寻找与现代矿物学相符之处。相反，本研究从一条更为传统的思想史进路，深入阿格里科拉所处的关于矿物的思想世界中，通过细读文本、厘清关键概念和知识型，分析在他关于矿物的论述背后所隐含的自然哲学转变，并在这一层面上探究他与前辈矿物研究者的差异。本书在思想史的整体脉络上秉持断裂论的基本思路，即认为西方看待物质的自然哲学基础在现代早期经历了一种根本性的转折，而阿格里科拉对矿物观念的变革正处于这一转折点上。因此，对矿物观念内在转变过程的细致考察，就有望为理解现代物质观的形成提供基础。

对矿物的认识可以从三个角度加以把握：矿物如何形成，矿物的本质是什么，以及如何认识自然中的诸多矿物。这三个角度就构成了本书所聚焦的矿物观念的三个方面：矿物的成因理论，矿物的本性，以及一种为矿物赋予秩序的描述系统。之所以从这三个角度进行分析，首先是因为阿格里科拉本人的矿物研究就围绕这三大问题展开：《论地下之物的起源和原因》一书主要讨论矿物的成因，《论从地流出之物的性质》和《论矿物的性质》则讨论矿物的本性与性质，《贝尔曼篇》与《论矿物的性质》则对矿物的描述、分类和命名给出了看法。其次，这三个方面也是串联古代矿物研究的主要线索，从亚里士多德的《气象学》到中世纪的炼金术文本再到经院学者的矿物学论著，都对这三方面问题进行了论述，产生了散发物理论、汞硫理论、天体作用理论、矿化力理论、液相成矿理论等诸多矿物成因理论，并以不同方式对矿物进行描述和分类。最后，矿物的成因、本性以及描述与分类又是彼此依存、互相关联的一组观念，它们构成了每一位矿物研究者对矿物的整全看法。对矿物成因的不同理解直接决定了人们把什么当作矿物的本性，而对矿物本性的看法又会成为对矿物进行描述和分类的依据。我们将会看到，这一系列对矿物的认识方式，在阿格里科拉那里发生了连锁性与系统性的转变。

本书的核心问题在于阿格里科拉如何处理他所面对的有关矿物观念的思想遗产，因此论述的重点在于厘清两方面的问题：对16世纪产生影响的古代矿物观念的基本图景，以及阿格里科拉对这些思想所作的取舍。就前一目标而言，阿格里科拉本人在作品中提供了很好的指引，根据他在《贝尔曼篇》《论地下之物的起源和原因》《论矿物的性质》中所作的对前人观点的梳理，能够清晰地看到哪些矿物观念对他产生了影响。其中，亚里士多德、特奥弗拉斯托、狄奥斯科里迪斯、阿维森纳等是他明确对话的前辈，中世纪的炼金术理论与基督教的神创论观念也是他时常论辩的对象，而奠定中世纪矿物观念基本面貌的大阿尔伯特则是他的最大对手。需要注意的是，古代矿物观念并不是一幅幅天然给定的静态图景，它有其自身内在动态演进的历史，其中可能包含着一些颠覆自身的力量。因此对古代矿物观念的梳理不能成为一部矿物观念的编年史，而应首先把握思想演进的主要脉络。本书将表明，从古代到中世纪矿物成因观念变迁背后的主要脉络，突出表现为自然秩序、人工经验和神圣的创造意志这三方的互动与调和。阿格里科拉对矿物问题的思考也处于这同一脉络之中——他对影响古代矿物观念的诸思想要素的认同、反对乃至忽视和误解，无不决定着他理解和认识矿物的方式；而他对矿物观念的变革，就源于他对中世纪就此三方达成的微妙平衡的颠覆。在阿格里科拉所塑造的新的矿物学中，自然、人工和神意被重新安排了各自的位置。至于阿格里科拉对矿物观念的变革如何对后世产生影响，这是一个值得专门考察的话题，但本书暂不涉及。

六　章节安排

导言部分主要交代了研究问题的来源、与该问题相关的三个方面的研究现状以及本书的内容与研究范围。进入阿格里科拉矿物观念研究的问题意识,直接来源于芒福德对矿业与现代性根本特征的敏锐反思,海德格尔的技术形而上学则为追问现代性的思想根源提供了方向的指引。本书以阿格里科拉对矿物观念的变革为切入口,从一条有别于追问数理科学起源的思想史路径来揭示现代文明隐而未彰的基因。导言依次介绍了阿格里科拉矿冶作品的写作、翻译与研究概况,阿格里科拉在20世纪科学史上的形象变迁,以及近四十年来矿物思想史的研究现状。对这些文献的梳理表明,一种细致考察矿物观念内在转变历程的矿物思想史尚未被认真考虑,而这正是理解阿格里科拉的变革性,理解现代物质观和自然观由来的关键所在。

第一章的主要任务是廓清对16世纪产生影响的古代矿物观念的基本图景。这一章讨论了自亚里士多德到中世纪盛期几种重要的矿物成因理论,并揭示了它们演变背后的思想脉络。第一节指出,亚里士多德通过散发物理论构建了月下界诸气象现象的自然秩序,他利用散发物概念为金属和矿石的成因提供了一种自然哲学解释,并将这两类矿物安放在自然秩序的底端。这种远离天界的秩序安排,以及矿物形式因和目的因在亚氏论述中的缺失,为后世的变革埋下了伏笔。第二节考察了从阿拉伯炼金术到中世纪拉丁欧洲炼金术对矿物生成的不同理解。阿拉伯炼金术通过汞硫理论解释矿物的生成,并以此为理论依据,在矿物的自然生成中植入了人工嬗变的理想。矿物生成经由炼金术观念而与人工技艺深刻地联系了起来。伊本·西那(Ibn-Sinā,约980—1037)将人工与自然之间不可跨越的鸿沟明确呈现出来,这在13世纪的欧洲引发了一场炼金术之辩,最终导致炼金术的支持者放弃认识自然的全部运作。由此发展出的微粒炼金术,以彻底物质主义的方式理解矿物生成,从而与基督教神学构成了巨大张力。第三节考察了大阿尔伯特矿物理论对亚里士多德主义自然哲学、炼金术物质理论和基督教神学的调和,他塑造了将自然秩序、人工经验与神圣意志合为一体的中世纪典型的矿物观念。其中,冷热干湿等元素力量、星辰的影响与神圣的天界力量共同决定着矿物的生成。这形成了阿格里科拉所要面对的古代矿物观念的基本图景。

第二章主要梳理了阿格里科拉矿物研究的背景,分析了其矿物研究三个阶段的转变,并指出其中自然哲学阶段的重要意义。阿格里科拉早年接受了良好的人文主义教育与医学教育,这一背景使他在1526年初次接触矿业时,主要以一种医学人文主义的视角看待矿物研究。此后,他经历了从医药学(1526—1530)到自然哲学(1530—1546)再到矿冶工业(1546—1555)这三个阶段的转变。其中,自然哲学阶段是奠定其思想格局的枢纽,因而也是本书的主要研究范围。阿格里科拉的自然哲学转向被视作理解其矿冶研究的关键,矿物观念的变革与新矿物学的诞生都是这一转向的结果。

第三、四、五章将目光依次汇聚于阿格里科拉在医药学阶段和自然哲学阶段的矿物学研究,从而具体阐述其自然哲学转向的意涵。这三章要处理的主要问题包括:他对矿物的医药学研究如何引发了自然哲学的问题,他所塑造的矿物生成的新自然哲学有何特征,这门新自然哲学引发了什么样的后果,从而改变了矿物的观念。

第三章主要处理了阿格里科拉医药学阶段的代表作品《贝尔

曼篇》。对这部对话作品的文本分析展现出阿格里科拉早期矿物研究的医药学意图与医学人文主义倾向。安贡、奈维乌斯与贝尔曼这三个对话角色分别体现了意大利医学传统内部的不同取向，通过他们的互动与交锋，《贝尔曼篇》确立起一种新的针对特殊矿物进行观察与描述的研究方法，这一方法意味着一种新的看待自然的认识论框架，其关键便是关注特殊物和细节，追求精确详细的自然知识。而对话中时常出现的对矿物成因的追问则表明，对特殊矿物外在性质的医药学关注召唤着一种能够解释矿物成因的自然哲学。

第四章主要讨论阿格里科拉对矿物成因的新的自然哲学解释，主要处理的文本是阿格里科拉自然哲学阶段的"地下之物作品集"，尤其处理了其中讨论矿物成因的作品《论地下之物的起源和原因》。第一节的主要任务是确认作品集的自然哲学定位。这部作品集虽然大量使用实践知识、观察经验、地方性俗语乃至传说，但其主要目标是为地下之物的形成和性质提供普遍的自然哲学说明，因此它的论辩对象是自然哲学史上讨论矿物的学者。第二节考察了阿格里科拉对其自然哲学目标的表述，比较了亚里士多德自然研究方案、大阿尔伯特矿物研究方案以及阿格里科拉自然哲学架构的异同，梳理了作品集中各部作品分别在其自然哲学整体架构中扮演的角色。阿格里科拉的自然哲学研究计划将探寻矿物原因和本性视为两大任务，他从原因入手进入对地下之物的探究，并将本性视为研究的终点。从第三节开始进入对阿格里科拉矿物成因理论的分析，主要依托的文本材料是《论起源和原因》。这一节梳理了前人对《论起源和原因》的研究。第四节则细致考察了阿格里科拉对各类矿物成因的解释。考察结果表明,他通过质料因和效力因来解释一切矿物的成因,浆汁被视为一种普遍质料,而冷、热、干、湿等物质作用则被视为普遍的效力因。通过吸纳亚里士多德主义矿物理论中物质主义的一面,拒绝任何超自然力量在成矿过程中的介入,一门关于矿物的新自然哲学逐渐成形。第五节归纳了这门新自然哲学的特征。放弃形式因是关于矿物的新自然哲学的根本特征,它继而引起了作为独立自主领域的地下世界的形成与一种普遍的液相成矿理论的提出。第六节分析了阿格里科拉如何打破大阿尔伯特的矿物理论在自然、人工及神意之间精心维系的平衡。在阿格里科拉的新自然哲学中,矿物的自然本性与人对它的认识相分离,人工技艺只能在表象空间中运作,神意则超越于自然与认识的二元结构以外,无法再被理性所直接把握。

第五章主要讨论这门新自然哲学在描述矿物方面所引发的后果,主要处理的是阿格里科拉自然哲学阶段讨论矿物性质的作品《论矿物的性质》。放弃形式因引发的后果是,矿物存在的本性不再被理性所把握,人类所能认识的仅剩下矿物的表象。在这个表象世界矿物的性质取代了其本性,成为认识矿物的唯一基础。阿格里科拉在《论矿物的性质》中通过一套基于特定表象的矿物偶性描述方法和一套矿物分类方法,重新构建了失去本性的矿物性质。这套基于事先就被视为简明、中性、可靠的表象的新语言,取代了中世纪矿物研究所依赖的刻画矿物本性的语义学网络,成为了矿物学的普遍话语规则。它与通过纯粹的物质运作解释矿物成因的液相成矿理论,以及取消了矿物形式因和本性的自然哲学互相契合,共同标志着矿物观念变革的完成。

第一章　古代到中世纪的矿物成因理论

今天研究自然问题的大多数人都认为,亚里士多德,这位最重要的自然研究者,在他论述气象界变化的书中对地下现象的起源和形成原因做了最仔细和详尽的解释。然而,他根本没有涉及其中的一些现象,对另一些现象也只是触及表面;那些他所追求的东西,他并没有全部正确地掌握。因为他没有对矿脉的起源做过任何表述,在那里含有形成化石的质料;他也没有揭示固体混合物的所有原因;他也根本没有确定特定的土、石头和金属的起源,更不必说其他了。亚里士多德的学生特奥弗拉斯托对大量的这类现象有什么看法,我们不得而知。因为他研究这方面的书,只有一本以《论石》为题被保存下来。塞内卡收集了许多学者关于水的起源和地震原因的观点,而对于在地下隐蔽之处产生的其他东西,他根本没有说起。

然而我们看到,在一千多年的时间里那些从事科学知识研究的希腊人和拉丁学者,都只是解释了柏拉图或亚里士多德的著作并坚持了他们的观点——他们更没有对那许多尚未解决的问题进行探究,并对之做出科学的阐明。因为当大阿尔伯特开始对矿物的来源发表意见时,他把哲学家、占星家和炼金术士的学说融为了一体。

在这种情况下,我似乎应该更仔细地调查地球在矿脉中所产生这一切的原因,甚至矿脉本身的原因。在这一努力中,我有时会对别人的文章进行相当激烈的批评,然而,这并不是说我很乐意去反对那些在思考自然方面花费了最大努力的人——因为以不合理的方式攻击那些人是不公正的。而是因为将地下的现象和过程从遮蔽它们的黑暗中揭露并将它们呈现出来,是我的最大努力。

——阿格里科拉,《论地下之物的起源和原因》献词①

在《论地下之物的起源和原因》(以下简称《论起源和原因》)第一版的献词中,阿格里科拉阐述了自己学术努力的最高目标,那就是要将地下的现象和过程,从遮蔽它们的黑暗中揭露出来。此处黑暗的遮蔽,并不仅仅指自然将地下之物的形成过程隐藏于深处,同时也指前人对这一问题的忽视与谬见,使得真理在千余年中未得彰显。在阿格里科拉看来,从亚里士多德等古代哲学家,到炼金术士、占星家,再到将这些意见融为一体的中世纪经院学者大阿尔伯特,前人从未就矿物的来源与成因提出正确的看法。因此,评述和批判古人的意见,并在此基础上提出自己的观点,就构成了《论起源和原因》一书的主要内容。而要分析

---

① 译自阿格里科拉德译选集第三卷,参见:G. Fraustadt, *Schriften zur Geologie und Mineralagie* I, pp. 75-76.

第一章 古代到中世纪的矿物成因理论

阿格里科拉对矿物观念的变革，也就不能不首先对这一基础有所了解。

然而，阿格里科拉所面对的具有悠久历史的古代矿物成因观念，既不是仅仅关于矿物成因的一个个教条的松散拼凑，也不是一整个再无生命力的属于过去的理论体系。因此，一部矿物成因观念的编年史并不能够真正揭示阿格里科拉的思想基础。相反，这个历经千余年发展而成的矿物观念群具有其内在的思想演进脉络，阿格里科拉本人也并未因其反思前人的激烈姿态而完全游离于该脉络之外——他所使用的术语、概念乃至论辩的思想动机，无不被他有意和无意地继承或反对的观念所影响——毋宁说正是由于他发展了这一脉络中原本就内含着的反动力量，才最终构成了对它自身的颠覆。本章和第三章的任务，就是将此脉络的演进与转折描绘清楚。

使这一历史悠久的演进脉络具有连续性的最重要因素，并不在矿物概念本身，而是自然哲学、形而上学、神学的基本概念和立场。这些矿物学以外的意涵，深刻地影响着不同时代对矿物生成的看法，使得几个最根本的问题被不断地以各种方式回答，使得一些持续沿用的貌似相同的概念可能具有截然不同的意味，而表面看来不同的对矿物成因的表述反倒有着相近的思想动机。本章梳理了从古代到中世纪几个重要的矿物成因理论，这一梳理将要表明的是，神意、自然与人工三者在矿物形成中所扮演的角色，构成了这条矿物成因思想演进脉络的主要张力，而天界对地下矿物形成的影响与地下世界的自主性，则作为这一脉络中的关键问题贯穿始终。

之所以将矿物成因——矿物观念中的一个方面,作为古今矿物观念演变最基本的首要内容,一方面是因为原因本就是古代自然哲学所探究的首要问题[1],而更内在的理由在于,对矿物从何而来以及如何形成的看法根本上决定了矿物观念的其他方面。本书的第四章和第五章就将显示出矿物观念中一个方面的变化如何产生连锁性和系统性的后果,最终颠覆了整个看待矿物的方式。而这里,就让我们沿着阿格里科拉所描绘的思想地图,首先讨论亚里士多德这位古代世界最重要的自然研究者,如何解释矿物的起源与成因。

一 自然的秩序:亚里士多德《气象学》中的矿石与金属[2]

1. 亚里士多德的矿物散发物理论

亚里士多德用四元素理论来概括月下生灭世界的物质构成。在《气象学》(*Meteorologica*)第四卷中,矿石与金属的主要成分就

---

[1] 阿格里科拉认为哲学探讨事物的起源、原因和本性,见 G. Agricola, *De natura fossilium*, trans. by M. C. Bandy & J. A. Bandy, p. 1. 他将《论起源和原因》置于 1546 年出版的矿冶作品集中的第一本,也表明对起源和原因的讨论具有哲学上的首要性。关于阿格里科拉自然研究框架的详细讨论可参见本书第四章第二节第三小节。

[2] 此节大部分内容已撰文发表,见严弼宸:《亚里士多德〈气象学〉中的矿物成因理论》,《自然科学史研究》2024 年第 2 期。

被认为是四元素中的水和土(Mete. IV,8,384b31—385a1)。① 然而亚里士多德在《气象学》第三卷的末尾,还以另一套理论专门论述了矿石与金属这两类地下之物的成因,也就是散发物理论。在《气象学》的第一卷,亚氏已经提出干性散发物(dry exhalation)与湿性散发物(wet exhalation)这对有别于四元素理论的新概念。② 两类散发物都产生自太阳对地表的热作用,其中一种来源于土以及土中的水(I,4,341b10),它是一种潮湿的蒸气,"其潜能如同水"(I,3,340b28);另一种则来源于土本身,它是干热的、烟状的,它"如燃料般""最易燃"(341b16—19),"其潜能如同火"(340b29)。亚氏在《气象学》前三卷中用两种散发物解释了流星、彗星、银河、雨雪霜露、江河海洋、风云雷电、地震彩虹等月下界发生的诸自然现象。这两种散发物也被亚氏用于解释地下之物的生成与性质,其中金属由湿性散发物生成,因而具有可熔性和可延展性,而干性散发物则生成"不可熔的石头、雄黄、赭石、代赭石、硫黄等所有诸

---

① 本书引用的《气象学》文本,主要依据英文译出,译文同时参考洛布版和巴恩斯主编的英文全集版,见 Aristotle, *Aristotle: Meteorologica*, trans. by H. D. P. Lee, The Loeb classical library, No. 397, Cambridge: Harvard Uni. Press, 1951 (2004 Reprinted); Aristotle, *The Complete Works of Aristotle*, edit. by J. Barnes, Princeton: Princeton Uni. Press, 1991. 另外参考了吴寿彭和徐开来的两个中文译本,参见亚里士多德:《宇宙论 天象论》,吴寿彭译,商务印书馆1999年版;亚里士多德:《气象学》,徐开来译,苗力田主编:《亚里士多德全集》(第2卷),中国人民大学出版社2016年版。

② Exhalation 的中文译法目前尚无定论,徐开来译为"散发物",吴寿彭译为"嘘出物"或"嘘气",本书遵照徐开来的译法。亚里士多德在不同场合会以不同的方式指称两种散发物,有时他将 dry exhalation 称为烟状散发物(smoky exhalation)或烟(smoke),将 wet exhalation 称为汽状散发物(vaporous exhalation)或蒸汽(vapor),本书除在直接引文中遵循亚氏的用法,余处皆统一译为"干性散发物"和"湿性散发物"。

如此类的其他矿物"(III,6,378a17—b6)。[1]

亚氏用散发物理论解释矿物的成因,这一理论在后世产生了深远影响,常被视为西方矿物成因理论的重要源头。地质学史家奥尔德洛伊德在《地质学思想史》中认为亚氏散发物假说的影响以各种形式一直延续到 18 世纪[2],撰写了《论矿物》(De mineralibus)的大阿尔伯特和阿格里科拉皆承袭了亚氏的矿物理论。[3] 技术史家瑞秋·劳丹在《从矿物学到地质学》中梳理了 17 世纪以前关于矿物成因的化学理论,认为中世纪阿拉伯炼金术士的汞-硫理论、16 世纪帕拉塞尔苏斯的汞-硫-盐三基元理论以及 17 世纪范·赫尔蒙特(Jan Baptist van Helmont,1580—1644)提出的水-气二元素理论等看似纷繁杂乱的物质构成方案,具有显著的家族相似性,皆受惠于亚氏。[4] 普林西比(Lawrence Principe)则在《炼金术的秘密》中指出,阿拉伯炼金术中的汞-硫理论,源自《气象学》中的两种散发物——其中构成金属的汞本原类似于亚氏所说的湿

---

[1] 对于矿石和金属这两类在《气象学》中讨论的地下之物的译法也多有争议。二者的希腊文 τὰ ὀρυκτά 和 τὰ μεταλλευόμενα 本意分别为"挖掘出的物体"和"开采出的物体",英文全集版将其直译为"挖掘物"(things quarried)和"开采物"(things mining),洛布版则译为"化石"(fossils)和"金属"(metals)。一般认为古希腊语 τὰ μεταλλευόμενα(开采物)即指金属,metal 即来源于古希腊语 μεταλλευόμενα(开采)。而"化石"(fossil)则来源于拉丁语 fossilis,意为挖出,正与"挖掘物"本义相合,吴寿彭先生在中译本中使用了"石质矿"与"金属矿"的译法,避免了化石的现代含义带来的混淆。本书将两类地下之物分别译为"矿石"和"金属",并在行文中以"矿物"统称二者。

[2] D. R. Oldroyd, *Thinking About the Earth: a History of Ideas in Geology*, p. 17.

[3] Ibid., pp. 32-34.

[4] R. Laudan, *From Mineralogy to Geology: The Foundations of a Science, 1650-1830*, p. 17.

性散发物,硫本原则类似于干性散发物。① 中国的地质学史学者对亚氏的成矿理论同样有明确的认识,王子贤与王恒礼编写的《简明地质学史》将亚氏的理论称为"天体作用说",概括其说的要旨在于"天体作用于地球,使地内土元素转变为'干气'与'湿气',再转变为'石头与金属','石头'以干性为主,不能熔融,金属以湿性为主,可以熔融",并认为该说在中世纪居于统治地位。② 由此可见,亚氏基于两种散发物的矿物成因理论,似乎已成为西方矿物学史的背景知识,并且这种成因通常被理解为主要与矿石及金属的成分相关——散发物生成矿石与金属之"生成"通常被当作质料上的构成来理解。这种理解方式充分体现在希拉里·泰勒对16世纪矿物理论的认识上。泰勒将散发物理论视为阿格里科拉及其同时代炼金术士的知识源头,"根据亚里士多德的说法,蒸气散发物和烟气散发物负责生成金属。大地的干性抑制了蒸气散发物的发散并将其转化为金属,这两种散发物共同形成了金属",而验金师和炼金术士正是利用这一理论使他们人为提炼和操控金属成分的实践合法化。③

然而,亚氏并没有将散发物单纯视作矿石和金属的质料因。英国古典学家艾希霍尔茨曾对《气象学》中的成矿理论进行过细致的分析,通过将矿石、金属的生成与《气象学》前三卷对霜露与河水等其他现象的解释相类比,他令人信服地表明两种散发物在构成

---

① 普林西比:《炼金术的秘密》,第49—50页。
② 王子贤、王恒礼:《简明地质学史》,河南科学技术出版社1985年,第21—22、44页。
③ H. Taylor, "Mining Metals, Mining Minds", pp. 80-82.

矿石和金属时起到了不同的作用——湿性散发物和干性散发物二者共同作为金属的质料因,在尚未分离时一起冷凝成金属;而干性散发物燃烧释放的热作为效力因,将土烧结为矿石。① 约翰·诺里斯在一篇文章中系统梳理了矿物散发物理论从亚里士多德到18世纪的发展和演变,他注意到艾希霍尔茨对散发物作为成矿过程质料因和效力因的阐发,并进一步指出亚氏的理论中缺乏对矿物形式因的论述。② 但他认为,矿物领域的特点以及古代矿冶实践的需求,使得矿物研究的首要任务是对其成分变化做定性研究,亚氏散发物理论的优势就在于,能够方便地解释矿物的成分。换言之,诺里斯尽管注意到散发物在矿物成因中可能扮演的其他角色,但出于矿物研究的特殊性考虑,仍认为将散发物主要看作质料因有其合理性。

诺里斯的解释提示了对散发物在成矿过程中所扮演角色的片面理解,与研究者往往将地下矿物作为一类专门的研究对象孤立地看待不无关系。除了在艾希霍尔茨对《气象学》第三卷第六章的文本分析那里,我们看到了成矿过程与霜露、河流等其他气象现象的少量类比,鲜少有研究者将亚氏对矿石和金属的表述放在整个气象学的框架中考虑。事实上,矿石与金属被亚氏作为月下界的最后一组气象现象加以讨论,两种散发物也并非为解释成矿过程专门提出,它们早已在解释月下界诸气象现象时发挥着构建天地

---

① D. E. Eichholz,"Aristotle's Theory of the Formation of Metals and Minerals", *The Classical Quarterly*,1949,vol. 43,no. 3-4,pp. 141-146.

② J. A. Norris,"The mineral exhalation theory of metallogenesis in pre-modern mineral science",*Ambix*,2006,vol. 53,no. 1,pp. 43-65.

间连续性的作用。① 何以矿石与金属这一今天看来属于地质或矿物学领域的主题,在亚氏那里却与银河彗星、风云雷电、雨露霜雪等不同自然现象一道被归于气象学这同一门学科,并以同样的原则处理——这背后显然隐含着古今矿物观念的转变。因而在考察亚氏的矿物成因理论时,必须将这一主题视作气象学的一部分,在气象学整体结构性和统一性的背景下考量矿石与金属的成因,才能够真正理解它们所处的位置。

俄勒冈大学的古典学教授威尔森(Malcolm Wilson)近年来对《气象学》的研究为我们理解亚氏的矿物观念提供了更为完整融贯的视野。威尔森长期致力于阐发亚里士多德自然哲学理论的统一性,他在 2013 年出版的专著《亚里士多德〈气象学〉的结构与方法:更无序的自然》②,被认为对亚里士多德构建月下界诸自然现象整体性的努力做了精彩的阐释。③ 威尔森将气象学视为亚里士多德自然哲学中的中介学科,它弥合了探讨一般规律的物理学与探讨具体个别生灭事物的生物学之间的鸿沟。④ 为保持气象学这门中介学科的整体性与独立性,亚里士多德采用了一系列独特的研究方式,为自大气最外层而至地下世界的诸气象现象构建了连续的

---

① 刘未沫、孙小淳:《亚里士多德对流星、彗星及银河的解释》,《中国科技史杂志》2017 年第 3 期。

② M. Wilson, *Structure and Method in Aristotle's Meteorologica: A More Disorderly Nature*, Cambridge: Cambridge University Press, 2013.

③ C. Martin, "Book Review: Structure and Method in Aristotle's Meteorologica: A More Disorderly Nature, written by Malcolm Wilson", *Early Science and Medicine*, 2015, vol. 20, no. 1, pp. 77-79.

④ M. Wilson, "A Somewhat Disorderly Nature: Unity in Aristotle's Meteorologica I-III", *Apeiron*, 2009, vol. 42, no. 1, pp. 63-88.

等级结构。本节将以威尔森的《气象学》研究为基础,将矿石与金属重新置于气象学这一亚里士多德精心构建的完整独立领域中,解读亚氏矿物成因理论的内涵及其与诸气象现象的关系,展现两类地下之物在亚氏气象学努力构建的自然秩序中所占据的独特位置。

2.《气象学》的结构与方法

亚里士多德的《气象学》作为一门完整独立的学问,有其独特的结构和方法,结构上的整体性极大地影响了亚氏对具体气象现象的研究和解释方式。因此,在讨论矿石与金属成因的内涵前,首先应把握贯穿《气象学》的整体结构。①

亚里士多德写作《气象学》时,面对的是一门在早期米利都学派那里有着悠久传统但其时业已衰落的学问。它的衰落源于古希腊哲学家研究取向的转移,自巴门尼德提出对变化的质疑后,晚期先苏自然哲学家的注意力逐渐从具体而明显的气象变化自身,即爱奥尼亚思想家们所关注的 meteora,转移到其背后抽象而普遍的变化原理。他们试图通过引入元素、原子等普遍物质原则来解

---

① 本书对《气象学》的讨论范围仅限于前三卷。现存《气象学》共四卷,前三卷讨论月下界诸气象现象,内容连贯,第四卷则主要讨论自然物的创生与衰坏、冷热性能对自然物的作用、各类同质物的性质及其固化和液化过程等一般物理学内容。由于第四卷的内容与理论框架与前三卷大异其趣,一般认为《气象学》是由亚氏两个各成系统的讲稿编合而成,亦有学者认为第四卷是伪托亚氏所作。关于第四卷的真伪之争及与前三卷文本的关系,可参见吴寿彭《天象论》的中译本导言(亚里士多德:《宇宙论 天象论》,吴寿彭译,第2—5页)与戈特沙尔克的介绍(H. B. Gottschalk, "The authorship of Meteorologica, Book IV", *The Classical Quarterly*, 1961, vol. 11, no. 1-2, pp. 67-79),亦可参见威尔森对第四卷的说明(M. Wilson, "A Somewhat Disorderly Nature: Unity in Aristotle's Meteorologica I-III", pp. 8-9)。

决变化问题,具体的气象学问题由此成为了普遍物理学微不足道的特殊应用,丧失了作为学问的独立地位。这种忽视具体自然现象并将其还原为普遍物理原则的倾向,鲜明地体现在柏拉图的《蒂迈欧篇》中。①

为了复兴这门业已衰落的学问,挽救经验可感的具体自然世界,亚里士多德采取了一系列方法来组织这些独立性岌岌可危的气象现象,最终将气象学定位为一门介于一般物理学与生物学之间的中介学科。首先,亚氏在作为一般物理原则的四元素框架外,提出了两种散发物的概念,将其作为讨论气象现象的独特工具,以平衡那个仅凭"火-气-水-土"四重同心环状自然结构难以持续稳定运行的月下世界。干性散发物是潜在的火,湿性散发物是潜在的水,它们受到天体运动的调节,经由天体运动使其经历变化,实现潜能,从而解释月下界诸气象现象。散发物固然与水、火等元素仍有关联,但不是诸元素的具体形式,也不能还原为元素,因为它们缺乏元素那种相互转化的能力。②

其次,亚里士多德对诸气象现象的分类和组织,依据的是他在生物学研究中使用的"多重种差"(multiple differentiations)的方式③,由此他将表现各异的气象现象作为一个群体统一起来,并形

---

① M. Wilson, *Structure and Method in Aristotle's Meteorologica*, pp. 19-25.
② Ibid., pp. 35-42.
③ 亦即亚氏在《论动物之部分》中所论述的"大类"区分法——亚氏认为正确的分类方法是描述那些具有共同性质的大类的普遍属性,这些大类之间具有"属差",但在大类中包含着互相密切相关的从属形式,亦即诸"种"(PA. I, 4, 644b1—7),参见 Aristotle, *The Complete Works of Aristotle*, edit. by J. Barnes. 以及吴寿彭中译本:亚里士多德:《动物四篇》,吴寿彭译,商务印书馆 2010 年版。

成一套等级秩序。威尔森指出,亚里士多德用三重互不隶属但相互影响的因果性"属差"将诸气象现象分为十个"大类"(可视之为"属")——燃烧现象、凝结现象、风、河流、海洋、地震、受迫喷发、反射、矿石及金属。而划分现象的三重因果性区分,即气象现象的质料因、有效因以及气象现象发生的位置。在同一"大类"中,具体的现象(可视之为"种")还可以按质料数量的多寡、持续时间的长短、质地的粗细等程度上的差异来进一步区分。例如,"火把"(一种流星现象)和流星就成因而言,都是干性散发物在大气层最外层的燃烧,因此属于同一"大类",但由于在燃料的数量和强度上存在差异,二者被区分为不同的两种气象现象。这一以成因作为基本区分的网络构造了整个气象现象的范围,而三种成因内部隐含着的种种等级差异——如干性散发物作为质料高于湿性散发物,纯净的质料优于混杂的质料;天体旋转的直接驱动在效力因中最为优越,单一简单的效力因优于复杂的效力因;就发生位置而言,越接近天界则等级越高——又将诸类气象现象按照等级排放在自天界而下直抵地下的自然阶梯之中。①

刘未沫等学者借助亚里士多德对流星、彗星及银河成因的解释,介绍了他在《气象学》中建立天地间连续等级结构的努力,也展现了他在具体气象现象的特殊解释背后蕴含着的结构性动机。②以下本书就将基于亚氏气象学的整体结构,对矿石与金属在质料、效力和生成位置三方面的成因进行分析。

---

① M. Wilson, *Structure and Method in Aristotle's Meteorologica*, pp. 75-92.
② 刘未沫、孙小淳:《亚里士多德对流星、彗星及银河的解释》。

3. 矿石与金属的成因

亚里士多德在论述之初就表明，矿石和金属是由闭锁在地下的两种散发物所生成的(III,6,378a15)。"我们断言有两类散发物，一类是蒸气，另一类是烟尘。在地球中也生成两类对应的物体，即矿石和金属。"(378a20)这使人们很容易认为，两种散发物以对称的方式，作为质料分别形成了矿石和金属。最先指出两种散发物以不同方式参与矿物生成的是艾希霍尔茨，他令人信服地证明了干性散发物并非矿石的质料因，而是加热其他事物的主动动原，它燃烧的热为矿石形成提供了效力因。"干性散发物通过燃烧(ἐκπυροῦσα)产生所有矿石，比如那类不能熔融的石头，以及雄黄、赭石、代赭石、硫黄和诸如此类的其他物质。"(378a23—24)艾希霍尔茨的主要论据便在于古希腊语中"燃烧"(ἐκπυροῦσα)一词是主动的及物动词，在"燃烧"之后一定有一个作为承受者的宾语，那才是矿石的真正质料。由于干性散发物高度可燃，它在地下运动时就会燃烧(367a9)，而当它被封闭于地下并且处于合适的质料之中时，它就可以通过燃烧将这些质料转化成矿石。威尔森从气象学的整体结构出发，也表明干性散发物的作用往往有别于湿性散发物——前者的作用方式通常是燃烧和猛烈的运动，而后者则作为潜在的水，通常以质料的形式参与气象现象的形成，它们作为现象成因的不对称性是十分明显的。[1]

那么，矿石的质料是什么呢？"大多数矿石都是有颜色的粉

---

[1] M. Wilson, *Structure and Method in Aristotle's Meteorologica*, pp. 83-84.

尘,或者像朱砂那样是由粉尘聚合成的石头。"(378a25)亚氏明确指出矿石的基本形式是粉尘,艾希霍尔茨认为,这种粉尘是由干性散发物通过燃烧土所产生的,也就是说,土是矿石的质料。这一推论可从亚氏对盐泉、咸水河等现象之成因的论述中找到依据:

> 大多数盐河和盐泉,我们必须认为它们过去都曾是热的。它们中最初的火后来耗散了,但它们渗过的土地必然含有灰烬和烧结残渣那样的物质。在许多地方都有各种味道的泉水和溪流,究其原因,必是因为它们含有或曾经含有火。根据土被烧的或多或少的程度,它们可以获得各种不同的味道。它充满了矾、草木灰等种种此类物质,当干净的水渗过时就改变了味道。(II,3,359b5—11)

由于河水与泉水要渗过那些被烧灼的土地,可知这里的燃烧现象也发生于地下,正与生成矿石的位置相同。地下的燃烧乃因易燃的干性散发物的运动所致,土在此被烧成灰烬和残渣,与粉尘近似。不同程度的烧灼使这些灰和渣显示出不同的味道,而在讨论矿石时亚氏强调的则是颜色,艾希霍尔茨推测土在被火烧灼后不但会显示出不同的味道,还能够显示出不同的颜色。[1]

因此,干性散发物作为效力因,通过燃烧将作为质料因的土转化为匀质的粉尘,从而形成矿石的基本形态,并且根据烧灼程度不同使之呈现不同的颜色。而使这些粉尘继续聚合硬化形成块状矿

---

[1] D. E. Eichholz, "Aristotle's Theory of the Formation of Metals and Minerals".

石的原因①，则在亚里士多德对金属凝结过程的表述中体现了出来："金属是汽状散发物的产物，它们都可熔融或可延展，诸如铁、铜、金等。它们都产生于封闭在地下，尤其是封闭在石头中的汽状散发物，石头的干性将它挤压到一起，并使之凝结。"(378a29—31)艾希霍尔茨认为使金属凝结的原因主要是冷性。② 因为在《气象学》第四卷中亚氏指出"熔化""溶解"与"硬化""凝固""固化"这两类相反的变化，由相反的原因造成的，其原因不是干热，就是冷(IV, 6, 382b31)。因此，如果说铁、铜、金等金属能被热熔融或软化，那么它们最初就是被冷性凝结或硬化的。这种说法遭到威尔森的质疑，他认为使金属凝结的独特效力因主要是压力而不是冷。③ 威尔森将金属与泉水的形成进行对比——泉水大多出于群山高地，因为山体有如海绵，能收容大量雨水，蒸汽也能在其中冷凝汇聚，细流在内部汇合形成泉水冲出地面(I, 13, 349b30—35)。这里形成泉水的海绵状山体与形成金属的干硬环境形成了鲜明对比，泉水和金属同样在地下由湿性散发物形成，但金属却没有变成水，可见干硬而充满压力的封闭环境对于金属的凝结是必需的。而正如金属是在这样的环境中受挤压而形成，同样封闭在地下的矿石，也应由环境的压力和干性聚合粉尘生成。这就解释了

---

① 艾希霍尔茨认为矿石凝结的原因依然是热的作用，因为根据亚氏在第四卷的论述，干热是物质固化的原因之一。"事物可以因为干热而固化……陶器，和某些种类的石块，由烧结土坯制成。"(IV, 6, 383b10)艾氏此说或可商榷。通过热凝结的事物通常需要包含湿，热烘干湿才使之凝结(IV, 8, 385a24)，形成矿石的粉尘由燃烧而来，内部已不再包含湿，因而笔者认为矿石凝结的原因不应是热。

② D. E. Eichholz, "Aristotle's Theory of the Formation of Metals and Minerals".

③ M. Wilson, *Structure and Method in Aristotle's Meteorologica*, pp. 274-275.

为什么同样是在地下燃烧产生的灰烬,有一部分被水滤过混入其中形成盐泉、咸水河而没有成为矿石,这是因为这部分灰烬没有处于干硬的充满压力的环境中,就如地下泉水没有凝结成金属一样。

金属因压力而凝结,但所凝结的并非只有湿性散发物,亚氏还就金属的质料做了一番补充:"故所有金属都能被火影响,都混合了一些土,因为它们仍然含有干性散发物。只有金是例外,金不被火所影响。"(378b2)可见金属的质料中混杂着干性散发物。这解释了金属生锈和熔炼时氧化的现象,当金属熔炼时,干性散发物燃烧殆尽,因此金属的重量就会减轻,只有不含干性散发物的金不受影响。通过与露、霜以及有味道的汁水的形成进行类比,亚氏进一步说明了作为金属质料的两种散发物的混合与凝结方式:

> 正如湿性散发物分离以后凝结成霜露那般,只不过在这里,金属是在它分离发生以前就生成的。因此,它们在某种意义上是水,在另一种意义上又不是:它们的质料曾经有可能变成水,但是现在不再可能这样转变了。它们也不像有味道的汁水,源于已生成的水在品质上的改变。铜和金并非这样形成,而是散发物在形成水以前就已凝结而成,一概如此。(378a30—378b1)

亚氏著作的重要评注者亚历山大(Alexander of Aphrodisia,活跃期约为公元 3 世纪)将这段话解释为,霜露是湿性散发物从二者混杂的散发物中分离以后凝结而成,而金属却是在二者分离以前就凝结了。[1] 威尔森认为亚氏有意凸现地下封闭环境的压力与致密性来说明金属的生成,在这一环境中干性散发物还来不及分离就与湿性散发物凝结在一起。[2] 这种独特的形成过程不仅使金属不同于霜露这类单纯湿性散发物的冷凝产物,还使金属有别于同样是因为水中掺杂了土性杂物从而获得味道的那类水。亚氏通过蒸发海水的实验证明了有味道的水经蒸发冷凝后能够重新变为水(II,3,358b16—23),但金属却不再变为水。金属的形成,并非由汽状散发物先凝结成水,再混杂干性散发物凝结成固体。相反,其质料从一开始就混杂在一起,在形成水以前就被同时浓缩和凝固了。金属不再变成水,是因为它们本就不是来自真正的水。

4. 矿石与金属在气象学秩序中的地位

矿石和金属的质料因、效力因以及生成位置这三方面成因,决定了它们在亚里士多德所建立的整个气象现象秩序中的独特地位。

首先,两种散发物保证了矿石和金属与天界的基本关联及与其他诸气象现象的整体融贯。散发物无疑在矿石和金属的成因中扮演了相当重要的角色,根据亚里士多德对散发物来源的表述,它们来自热对地表土和水的蒸发。至少有三种方式提供了生成散发物所需的热,其中最主要的是太阳的运动。"动力的、支配的、最初的本原是太阳在其中移动的那个圆。因为显然,当太阳靠近或远

---

[1] D. E. Eichholz, "Aristotle's Theory of the Formation of Metals and Minerals".
[2] M. Wilson, *Structure and Method in Aristotle's Meteorologica*, p. 275.

离时,便引起了分散和聚合,所以它是生灭的原因。"(I,9,346b21—24)因此,通常亚氏将两种散发物称之为被太阳加热的大地的散发物。除太阳外,天界其他星体运动产生的热也可能产生作用:"大地静止着,它周围的潮湿被太阳和来自上面的其他热所蒸发,并向上移动。"(346b25)但非常确定的是,与太阳相比其他星体运动的热是微不足道的,因为"太阳的移动就足以保证热的生成,因为这种运动必定快,而且不远,星辰的运动虽然快,但它们离得远,月亮的运动虽然近,但又太慢,只有太阳的运动完全具备这两个条件"(I,3,341a20—25)。另一重要的热源是地下自身的热,它直接源自干性散发物的自燃。亚里士多德在解释风与地震成因时多次暗示,易燃的干性散发物在地下因碰撞摩擦被点燃,它自燃的热与太阳的热作用一道产生新的散发物:"地中存在大量的火与热,太阳不仅吸走地表的湿气,而且也使大地本身炎热和干燥,因此就必然生出两类散发物。"(II,4,360a5—10)"当潮湿被太阳和地球之中的火烘烤时,许多的风就会从地球的内部和外部生成。"(II,8,365b26)"必须把这看成是在地球中生成的火的原因,因为当气先被分裂成小的部分时,风的撞击就使它着了火。"(367a10)亚氏并没有明确表述产生矿石和金属所需的散发物究竟源自何种热,他只是笼统地指出在地下,"散发物自身的双重本性使两种不同种类的物体产生出来,正如在上方地区的一样"(III,6,378a19),这明显体现了亚氏构建地下之物与地上气象现象关联的努力。由此可见,矿石和金属的生成就其依赖两种散发物而言,与其他气象现象是一致的,它们最终依赖于天界,尤其是太阳运动产生的热作用。但地下之物的特殊之处在于,它们对天界的依赖并不彻底,因为亚氏暗示了将太阳置于相对间接的位置,以地下自燃的方式生成散发物从而进一步产生地下现象的可能。

除了在散发物的来源上与其他诸象保持最基本的宏观联系以外,矿石和金属还因各自的生成方式分别处于两组由不同气象现象构成的序列之中。矿石作为干性散发物在地下燃烧的结果,与彗星、流星等大气层高处的燃烧现象,以及出现在大气层低处与地表水气相交处的咸雨、盐泉、咸水河及海等现象,构成了一种基于燃烧的从上而下的连续秩序。笼统地说,彗星和流星的质料因是干性散发物,它们处于大气的最外层,被太阳所居黄道带之运行的摩擦所点燃,因为燃料数量和强度的不同而显示出不同形态的流星和彗星现象。[①] 它们被天界的运动直接点燃,形成位置也最接近天界,因而在燃烧的等级秩序中具有最高的优越性。干性散发物在大气中的燃烧,除了直接形成彗星、流星诸现象,还使得一部分散发物(或燃烧后的残余物)与蒸汽混合,被浓缩成云,最终形成降雨落回地表,这解释了雨水有时会带有咸味的现象,因为味道就是内部潜在的热的体现(II,3,358a16—358b10)。对咸雨的这番解释,同时也作为过渡将大气中的燃烧现象与地表及地下的燃烧现象联系起来。如上节所述,盐泉、咸水河及海水中的咸味,其本原来自干性散发物在地下的燃烧(357b25),它生成的灰烬残渣内部具有潜在的不同程度的热,被流经的清水滤过便混杂到水中,使水具有了各种味道。这些发生在地表以上水气混杂区域、因燃烧而引发的现象,构成了等级序列中的次级现象——它们的发生位

[①] 刘未沫、孙小淳:《亚里士多德对流星、彗星及银河的解释》。

置离天界更远,天界运动并不直接参与其生成,直接的效力因是干性散发物自身的燃烧,并且仅凭燃烧不足以产生结果,还往往涉及其他效力因。而如同咸雨所起的中介作用,通过盐泉和咸水河,矿石也被纳入这条燃烧现象的自然阶梯之中。矿石和盐泉及咸水河一样源于干性散发物在地下的自燃,但其生成位置更为封闭和孤立,以至于没有机会被水流以溶盐的形式带至地表,只能在地下被挤压聚合成石块。因而矿石构成了这一等级序列的最末端,它的形成过程几乎与天界无关,被闭锁在离天界最为遥远的地下世界。

与燃烧现象的等级序列相应,由湿性散发物在地下凝结形成的金属,则与大气层低处的云雾、从高处下落的雨雪、地表生成的霜露及源于地下的山泉等气象现象相互联系,构成另一组基于凝结的从上而下的秩序。云雾的形成恰是流星和彗星的对照,其形成的效力因是来自太阳运动的热的缺乏,导致湿性散发物冷凝(I,9,346b25—35)。云雾的形成位置仅次于流星和彗星所处的大气最外层,是亚里士多德所说的"第二个区域"(346b16)。雨雪的形成将云雾与地表的水连接在一起,构成湿性散发物循环的中介。霜露是由地表小规模的湿性散发物凝结而成,泉水和金属则是在位置更低的地下凝结。泉水和金属的生成环境如上节所述存在区别,即泉水生成于海绵状的开放山体,而金属形成于一个更加封闭、干硬、密实的地下区域,是被地下特殊环境的压力聚合而成。泉水的凝结过程与露类似,首先由散发物冷凝成水滴,但由于海绵状山体的汇聚作用,泉水最终能以泉流涌出。而金属的凝结过程则与霜类似,它们都由散发物直接凝结成固体(I,10,347a17),区别在于霜乃至其余诸凝结现象的质料均是单一的湿性散发物,唯有金属的质料是干湿两种散发物的混杂。由此可见,云雾、霜露、泉水和金属之间除了生成位置的高下,还存在效力因与质料因的复杂程度的区别。金属的质料最混杂、形成条件最特殊,距离天界也最遥远,因而在整个凝结现象的等级序列中扮演了最低级和最粗糙的角色。

矿石和金属分别处于燃烧和凝结两类气象现象秩序的末端,而这两条连接天地、连续有等级的自然阶梯,正是按照两种散发物各自在天地间不同位置的作用方式而展开,它们一同组成了亚里士多德精心构建的月下界诸气象现象的整体结构。

5. 脆弱的气象秩序:形式因与目的因的原初缺失

作为天地间气象秩序中的一部分,亚里士多德需要为矿石和金属指定天界——尤其是太阳——作为最初的、支配性的本原,让生成二者的散发物来自由太阳运动产生的热,也需要借由质料、效力与位置这三种成因的内部等级,将矿石和金属这两类地下之物与地上诸象一同编织进通天彻地的自然阶梯之中。然而对地下矿物而言,这一气象秩序却显得十分脆弱。作为这一秩序中远离天界的最末端,矿石和金属受天界的影响其实十分有限,太阳只是作为产生散发物的间接效力因参与成矿过程,矿物生成的直接原因几乎在地下世界中自足,甚至连散发物的产生都主要来源于地下干性散发物的自燃。因此,构建矿石和金属与天界及地上诸象的关联,在很大程度上只是亚氏气象学的结构性要求,一旦离开构建气象学整体结构性的语境,那么亚氏针对矿物这一具体现象的解释也就失去了意义。①

　　地下矿物与天界及地上诸象之间的若即若离，也体现在矿物形式因与目的因的缺失上。亚氏著名的"四因说"认为一切事物都有四种原因：规定事物之存在理由的目的因，规定事物存在本性和定义的形式因，为事物形成提供动力的效力因以及作为事物原材料的质料因。② 四因之中，目的因和形式因有时被视为同一，因为生存的目的就是为了达成最完善的形式③，而效力因和质料因则往往被一同视为物质层面上的原因。亚氏在《气象学》第三卷末尾的短短几句话中仅为矿物指定了质料、效力等物质方面的成因，而形式因和目的因都在此缺失了。质料因与效力因在亚氏的自然哲学架构中向来只被看作是自然必需的原因，除此以外，自然物还需要形式因来统合前二者，更需要目的因作为终极的原因，将一切自然物关联到一个以善和自然目的为核心的存在链中，以避免让自然物的创生沦为偶然。④ 亚氏以人为例来阐释四因之间的关系，元素形成血肉并以冷热为效力使血肉运行，这仅仅构成了人的肉体，人还需要灵魂作为形式因来统领肉身，更需要目的因来彰显人之为人的根本。⑤ 因此，矿物形式因与目的因在亚里士多德哲学中的原初缺失，导致了矿物与其他自然物之间的若即若离，也为后

———————

① 亚里士多德在《气象学》中提出的带有明显结构性意图的银河理论便遭遇了此种命运，参见刘未沫、孙小淳：《亚里士多德对流星、彗星及银河的解释》。
② 《形而上学》卷五第二章 1013b20—30，见亚里士多德：《形而上学》，吴寿彭译，商务印书馆 2017 年版，第 96 页。
③ 《论动物生殖》第一章 715a4—10，见亚里士多德：《动物四篇》，吴寿彭译，第 365 页。
④ 亚里士多德：《动物四篇》，吴寿彭译，第 18—22 页。
⑤ 同上书，第 16—17 页.

世的矿物研究者留下了一个巨大的解释空间——无生命的矿物是否没有形式因和目的因？还是亚氏有意只在《气象学》中讨论矿物物质方面的成因，尚未来得及解释矿物的形式和目的？从这个缺失出发，人们既能向上诉诸天界以求矿物的形式因，从而强化天界对矿物的影响；也能完全放弃对形式和目的的追寻，只在地下世界中为矿物寻求直接的物质原因，使之彻底从亚氏气象学乃至自然哲学的完整结构中脱离出来。

无论是阿拉伯炼金术、拉丁欧洲的微粒炼金术、13世纪的大阿尔伯特还是阿格里科拉，全都就这一问题做出了决断。我们将在第五章中看到，阿格里科拉选择的路径是彻底放弃对人类理性难以把握的天界力量的追寻，认为矿物生成仅由地下世界中的冷热作用以及矿液①的流动、沉淀、凝固等就足以机械地解释。在他那里，地下世界从亚氏气象学有意塑造的脆弱秩序的末端脱离出来，成为一个完全自足的独立领域。

二 人工与自然之争：中世纪炼金术中的矿物生成②

1. 从散发物到汞硫理论

亚里士多德在《气象学》第三卷末尾所描绘的地下矿石与金属

---

① 阿格里科拉称之为浆汁，可参见本书第四章第四节的介绍。
② 此节大部分内容已撰文发表，见严弼宸：《从自然静观到技艺操控：炼金术汞硫理论对矿物观念的重塑》，《科学文化评论》2023年第5期。

的生成,通过统一融贯的散发物理论,与月下界其他诸多气象现象一道被编织进通天彻地的自然阶梯之中,成为亚氏自然哲学的一部分。矿物成因的散发物理论,在后世演化出另一种对金属及矿石成因的理解,后者与人工技艺密不可分,在千余年里始终被视为炼金术的理论基础。本节所要讨论的,正是这种被称为汞硫理论的观念。

现存最早的关于汞硫理论的记录通常被追溯到阿拉伯炼金术的代表人物贾比尔·伊本-哈扬(Jābir ibn-Hayyān),尽管在此之前这一理论已经有了悠久的历史。在《澄清之书》中,贾比尔概括了记载于9世纪初的百科全书著作《创世秘密之书》中的汞硫理论。[1] 尽管该理论在漫长的流传过程中产生了各种变体,其不同形式直到18世纪还被大多数炼金术士和化学家在不同程度上所接受,但无论哪种变体都能被归结为这样两条基本主张:(1)所有金属都由汞和硫这两种本原复合而成,其中硫本原通常对应于金属的固体性质与可燃性,而汞则提供了液体性质与可熔性;(2)汞硫二本原在地下凝结,以不同的比例和纯度相结合,产生出具有不同性质的诸金属。[2] 例如,通常被认为成分在金属中最粗糙的铅,依据汞硫理论就是由纯度较低的汞和硫本原组成。而铜和银等较精细的金属,汞硫本原在其形成过程中则有较高的纯度。金的本原最为精细、纯净和平衡,因而金也具有最完美的金属性质。这一理论很好地解释了不同金属矿物在自然中生成的情况,在同一矿

---

[1] 普林西比:《炼金术的秘密》,第49页。
[2] 同上书,第50—52页。

第一章 古代到中世纪的矿物成因理论

床中出现多种金属矿物的现象,也可以理解为硫和汞的不均匀或不完全结合。

很容易在汞硫理论的基本主张和亚里士多德的散发物成矿理论之间建立某种相似性。在亚氏的理论中,金属的质料就是干性与湿性两种散发物的混合,它们在地下封闭的环境中形成金属。并且亚氏通过表明金因不含干性散发物从而不受火的影响,暗示了两种散发物的比例决定不同金属的性质。因而一种炼金术史和化学史上的流行观点,就将亚氏的散发物理论视为汞硫理论的源头,汞本原被视为类似于亚氏的湿性散发物,硫本原则对应于干性散发物。[1] 然而,这种简单的类比往往忽略了两种理论之间更为重要而微妙的差异。一个明显的区别在于,汞硫理论中的二本原,通常作为金属的质料被理解,而亚氏并未将散发物单纯视作矿石和金属的质料因,散发物不仅作为矿物生成的质料,也承担了成矿过程的效力因。约翰·诺里斯注意到这一区别,因而对亚氏散发物理论是汞硫理论的直接基础这一传统观点予以修正。诺里斯认为阿拉伯炼金术文献中不同版本的汞硫理论,都旨在建立一种使汞和硫在不同条件下达到质料平衡的理论机制,以解释不同金属的具体成分。而亚氏的散发物理论仅仅提出了一种对矿物生成过程的一般性设想,实际上未能对不同金属的成分差异做出任何具体的解释。就此而言,诺里斯认为汞硫理论相对于亚氏散发物理

---

[1] 参见帕廷顿:《化学简史》,胡作玄译,中国人民大学出版社 2010 年版,第 24 页;普林西比:《炼金术的秘密》,第 49 页;J. A. Norris, "The mineral exhalation theory of metallogenesis in pre-modern mineral science", note 26.

论有显而易见的进步。①

然而,将汞硫理论专注于解释不同金属的具体成分,仅仅视为相较于散发物理论的一种解释力上的进步,依然遮蔽了这两种对矿物成因的不同理解方式背后的深刻张力。不同版本的汞硫理论之所以都要建立质料在不同条件下达到平衡的理论机制,是因为它预设了金属形成过程中的成分决定最终生成的金属种类。这样一来,它就在金属的自然生成中植入了嬗变这一炼金术的基本理想。通过改变成分就有可能实现金属的嬗变,而这种改变不仅发生在自然中,也能够被人工技艺所完成。与之形成对照的是,散发物理论仅仅提供了一种解释月下界自然现象发生原因的架构,亚氏并未做出技艺能够依照《气象学》所揭示的自然原因复制自然的承诺,它始终处于一门自然哲学的位置上。因此,作为炼金术理论基础的汞硫理论就不仅仅是一种新的矿物成因理论,它的背后还隐含着一种新的看待自然和人工技艺关系的方式。人工与自然的张力,便成了理解汞硫理论与亚氏散发物理论之间根本差异的关键。

紧扣这一线索,本节将首先考察阿拉伯炼金术传统如何利用汞硫理论来超越自然哲学的静观而为实践提供支持,继而关注伊本·西那如何通过强调矿物成因理论中的某些原则,来质疑炼金术的可能性。伊本·西那的质疑在13世纪引发了一场关于炼金术的大辩论,科学史家纽曼(William Newman)的研究表明这场辩论为弥合亚里士多德主义自然哲学中自然与人工技艺的鸿沟提供

---

① J. A. Norris, "The mineral exhalation theory of metallogenesis in pre-modern mineral science".

了可能。① 本节将以此作为背景，继而考察辩论各方如何通过改造以汞硫理论为基础的矿物成因理论，对炼金术进行辩护和批判。通过这些考察，本节试图表明，经由汞硫理论这样一种对矿物生成的炼金术式的观念，人们对矿物成因的理解才与人工技艺深刻地联系在一起，矿物才有可能从一种亚氏自然哲学传统中的自然自在之物，转变为可被人工技艺操控的对象。

2. 阿拉伯炼金术中的汞硫理论

在阿拉伯炼金术传统中，贾比尔首先给出了一套可将汞硫理论应用于解释金属生成过程和炼金术具体实践的完整形态。在《澄清之书》中贾比尔写道：

> 所有金属都是汞与在地球的烟雾排出物中升入其中的矿物硫凝结而成的。金属之间的不同仅仅在于其偶然性质，这取决于进入其组成的硫的不同形态。而这些硫则取决于不同的土及其在太阳热之下的暴露。最为精细、纯净和平衡的硫是金的硫。这种硫完整而均衡地与汞凝结在一起。②

金属的自然生成在贾比尔看来就是作为主动本原的硫与预先

---

① W. R. Newman, "Technology and alchemical debate in the late middle ages", *Isis*, 1989, vol. 80, no. 3, pp. 423-445; W. R. Newman, *Promethean Ambitions: Alchemy and the Quest to Perfect Nature*, Chicago: University of Chicago Press, 2005, pp. 76-77. 晋世翔对纽曼中世纪炼金术史研究亦有介绍，可参见晋世翔：《近代实验科学的中世纪起源——西方炼金术中的技艺概念》，《自然辩证法通讯》2019 年第 8 期。

② 普林西比：《炼金术的秘密》，第 50 页。

存在的更为被动的汞的结合。硫本原既具有灵活的运动能力,这是由它在地下的烟雾形态所赋予的,能够解释金属在地下的广泛分布;又具有物质成分的可变性,这取决于它所通过的物质的成分和太阳热作用的程度,能够解释地下金属成分的多样性。这可能体现了希腊化时期埃及炼金术士佐西莫斯(Zosimos of Panopolis,4 c. AD)的影响——佐西莫斯认为金属由不可挥发的"身体"和可挥发的"精神"构成,生成何种金属取决于"精神"而非"身体",因为"精神"承载着不同金属的颜色与其他特殊性质。[①] 硫在这里类似于金属的"精神",贾比尔认为金属之间的不同仅在于偶然性质,而后者最终仅仅取决于硫的形态及其受热程度。这意味着金属之间的转化,在理论上并不存在什么人力难以跨越的阻碍,通过人工技艺调节硫的形态及其受热程度就有可能实现金属嬗变。

为了在炼金术实践中实现这一可能性,贾比尔又提出一种炼金药理论。[②] 他改造了亚里士多德的自然哲学,将原本仅仅是抽象本原的火、气、水、土四元素,乃至无法脱离实体单独存在的冷、热、干、湿四性质,全部看成可以单独分离并具体存在的物质。通过反复加热、蒸馏等人工技艺,贾比尔认为能够从任何物质中分离出单纯的四元素,并进一步获得比元素更简单的东西,也就是单纯拥有某一种性质的质料。按比例重新调配这些单性质的质料,就能获得具有任意性质的炼金药。既然金属的种类取决于硫的形态,而硫被视为干热性质的结合,那么从根本上而言,向任意金属中添

[①] 普林西比:《炼金术的秘密》,第20页。
[②] 同上书,第52—57页。

第一章　古代到中世纪的矿物成因理论

加比例适当的炼金药,便能调整金属的性质比例从而实现嬗变。

在炼金药理论的配合下,贾比尔使汞硫理论从一种为金属自然生成过程提供解释的矿物成因理论,转变为炼金术实践所能依据的操作指南。这种在自然哲学中植入实践指导意义的思想倾向,对整个阿拉伯炼金术传统产生了巨大影响。10 世纪的波斯医生、炼金术士拉齐(Abu Bakr Muhammad ibn Zakariya al-Razi,约865—923)所代表的实验炼金术便是这一影响下应运而生的高峰。

拉齐至少写过 21 本关于炼金术的作品,其中一些作品直到 17 世纪都属权威教科书之列。[1] 他的代表作《秘密之书》(Kitab al-Asrar)被视为现存最早的实验室手册,完整记录了一系列关于比例、温度、时间和反应终点的炼金术操作程序和规范。[2]《秘密之书》共有三节,分别介绍自然物质的分类、各类操作所需的设备以及实验炼金术的各类操作,其中第三节占全书内容的八成以上,共介绍了 389 种具体的工艺操作。[3] 尽管《秘密之书》并不涉及炼金术理论的讨论,但拉齐对矿物的分类以及一些具体的工艺操作依然能够表明,他接受了某种形式的汞硫理论作为实验炼金术的基础。拉齐将矿物依次分为精气(spirits)、金属、石头、硫酸盐、硼砂和盐,而精气包括汞、卤砂、硫、硫化砷这四种物质,其中汞与卤砂不可燃,硫与硫化砷可燃。这暗示了这些物质的基础地位。而

---

[1]　普林西比:《炼金术的秘密》,第 65 页。

[2]　G. Taylor, *Al-Rāzī's "Book of Secrets": The practical laboratory in the medieval Islamic world*, Fullerton: California State University, 2008.

[3]　G. Taylor, "The Kitab al-Asrar: an alchemy manual in tenth-century Persia", *Arab Studies Quarterly*, 2010, vol. 32, no. 1, pp. 6-27.

在对各类工艺操作的介绍中,提纯四种精气的操作也被排在首位,因为纯净的精气是后续各种制金工艺所必需的物质。① 由此可见,汞和硫确实被拉齐视为构成其他矿物的基础。这在其另一作品《论矾与盐》(De aluminibus et salibus)中得到了印证,拉齐在那里更明确地表述了汞硫理论的基本主张:

> 你应该知道,矿物是蒸气在自然长时间的运作下被浓缩和凝结而成的。在这些蒸气之中首先凝结的是汞和硫,这两种物质就是矿物的起源。它们成为"水"和"油"。当其还维持着热量和湿度之时,一种适度的混合随之发生,直到它们被凝结,[矿物]就从它们之中产生了。然后它们逐渐发生转变,直到在一个千纪内转变为银和金。②

拉齐的汞硫理论与贾比尔相比有诸多不同。在贾比尔那里,只有硫是决定金属性质的主动性本原,而拉齐却使硫和汞在形成矿物的过程中扮演同等重要的角色。它们从蒸气凝结成液态的水性物质和油性物质,并在尚未凝固时发生混合,然后才固化成原始的矿物。而另一个重要的区别则是,在贾比尔的理论中,金属的转变是通过调节硫的形态、比例以及受热程度而实现的,但拉齐并未给这种调节留下理论空间——从汞和硫结合形成的原始矿物到最

---

① G. Taylor,"The Kitab al-Asrar:an alchemy manual in tenth-century Persia".
② W. Newman,"Mercury and Sulphur among the High Medieval Alchemists:From Rāzī and Avicenna to Albertus Magnus and Pseudo-Roger Bacon",Ambix,2014,vol. 61,no. 4,p. 333.

终的银和金,中间起作用的只有漫长的时间,似乎无论汞和硫以什么形态或比例进行混合,它们最终都能转变成银和金。

这些区别决定了拉齐炼金术实践的特点,因为对矿物形成过程的这种理解方式,意味着炼金术士必须通过人工技艺缩短金银自然形成所需的时间,并且这种技艺必须对汞和硫都施加影响。纽曼的一项研究指出,拉齐在这里所说的"汞"和"硫",并不是某种形而上的、理想的抽象本原,也不是贾比尔所寻找的纯粹属性的承担者。[①] 通过文本中的大量证据,纽曼表明"汞"和"硫"指的是现实存在的含有杂质的矿物,一种需要在炼金术实验室中被提纯、被"治愈"的普通材料。正因成矿过程中的汞和硫并不纯净,自然才需耗费漫长的时间,将含有杂质的原始矿物孕育成完美的金。因此,只要能够通过技艺将现实的汞和硫提纯为纯净的质料,就能够大大缩短制备银和金的时间,实现人工制金。在《论矾与盐》中紧接着对汞硫理论基本主张的阐述,拉齐便介绍了一系列净化普通汞的方法。《秘密之书》对这类净化方法的介绍更为详尽,并且表明了净化的原则:

> 提纯汞所要做的是吸收并去除其水分(水性),提纯卤砂所要做的是净化和消除其土性,而提纯硫化砷和硫所要做的则是增加其白度,并去除其油性和可燃性。[②]

---

① W. Newman,"Mercury and Sulphur among the High Medieval Alchemists: From Rāzī and Avicenna to Albertus Magnus and Pseudo-Roger Bacon", p. 333.

② G. Taylor, *The Alchemy of Al-Razi: A Translation of the "Book of Secrets"*, CreateSpace Independent Publishing Platform, 2015, section 3, part, 1, A. 3.

在拉齐看来,自然状态下液态的、带有金属光泽的汞并非纯净,这反倒表明它含有过多的水性,而真正纯净的"最好的汞一定是白色且柔软的"。① 同样,自然状态下黏腻且可燃的硫黄,也被视为含有过多的油性,必须通过各种方式去除。《秘密之书》介绍了数十种净化汞和硫的具体方法,如使用明矾、石膏、盐、玻璃、木灰等各种材料对汞进行升华,以干燥汞当中的水分。总之,在拉齐看来,只有经过人工技艺的净化,自然的汞和硫才能转变成炼金术士期待的材料,使用这些材料才能够在短时间内制出银或金。

贾比尔和拉齐对汞硫理论的不同理解,导致他们以不同的方式进行炼金实践。但无论在实践方式上有多大区别,有一种信念是他们共同持有的,那就是技艺能够在人工环境中重现甚至加快自然进程,从而制得金银这样的自然物,这种信念为他们的矿物成因理论所支持。然而,同样接受汞硫理论的伊本·西那,却通过强调金属自然形成过程的某些原则,在根本上否认了这一信念,从而对嬗变的可能性提出了深刻的诘难。

3. 伊本·西那对炼金术的诘难

在《治疗之书》(*Kitāb al-Shifā'*)中,伊本·西那讨论了矿石和金属的形成,并且采用了汞硫理论的基本主张,甚至还对不同金属的不同组成给出了更为精确的描述:

> 如果汞是纯的,并且如果它与一种白色的硫混合并在其

---

① G. Taylor, *The Alchemy of Al-Razi: A Translation of the "Book of Secrets"*, section1, part,2,1.8.

第一章 古代到中世纪的矿物成因理论

作用下凝固,这种硫既不会引起燃烧,又很纯净,并且比炼金术士所制备的更为出色,那么就能生成银。如果这种硫不仅是纯净的,甚至比之前描述得更好、更白,此外还拥有锡质、火热、微妙和不可燃的特性——简而言之,如果它比专家所制备的更为优越,它就能将汞凝固成金。

同样,如果汞是好的,但使其凝固的硫是不纯的、拥有可燃性,那么生成的将是铜。如果汞是败坏不洁净的,缺乏凝聚力和土性,且硫也不纯净,那么将会生成铁。至于锡,很可能它的汞是好的,而它的硫是败坏的,而且[二者的]混合并不牢固,可以说是一层一层地结合起来,因此这种金属会发出尖锐的声音。铅似乎是由不纯、沉重、黏土质的汞和不纯、腥臭、软弱的硫所形成,因此它的凝固并不彻底。①

然而,伊本·西那接着强调,以上仅仅是金属自然形成的发生方式,由于人的力量不可与自然相比,炼金术并不像自然那样生成新的金属:

> 尽管如此,炼金术意义上的性质,在本原或其完美程度上与自然的性质有所不同,它只是与自然有相似关系而已。因此人们相信,它们的自然形成以这种方式或以某种类似的方式发生,而炼金术在这方面无法与自然比拟,尽管他们付出了

---

① Avicenna, *De congelatione et conglutinatione lapidum*, edit. and trans. by E. J. Holmyard and D. C. Mandeville, Paris: Paul Geuthner, pp. 39-40.

很大的努力，却也无法超越自然。至于炼金术士的主张，必须清楚地认识到，他们没有能力实现物种的任何真正变化。①

此前的炼金术士似乎理所当然地以为，只要足够理解矿物的自然形成过程，就有可能通过技艺重现甚至改进自然。伊本·西那却将自然与技艺的对立明确呈现出来，在他看来，一种矿物成因理论本身（如汞硫理论）并未承诺技艺的任何可能性。恰恰相反，真正理解矿物自然生成的人就会承认人工制金和嬗变的不可能，因为矿物成因中蕴含着一些人工终究无法模仿的因素。伊本·西那接着就表述了这些未被炼金术士真正认识的内容：

> 我认为，不可能通过某种技艺抹去"种差"，因为这些［偶性］的变更并不等于复合物被转变为另一个。这些可感的东西不是能让种发生变化的东西，变化的只是偶然性质。由于金属的种是不被认识的，只要种差不被认识，何以能够知道是否它被移除或者它是如何能够被移除？……此外，一个复合物是不能嬗变为另一个的，因为实体复合的比例不尽相同，除非它被还原为原初质料，即它成为某物之前之所是。然而，仅凭熔炼是不可能做到这一点的，它只是为该事物添加了某些外在的东西。②

---

① Avicenna, *De congelatione et conglutinatione lapidum*, edit. and trans. by E. J. Holmyard and D. C. Mandeville, pp. 40-41.
② Ibid., pp. 41-42.

第一章　古代到中世纪的矿物成因理论

贾比尔曾经认为,生成不同的金属仅仅意味着它们拥有不同的偶然性质,伊本·西那显然纠正了这种对矿物成因的理解。通过借用亚里士多德对实体和偶性的区分以及"属加种差"的事物认识方式[①],伊本·西那表明,在自然中发生的金属的生成以及不同种金属之间的转变,在根本上不是金属被赋予了各种新的外在可感的偶性,而是金属获得了某种先在的、是其所是的种差。人的感官只能认识味道、颜色、重量等金属的外在偶性,真正决定金属本质的种差是人的理智无法企及的,因而这一过程也就无法通过人工技艺实现。仅凭熔炼、蒸馏等炼金术技艺,所能改变的仅仅是事物的偶性。因此,

> 炼金术士可以制造出优秀的仿制品,将红色[金属]染成白色,使之与银非常相似,或将它染成黄色,使之类似于金,也可以把白色[金属]染成想要的任何颜色,直到它相似于金或铜……然而,这些[染色金属]的根本性质仍保持不变。[②]

既然技艺无法改变种差,那么在伊本·西那的矿物成因理论中,金属的种差又如何为自然所赋予呢？纽曼的研究表明,伊本·西那坚持种差超越于人之理智的基础是亚里士多德在《论生灭》(*De generatione et corruption*,328a1—15)中提及的混合物

---

① 晋世翔对伊本·西那思想中借用的亚里士多德资源有所阐发,见晋世翔:《近代实验科学的中世纪起源》。

② Avicenna, *De congelatione et conglutinatione lapidum*, edit. and trans. by E. J. Holmyard and D. C. Mandeville, p. 41.

理论。① 该理论认为真正的混合物不是其微小组分单元的并列，而应是严格意义的同质——它的任一部分都与整体相同。伊本·西那相信，混合物之所以同质，是因为它舍弃其任一组分的形式而被形式赋予者(dator formarum)赋予了一种新的"混合物的形式"(forma mixti)，这又被称为实体形式(forma substantialis)。而这里的形式赋予者，只能是天界的灵智、星体的统治者、超越一切人类理智的神意的代理人。因此，汞硫本原的混合，本身并不能使热、冷、湿、干四性质自发组合成一种拥有新性质的新金属，这只是准备好了前提条件，使得形式赋予者能够赋予它新的实体形式。只有在天界力量的作用下，新的金属才能生成，其中本原的性质依然保留，它们体现为金属的偶性，而被赋予的实体形式，就是决定金属根本性质的种差。②

伊本·西那将汞硫理论作为对矿物自然生成过程的解释，但又通过在矿物成因理论中引入无法被人类理智企及的作为形式赋予者的天界力量，成功证明了技艺弱于自然，人工无法实现自然中的金属生成，从而在根本理论上深刻否认了炼金术的信念。12世纪晚期，英格兰学者萨勒沙的阿尔弗雷德(Alfred of Sareshel)将阿维森纳(伊本·西那的拉丁化名，在中世纪拉丁学术的语境下，本书皆用拉丁化名)在《治疗之书》中这个论及矿物的简短部分单独译成拉丁文，并赋予它《论石头的凝结和黏合》(*De congelatione et conglutinatione lapidum*，以下简称《论凝结》)的标题。阿维森

---

① Aristotle, *The Complete Works of Aristotle*, edit. by J. Barnes.
② W. R. Newman, *Promethean Ambitions*, pp. 38-40.

纳的《论凝结》最终被附于亚里士多德《气象学》第四册一个译本的结尾而广为流传,并日渐被许多拉丁学者误以为是亚氏文本的一部分。由于亚里士多德在13世纪的拉丁欧洲备受推崇,这使得《论凝结》具有相当大的声望,其结果是一方面有助于汞硫理论在拉丁欧洲的牢固确立,另一方面又仿佛亚里士多德本人对炼金术做出了权威的判决。《论凝结》的巨大影响最终引发了13世纪拉丁欧洲的炼金术之辩,一场表面上争论嬗变是否可行,实质却事关人工与自然地位的全面辩论。①

4. 炼金术之辩中的矿物成因理论

纽曼近三十年来的系统研究与大量出版物,将中世纪炼金术理论的许多片段融合成一种协调的、令人信服的叙事,以至于成为讨论中世纪炼金术史无法忽视的甚至几乎唯一可靠的文献来源。② 13世纪的炼金术之辩是纽曼炼金术史叙事中的重要事件,他的多部作品调用翔实的一手文献从各个方面勾勒了这场辩论中各方阵营的基本立场和辩论策略,包括技艺与自然、炼金术与技艺以及炼金术与魔法之间的关系,炼金术对微粒论复兴的影响,炼金术的宗教转向以及神学在评判炼金术时所起的作用等。③ 本节将

---

① 《论凝结》在拉丁欧洲的文本流传概况,参见普林西比:《炼金术的秘密》,第84页;W. R. Newman, *Promethean Ambitions*, pp. 37-38.

② 对纽曼中世纪炼金术史研究的评价,参见林德伯格:《西方科学的起源(第二版)》,张卜天译,湖南科学技术出版社2013年版,第321页,注1。

③ 参见 W. R. Newman, "Technology and alchemical debate in the late middle ages"; W. R. Newman, *The Summa perfectionis of Pseudo-Geber: a critical edition, translation and study*, Leiden: Brill, pp. 1-57; W. R. Newman, *Promethean Ambitions*, pp. 34-36.

以此为背景,重点关注矿物成因理论在炼金术之辩中扮演的角色,考察辩论各方如何通过改造以汞硫理论为基础的矿物成因理论,对炼金术进行批判与辩护。

托马斯·阿奎那(Thomas Aquinas, c. 1225—1274)对彼得·伦巴德(Peter Lombard, 1100—1160)《四部语录》(*Commentum in quatuor libros sententiarum*)的评注,包含了他对炼金术的否定性意见。他提出黄金的自然生成过程中有两个无法被炼金术模仿的因素,并将其负面后果延伸至任何炼金术想要生成的产品:

> 技艺能产生某种相似性,就像炼金术士产生与黄金相似的外在偶性一样。但它仍然不是真正的黄金,因为黄金的实体形式不是由火(炼金术士所使用的火)的热量引起的,而是由太阳的热量在某个矿物力量蓬勃发展的确定地点所引起的。因此,这种[炼金术生成的]黄金并不是依据[真金]的种类而产生,他们[炼金术士]制造的其他东西也是如此。[①]

阿奎那在此发展了阿维森纳提出的实体形式只能由自然赋予的学说,进一步表明自然通过星体以及特定地点的力量为金属赋予实体形式,而炼金术士无法通过人工技艺模拟这两种力量——火的热量不同于太阳,炼金术实验室也不同于产生金属的特定地下环境。事实上,将星体的力量视为矿物成因并非阿奎那的首创,

---

[①] W. R. Newman, "Technology and alchemical debate in the late middle ages", p. 438.

他的老师大阿尔伯特就曾在《论矿物》中将之阐发为矿物形成的重要因素,而这种想法最终或许可追溯到亚氏在《气象学》中提出的散发物理论,这已在上一节中说明。大阿尔伯特对炼金术的态度并不明晰,他甚至试图论证炼金术士可以在特定天象时进行嬗变实验以"借取"星体的力量。① 大阿尔伯特对亚氏矿物理论与炼金术的态度将是下一节的主要内容,在那里我将详细讨论大阿尔伯特如何对这两种大异其趣的理论进行调和,并形成自己对矿物成因的独特理解。

而阿奎那提到的另一种自然因素,也就是特定地点的力量,则被他的学生罗马的吉莱斯(Gils of Rome, c. 1243—1316)发展为一种正式的矿物成因。吉莱斯指出金属的产生需要一种特定的"处所性"(virtus loci),这代表一种只存在于地球深处的矿化力。他认为一些生物的生成不需要特定的处所,只需有充足的物质本原,如从死牛中自发生成的蜜蜂。但有一些事物则既需物质本原,也需特定的处所,如用葡萄酿造的葡萄酒,因为酒只能产生于葡萄的深处。金属的生成类似于葡萄酒,仅凭汞和硫那样的质料不足以形成金属,它还必须接受地下的矿化力,因而真正的金属只能在地球深处产生。因此,无论炼金术的金经受多少检验,与天然的金在外在性质上多么相像,它也依然不同于生成于地下的后者。②

面对反对者利用矿物成因理论对炼金术提出的诘难,支持者同样通过重新阐释矿物的自然成因,消弭自然与技艺之间的鸿沟,

---

① A. Rinotas, "Alchemy and Creation in the Work of Albertus Magnus", *Conatus-Journal of Philosophy*, 2018, vol. 3, no. 1, pp. 63-74.

② W. R. Newman, "Technology and alchemical debate in the late middle ages".

来为炼金术提供辩护。首先是一种宽泛的明确学科属性的努力，支持者试图表明炼金术并不仅仅是地位低下的人工技艺，它也可以是一门合法的自然哲学。博韦的樊尚（Vincentius Burgundus, c.1194—1264）在《学理宝鉴》（*Speculum doctrinale*）中将炼金术确立为"一门关于矿物的自然哲学的后代"，就像农业技艺来自"关于植物的自然哲学"一样。① 对樊尚来说，炼金术固然是一种将矿物从一个物种转化成另一物种的实用技艺，但它遵从自然哲学的原理，因而有必要从理论上了解地下的硫和汞生成矿物的整个过程。罗吉尔·培根（Roger Bacon, c.1214—1293）进一步宣称，炼金术是一门关于元素本身的科学，而自然哲学和医学处理的是由元素构成的事物，因此炼金术甚至是更为基本的科学，炼金术传授的知识可能是亚里士多德等前人都未曾拥有的。13世纪晚期的方济各会修士塔兰托的保罗（Paul of Taranto）综合了这些提升炼金术学科位置的主张，为技艺区分出两种不同的类型，从而在一定程度上为炼金术弥合了自然与人工的断裂。② 保罗认为，一种技艺仅仅改变事物外在可感的第二性质而不涉及事物真正的本性，如绘画、雕塑、建筑等，这类"纯粹人工的技艺"充满了模仿和机巧。而炼金术则属于另一种"完善性技艺"，它的作用对象是冷、热、干、湿这些元素具有的第一性质，其目标是帮助自然本性的完成，实现事物的自然形式。

而在13世纪初的《赫尔墨斯之书》（*Book of Hermes*）和13

---

① W. R. Newman, "Technology and alchemical debate in the late middle ages".
② 晋世翔：《近代实验科学的中世纪起源》。

世纪晚期被托名于罗吉尔·培根的《短篇祈祷书》(Breve breviarium)中,我们可以发现一种更为具体的对金属生成过程的再阐释策略。一方面,《赫尔墨斯之书》鲜明地反对人类技艺无法模拟自然的说法,并通过各种经验表明人工和自然之间并不存在先验的不可逾越的断裂:

> 自然界的闪电之火和用石头打出的火是同一种火,自然的气和通过沸腾产生的人工的气都是气,我们脚下的天然土和通过放水产生的人造土也都是土。绿盐、白矾、锌白和卤砂既有人造的也有天然的。但人造的比天然的还要好,这一点任何了解矿物质的人都不会反驳……技艺并不制造所有这些东西,相反,它帮助自然制造它们。这种技艺的帮助并没有改变事物的本质。因此,人的作品可以在本质是自然的,而在生产方式上是人工的。①

承认在自然和人工燃烧的情况下产生的火是相同的,就意味着自然生成金属的过程能够被人类用技艺重现,因为火就是火,无论它来源于太阳、地下的热还是炼金术士的炉子。这一点也为《短篇祈祷书》所指出:"金属物种的多样性来自净化和烹煮过程中的多样性,这在人工容器中和地下一样容易发生。"② 这样一来阿奎那坚持的观点——黄金的实体形式不能由炼金术士所使用的火引起,

---

① W. R. Newman, *Promethean Ambitions*, p. 64.
② Ibid., p. 67.

只能由太阳的热量在地下引发——就受到了削弱。

另一方面,针对阿维森纳关于种差不被人所认识、物种不能被技艺转化的断言,《赫尔墨斯之书》干脆提出各种金属之间并不存在种差,它们同属一个物种,有着单一的定义:任何金属都是复合的、可熔化的、不可燃的、具有可塑性的实体。因此,金属的生成与转变就不再涉及任何物种的转变,只是在种的具体偶性上发生变化而已。①《短篇祈祷书》则进一步指出,所有金属都由相同的成分组成,即汞和硫,金属间的差异主要源于它们的物质成分在地下受烹煮和净化的程度。因此,金属形成过程中受到转化的并非物种,而只是由物质决定的具体金属的外在偶性。事实上,《短篇祈祷书》已将金属的偶性与其物种割裂开来,物种被当作一种先验给定的形式,不再具有转变的可能性。而具体金属的偶性被视为物质的性质,由于物质可感知、可分割、可朽坏,因而具有转化的可能:

> 物种并没有被转化,被转化的只是个体……银的物种,即银之银性(argenteity),并没有被转化为金的物种,即金之金性(aureity)。银不会变成金,因为物种不能被转化,这是因为它们本身(物种)并不受制于感性的作用,既不可分割,也缺乏对立面的作用。具有可分割的部分或对立面的作用,才是导致转化的原因。它们是通过特定微粒和可分割的物质的变异,而被偶然地并非真正和直接地转化的,这些特定

---

① W. R. Newman, "Technology and alchemical debate in the late middle ages".

第一章　古代到中世纪的矿物成因理论

微粒和可分割的物质是可腐烂的、复合的以及可感知的对象或主体。①

这种对于金属转化的物质主义理解方式暗示着，无论是金属生成的自然过程还是炼金术的嬗变，都可以被视为由环境对金属所施加的某些物质上的影响导致的偶性变化。阿维森纳声称的只能由自然赋予的实体形式，在一定程度上被悬置起来不加讨论。金属的转化仅从物质层面而言就能够加以解释，而在这一层面上，自然与技艺并无区别。

塔兰托的保罗在《完满大全》(Summa perfectionis) 中充分吸收了上述几种辩护思路，最终提出了一种彻底物质主义的微粒炼金术理论，将人类理智无法企及的实体形式请出了炼金术领域，完成了对炼金术技艺正当性的捍卫。②

在《完满大全》的序言中，保罗首先便明确了炼金术技艺的前提是了解矿物的自然哲学，这包括矿物的本原、原因与生成方式，并且他继而说出了为整个炼金术技艺确立基础的最重要的一句话："技艺并不能模仿自然的全部运作，而是要以技艺所能的方式正确地模仿她。"③接着，保罗承认了炼金术批判者的一些说法，即

---

① W. R. Newman, *Promethean Ambitions*, pp. 67-68.
② 纽曼为《完满大全》的作者考证、版本流传、后世影响，以及《完满大全》中的矿物观念和物质理论做了详尽充实的研究，并且提供了一个有详细评注的英译本，参见 W. R. Newman, *The Summa perfectionis of Pseudo-Geber*. 诺里斯和晋世翔都对《完满大全》中的微粒理论进行了介绍，参见 J. A. Norris, "The mineral exhalation theory of metallogenesis in pre-modern mineral science"；晋世翔：《近代实验科学的中世纪起源》。
③ W. R. Newman, *The Summa perfectionis of Pseudo-Geber*, p. 633.

人确实无法认识自然生成金属的所有条件,这包括所谓的天界力量、种差和实体形式。但保罗话锋一转,再次指出炼金术并不需要完全了解所有自然条件,技艺可以自己的方式重现自然的金属生成过程:

> 如果他们说我们不知道各种元素的比例、它们相互混合的方式、使金属生长的热量均衡,以及控制自然作用的许多其他原因和偶然因素,我们承认这一点。但他们仍然不能因此而反驳我们的科学,因为我们既不想知道这些东西,也无法知道;这些东西也不影响我们的工作。我们为自己采取了另一个起点,或者说另一种金属生成的方式,在这种方式中我们能够遵循自然。[1]

这一方面是因为矿物没有灵魂,仅仅是单纯的物质。保罗认为,有灵魂的生物不能被技艺所完善,因为生物的缺陷来源于灵魂,而技艺只能改变物质,无法为之注入灵魂。但是矿物低于生物,矿物没有灵魂,只凭借其物质组成和比例而存在,因此就能够被人工技艺所完善。[2] 另一方面则是出于这样一种信念,即星体力量、实体形式等所有超出技艺范围的自然原则都不必被加以考虑,因为这些原则始终在自然地发挥着作用。而技艺是自然的帮手,它不必完全取代自然,技艺只需安排好自身能够考虑的物质原

---

[1] W. R. Newman, *The Summa perfectionis of Pseudo-Geber*, pp. 646-647.
[2] Ibid., pp. 647-648.

则,就足以产生自然的效果:

> 不是我们使金属发生转变,而是自然(使之发生)。我们只是按照人工的方式,为她准备好了物质。因为自然以她自己的方式运作,而我们是她的帮手……如果他们说金属的完善性来自一颗或多颗星体的位置,而这种完美性我们并不知道,我们会说其实没有必要知道这个位置,因为任何种类的可生灭之物,其个体的生成与毁灭,每天都在发生着。因此很明显,对任何种类的个体而言,星体的位置每天都具有可完善性和可毁灭性。因此,我们没有必要等待星体的某个位置。只需为智慧的自然安排好物质,使她能让星体的适当位置与物质相协调,这就足够了。①

通过以上的理论构建,保罗为炼金术清理出了一片稳固可靠的地基。在这片地基之上,无须再考虑任何超出人类理智的天界力量、种差、实体形式,技艺只需和自己能够完全把握的物质属性打交道。保罗因此才能最终将金属完全视为统一的硫和汞的微粒,它们的具体特性只在微粒的大小和相对比例上有所不同,一种完全基于物质微粒聚合与分解的关于炼金术嬗变的微粒论解释才得以可能。②

---

① W. R. Newman, *The Summa perfectionis of Pseudo-Geber*, p. 649.
② 参见普林西比:《炼金术的秘密》,第 80—83 页;J. A. Norris, "The mineral exhalation theory of metallogenesis in pre-modern mineral science".

5. 从自然哲学到现代矿物观念的曲折

阿拉伯炼金术士在原本只是作为一种自然哲学的矿物成因理论之上，理所当然地附加了人工技艺的理想，企图通过技艺重现乃至超越自然，并以此作为理论基础，建立了一整套炼金术实践传统。伊本·西那充分阐明了这种炼金术传统中隐含着的自然与技艺的张力，并由此提出一种对炼金术的深刻批判，其关键就在于对人工与自然之间不可跨越的鸿沟的强调。这种绝对的鸿沟最终导致了某种认识上的放弃，使保罗放弃认识自然的全部运作，不得不将人类理智无法企及的自然原则彻底悬置起来。也正是这种放弃，反而使得对矿物生成的理解能够从自然哲学的束缚中解放出来，并最终满足于一种符合经验事实并易于自身理解的物质主义的自然运作模型。正是在这一系列观念演变的最后，保罗才能够给出一种对矿物生成的彻底物质主义的理解方式，在这种理解方式中，矿物的形成仅由微粒、分散、聚合、热量等概念就足以机械地解释，一种机械论式的现代矿物成因观念似乎呼之欲出。

但在轻易地为微粒炼金术与现代矿物观念构建关联以前，必须注意一个历史事实——炼金术并未因为13世纪的炼金术之辩而在拉丁欧洲获得正当性，保罗的炼金术理论也没有被当时大多数炼金术士所遵循，恰恰相反，世俗政权与教会对炼金术的谴责自13世纪晚期以来愈加频繁。普林西比认为，由于炼金术在公众心目中很少远离伪造货币等犯罪活动，对一种潜在的经济欺诈的防范，是欧洲各国的执政者纷纷颁布法令禁止炼金术活动的主要原因。① 纽曼则认为教会的谴责主要是因为将炼金术问题神学化的趋势越来越明显,而基督教教义从原则上不能容许上帝以外的任何力量实现物种的改变,炼金术很容易被视为一种异端邪说。② 面临宗教和政治的多重压力,炼金术士不得不在14世纪增强其保密性,以免遭到当权者的严厉审判。

保罗的那种彻底物质主义的微粒炼金术理论,潜在地蕴含着无神论的倾向,因此可以设想在这样的背景下缺乏传播和发展的土壤,也就难以真正进入学术讨论的环境,无法作为形成现代矿物观念所需的有效学术资源。通过本节的观念史梳理我们已经看到,如果没有炼金术的介入,仅从亚氏自然哲学式的矿物成因理论中难以发展出与技艺、经验紧密相关的现代矿物观念。但仅凭炼金术自身演化而来的物质主义和微粒论的矿物理论,却又因面临神学的压力难以为继。从自然哲学到现代矿物观念的曲折路径中,需要一种在亚里士多德主义、炼金术物质理论和基督教神学之间的折中与调和,正是大阿尔伯特的矿物理论充当了这一角色。

三 神意、自然与人工:大阿尔伯特的双重调和

多明我会教士大阿尔伯特是中世纪欧洲重要的哲学家、神学家,也是亚里士多德主义最主要的权威。他阅读、理解、系统化了

---

① 普林西比:《炼金术的秘密》,第89—90页。
② W. R. Newman, "Technology and alchemical debate in the late middle ages".

当时所有翻译成拉丁语的亚氏著作以及阿拉伯学者的评论,将它们与基督教教义结合到一起,并引入中世纪大学。他的工作对亚里士多德式的自然研究在拉丁欧洲的重新兴起产生了深刻影响。①

但与此同时,也有大量证据表明,炼金术及魔法是这位基督教圣徒的哲学与神学思想中不可分割的一部分。这些证据既包括其本人作品中对相关主题的深度论述,也包括同时代人对他参与炼金术和魔法实践的记载,还包括后世大量被托名于大阿尔伯特的炼金术作品,以及他在白话诗和文学作品中流传甚广的魔法事迹。②

大阿尔伯特的矿物研究便充分体现了其思想的多面与糅合,亚里士多德主义自然哲学、炼金术物质理论与新柏拉图主义化的基督教神学等多个思想传统在他的《论矿物》中被调和到一起,并由此形成了他独特的矿物成因理论。

1. 大阿尔伯特的矿物研究

亚里士多德在《气象学》第三卷的末尾留下了对矿物成因的简略解释,并宣称将接着对金属和矿石这两类矿物的每一种属分别做详细研究。然而,在亚氏留存的所有作品中都找不到这样一部矿物的具体研究。因此,当大阿尔伯特着手处理亚氏自然著作时,他不得不按照亚氏的自然研究方式将自己时代的矿物知识组织起

---

① 参见《科学传记辞典》中"大阿尔伯特"词条的介绍,C. Gillispie C, *Dictionary of Scientific Biography*, vol 1, pp. 99-102.

② A. Rinotas, "Compatibility Between Philosophy and Magic in the Work of Albertus Magnus", *Revista Española de Filosofía Medieval*, 2015, vol. 22, no. 1, pp. 171-180.

第一章　古代到中世纪的矿物成因理论

来——这些知识散布在炼金术作品、百科全书乃至矿工的口头流传之中,以补全《气象学》遗留的矿物研究空白。亚氏的自然研究方式是以能最直观把握到的具体经验为起点,通过解释事物的原因,使事物变得可理解,以达至规定事物存在的实体形式,最终揭示自然造物之目的。① 因此,大阿尔伯特矿物研究的一项基本任务,就是阐明矿物的各种成因。《论矿物》的第一卷、第三卷以及第五卷的开头部分,便详细讨论了石头、金属和中间物(media)②这三类矿物的各类成因,既包括质料因、效力因、形式因、位置因③等一般原因,也包括对矿物各种偶然属性的描述及其具体原因的探讨。④ 正是在这一部分,大阿尔伯特对古希腊哲学家和中世纪炼金术的种种矿物成因理论进行了仔细甄别,并提出了自己的见解。归纳来说,大阿尔伯特对矿物成因的理解主要包括如下几个方面。

首先,石头的质料因是土元素和水元素的混合,而金属的质料更为复杂,是由硫和汞组成,这二者本身又是元素的混合物,汞含有土和水,而硫则是含有全部四种元素。中间物既不是石头,也不

---

① 参见亚里士多德:《物理学》,张竹明译,第 15 页。关于这一点,另可参见本书第四章第二节第二小节对亚里士多德主义自然研究纲领的讨论。

② 本性介于石头与金属之间的一类矿物,是大阿尔伯特提出的一种矿物类别,参见 Albertus Magnus, *The Book of Minerals*, trans. by D. Wyckoff, Oxford: Clarendon Press, p. 237。

③ 指矿物生成的位置,大阿尔伯特认为生成位置也是矿物的一般成因之一,参见 Albertus Magnus, *The Book of Minerals*, trans. by D. Wyckoff, Oxford: Clarendon Press, pp. 26-27。

④ 在对矿物进行自然哲学式的讨论之后,大阿尔伯特还在他的研究架构中增加了自然志的部分。《论矿物》的第二卷、第四卷以及第五卷的后半部分,以中世纪常见的宝石书(Lapidaries)的形式,对一百余种石头、金属和中间物做了逐一描述。

是金属，其质料也具有两者的一些特征。在金属生成的具体解释中，大阿尔伯特还将散发物理论和汞硫理论结合起来，把"干烟"等同于硫，把"蒸气"等同于汞。这使得大阿尔伯特对矿物生成的解释通常被认为包含了四元素理论、散发物理论以及炼金术汞硫理论的要素。

其次，大阿尔伯特将三类矿物的效力因都归为一种形成力或矿化力。在天界力量的影响下，形成力以不同方式被赋予到特定形成位置的特定质料，因而产生了不同的矿物。对于这一过程，大阿尔伯特通过亚里士多德动物学中的动物生成来类比地解释：雌性提供胚胎所需的物质（质料因）和场所（位置因），而雄性的精液（形成力）则是胚胎发育的效力因。以金属的生成为例，地球内部产生的散发物，在冷和热的直接作用下经过烹煮、净化和固化，最终转化为金属——这里冷热本身作为真正效力因即形成力的工具而发挥作用，而形成力则用于规范和限定冷热作用的终点或限度。[①] 因为石头和金属都具有确定的实体形式，正是形成力的限定使它们能恰如其分地是其所是。形成力从根本上来源于天界力量，当时所知的七种金属分别在七大行星的影响下形成，是这一信念最为著名的例证。

第三，针对矿物的质地、颜色、光泽、硬度、裂解性、密度、结构、可熔性、可塑性、味道、气味等各种具体的偶然属性，大阿尔伯特依据以上两方面的一般性原因分别做出了具体解释，其中综合

---

① 本章第三节第四小节将详细讨论来自天界力量的形成力和作为工具的冷热作用与元素力量的关系。

第一章　古代到中世纪的矿物成因理论　　　111

了他在矿山实地考察获得的经验知识和源自炼金术作品中的有用信息。①

最重要的是，为了适应矿物的特殊情况，大阿尔伯特对亚里士多德的自然研究方案做了一些关键性的改动，即取消矿物目的因，将阐明形式因作为矿物研究的终点。本章第一节第五小节已述，亚里士多德的"四因说"将事物的目的因和形式因视为比质料因、效力因等物质层面的原因更为本源。目的因被视为第一原因和事物的逻各斯，有时它又与形式因一道被同等地视为规定了事物是其所是的本性。亚里士多德在《论动物构造》中认为非但研究动物应该以目的因为终点，于其他一切自然造物，也都应该这样论述它们的生成。②然而亚氏本人在《气象学》第三卷末尾仅仅处理了矿物的质料因、效力因和形成位置，完全忽略了目的因和形式因。基于矿物没有灵魂、没有生命且无法生殖的特征，大阿尔伯特取消了矿物的目的因，只保留它的形式因，并将后者视为矿物的终极原因，亦即矿物是之所是的本性。③大阿尔伯特论证了矿物具有实体形式，并认为矿物的形式来自天界力量、元素的特定混合以及特定的位置——处于某一特殊地点（位置因）的简单元素的混合物（质料因），经过被赋予到该地点的形成力（效力因）的作用，凝结成了一种特定的形式。由于形式因中包含着人类理性无法完全洞悉

---

① 关于大阿尔伯特论各类矿物成因的详细介绍，参见 Albertus Magnus, *The Book of Minerals*, trans. by D. Wyckoff, pp. xxx-xxxv; J. A. Norris, "The mineral exhalation theory of metallogenesis in pre-modern mineral science", pp. 43-65.
② 亚里士多德:《动物四篇》，吴寿彭译，第 13—17 页。
③ Albertus Magnus, *The Book of Minerals*, trans. by D. Wyckoff, p. 26.

的天界力量,因此它大多难以被言说,但正是它显示出矿物之间的差异,并为矿物的命名奠定了基础。不过,大阿尔伯特认为可以通过迂回的方式,具体说明矿物的偶然属性、特殊能力乃至相关传说,以便了解每种矿物的形式因。[①] 一旦知道了这些,矿物的本性也就能够充分明了了。

大阿尔伯特对 13 世纪矿物知识的系统综合,被一些现代矿物学史家视为开创了一门矿物科学(scientia de mineralibus),《论矿物》也因此被誉为矿物学的先驱之作。[②]《论矿物》的英译者、古典学家多萝西·怀科夫(Dorothy Wyckoff,1918—1988)在盛赞大阿尔伯特"组织起了一门新科学"时[③],格外强调的是其经验主义的观察方法和由此获得的一些可被现代地质学和矿物学印证的观察结果——大阿尔伯特用对矿山的实地考察和对炼金术实验的可靠记录对权威和传说进行了补充和修正,因此才能获取可靠的知识,"这对今日之科学有着特殊的意义"。[④] 大阿尔伯特这种仔细观察自然的经验主义倾向,也被欧格尔维(Brian W. Ogilvie)在对中世纪自然志的研究中印证,他将大阿尔伯特视为中世纪哲学家中的孤例,有着异乎寻常的观察和研究自然物的敏锐兴趣。[⑤] 然而,彼

[①] Albertus Magnus, *The Book of Minerals*, trans. by D. Wyckoff, p. 26.

[②] J. M. Riddle, J. A. Mulholland, "Albert on Stones and Minerals" in J. A. Weisheipl, *Albertus Magnus and the Sciences: Commemorative Essays*, Toronto: Pontifical Institute of Mediaeval Studies, pp. 203-205.

[③] Albertus Magnus, *The Book of Minerals*, trans. by D. Wyckoff, p. vii.

[④] D. Wyckoff, "Albertus Magnus on Ore Deposits", *Isis*, 1958, vol. 49, no. 2, pp. 109-122.

[⑤] 欧格尔维:《描述的科学:欧洲文艺复兴时期的自然志》,蒋澈译,北京大学出版社 2021 年版,第 157 页。

特·迪尔(Peter Dear)的研究指出,中世纪经院哲学的"经验主义"与科学革命之后作为新科学方法的经验主义有着全然不同的意义,前者指的是在亚氏自然研究中十分重视的对自然"总是或经常"发生之事的关注,而不是现代科学强调的对在特定时空中被局部化的特殊经验的探究。[1] 米歇尔·塔卡兹(Michael W. Tkacz)的研究则表明,大阿尔伯特通过批判牛津柏拉图主义者所坚持的分离于物理实存之外的永恒理念,重新宣扬亚里士多德主义内在于自然实体、与此岸物理世界不可分割的形式,在13世纪中晚期发起了一次对亚氏自然研究方法的复兴,使得观察和研究具体自然物的物理原因具有了合法性地位。[2] 可见大阿尔伯特的经验主义倾向实则植根于亚里士多德主义之中,这既非他个人的天赋异禀,也不是现代科学在中世纪的先声。另一方面,《论矿物》中固然记录了一部分与现代地质科学内容相近的观察结果,但也同时包含了大量被今日视为"迷信"和"非理性"的成分。因此,以辉格式的眼光仅仅选取前者来孤立地评价大阿尔伯特的成就,使我们过分参照近代科学去看待中世纪的思想,以至于模糊了中世纪矿物观念的真正样貌,掩盖了处于中世纪多元思想传统中的大阿尔伯特在面对纷繁矿物时的真实意图。

纽曼的中世纪炼金术研究为在13世纪的思想背景中考察大阿尔伯特的矿物研究,尤其是为理解其矿物理论与炼金术传统的

---

[1] P. Dear, *Discipline and Experience: The Mathematical Way in the Scientific Revolution*, Chicago: University of Chicago Press, 1995, pp. 11-25.

[2] M. W. Tkacz, "Albertus Magnus and the Recovery of Aristotelian Form", *The Review of Metaphysics*, 2011, vol. 64, no. 4, pp. 735-762.

关系提供了值得参考的路径。通过将大阿尔伯特对矿物的论述置于13世纪炼金术之辩的思想脉络中,纽曼建构出他与中世纪晚期微粒炼金术兴起之间的隐秘关联。①

2. 炼金术之辩中的大阿尔伯特

阿维森纳"炼金术士不能改变金属种类"的宣言在13世纪引发了一场争论嬗变是否可行的全面辩论,这场辩论导致塔兰托的保罗在13世纪晚期提出了一种彻底物质主义的微粒炼金术理论,最终完成了对炼金术技艺正当性的捍卫。② 在纽曼的历史叙事中,大阿尔伯特是这场世纪之辩中炼金术的重要支持者——正是他的矿物成因理论,以及他为嬗变做出的理论辩护,为保罗的微粒炼金术提供了启发。

纽曼认为,大阿尔伯特对微粒炼金术的启发首先体现在他实际采用了多元形式论来解释矿物的组成。典型的基于《论生灭》和《物理学》的亚式物质理论宣称,一种实体(如金)作为完美混合物只能拥有一种实体形式(即金的形式),构成它的成分(汞和硫)在混合过程中必须失去它们自身的形式。③ 而与之相对的是,保罗《完满大全》中的微粒论物质理论却允许在完全形成的金属中依然

---

① W. R. Newman,"Technology and alchemical debate in the late middle ages", pp. 423-445;*Promethean Ambitions*,p. 34-54;"Mercury and Sulphur among the High Medieval Alchemists",pp. 327-344.

② W. R. Newman,*Atoms and Alchemy:Chymistry and the Experimental Origins of the Scientific Revolution*,Chicago:University of Chicago Press,2006,pp. 1-44,以及晋世翔对13世纪炼金术之辩与微粒炼金术兴起的介绍:晋世翔:《近代实验科学的中世纪起源》,第1—8页。

③ W. R. Newman,*Atoms and Alchemy*,pp. 35-37.

持续存在着具有各自性质的硫、汞微粒,尽管感官难以觉察到这些分布均匀的微粒,但借助炼金术实验的分析能够显示其存在。纽曼认为这种理论的根本信念就是实体形式多元论——一个特定的实体(如金)中可以存在多个实体形式(金以及汞、硫微粒的实体形式)。[①] 纽曼指出,这一信念其实早在《论矿物》中就已体现。被大阿尔伯特视为金属质料因的硫和汞,并不是什么精神性的或形而上的本原,而恰恰是能够被炼金术操作所净化的物质实体,其实体性并没有因为形成金属而消失,炼金术士依然可以通过检查金属在炼金术操作中的种种特征以确定汞硫本原的存在,如银被猛火烧灼时所释放的硫臭味便显示硫在银中的存在。[②] 因此,尽管大阿尔伯特并未明确使用微粒论术语,但其矿物成因理论仍被视为对微粒炼金术产生了重要影响。

另一方面,大阿尔伯特还在《论矿物》中明确反驳了阿维森纳"炼金术士不能改变金属种类"的著名宣言,从而为嬗变提供了一种理论辩护,而他的辩护思路被认为启发了保罗。纽曼指出,大阿尔伯特的辩护策略是将阿维森纳所说的"种"(species)理解为"具体形式"(forma specifica),从而巧妙地规避阿维森纳对嬗变逻辑上的拒斥,并利用一套有着明确定义的亚氏自然哲学理论来解释嬗变的过程。[③] 于是,大阿尔伯特能够宣称,"具体形式不能嬗变,

---

[①] W. R. Newman, *Atoms and Alchemy*, pp. 40-41.

[②] W. R. Newman, "Mercury and Sulphur among the High Medieval Alchemists", pp. 327-344.

[③] W. R. Newman, "Technology and alchemical debate in the late middle ages", p. 432.

除非它们首先被还原为原初质料（materia prima）——（所有）金属的（不确定的）质料——然后在技艺的帮助下，发展成它们想要的金属的具体形式"①。在他的解释中，炼金术士并没有转化任何物种，他只是清除了一种具体形式，使金属还原为原初质料，并为从中诱导出另一种形式做好准备。纽曼认为这种看似巧妙的辩护，实则歪曲了阿维森纳对"种"一词的用法，因为阿维森纳的"种"高于"形式""质料"等抽象范畴，它不能被看作为从质料中诱导出的一种形式，而是在造物之初就已先验确定的逻辑实体，上帝据此创造了不同金属。② 延续着纽曼的思路，晋世翔认为大阿尔伯特重新界定了炼金术金属生成理论的争论焦点，将以定义金属的属种为基础的逻辑-形而上学讨论转变为一种基于质料形式复合物的自然哲学讨论。晋世翔还更明确地表明，这一思路上承《赫尔墨斯之书》对金属的重新定义，下启保罗的经验主义物质观——前者取消了诸金属间的种差，认为它们之间本就不存在种差，同属于一种更宽泛的金属定义；而后者则彻底抛弃了逻辑上先验的种差和形式，将物之物性完全等同于可被经验认识的偶性。③ 由此亦可见大阿尔伯特在炼金术之辩中的枢纽地位及其与微粒炼金术之间的隐秘关联。

尽管纽曼充分考虑了大阿尔伯特所处的思想背景，给出了一条尽可能清晰融贯的叙事线索，但其中仍有一些难以解释的问题，

---

① Albertus Magnus, *The Book of Minerals*, trans. by D. Wyckoff, p. 178.
② W. R. Newman, "Technology and alchemical debate in the late middle ages", p. 432.
③ 晋世翔：《近代实验科学的中世纪起源》，第6页。

这表明了该线索的限度。首先,大阿尔伯特对炼金术的态度远非明确。纽曼也曾注意到大阿尔伯特在1240年代对彼得·伦巴德(Peter Lombard,1100—1160)《四部语录》所写评注中展现的对炼金术"出人意料的否定态度",但他将之归因于彼时大阿尔伯特仍以为"炼金术士不能改变金属种类"的宣言出自亚里士多德本人,这鼓励了他对炼金术的批评。而当他在《论矿物》中意识到该宣言其实出自阿维森纳时,便转而为炼金术辩护。① 他认为大阿尔伯特的态度完全取决于亚里士多德的权威,并不能很好地理解他本人对炼金术的整体看法。更何况即便在《论矿物》中,大阿尔伯特也屡次表明现实中的炼金术士没有成功地生成过真正的金属②,这意味着嬗变或许仅存在理论上的可能性。其次,大阿尔伯特是否真正接受了一种在根本上持实体形式多元论的微粒论,并以此解释金属嬗变仍有待探讨。《论矿物》第三卷第八章明确拒绝了炼金术士对金属形式的一种看法,即在任何金属中都具有几种特定形式和本性,其中一些形式是外在显著的而另一些形式则是内在隐秘的。他拒绝的理由是任何金属作为一种同质的实体理应具有同一特定形式,无论是在其内在还是表面。③ 这表明大阿尔伯特至少对实体形式多元论有所保留,因而也就与一种可能的微粒论保持了距离。而第三卷第七章则表明,大阿尔伯特同样不会赞成《赫尔墨斯之书》对诸金属同属于一个种类的判断,因为他明确地

---

① W. R. Newman, *Promethean Ambitions*, pp. 48-50.
② Albertus Magnus, *The Book of Minerals*, trans. by D. Wyckoff, pp. 179, 182, 190.
③ Ibid., pp. 174-177.

说,既然诸金属都能稳定存在并且各具不同的属性,那么它们的质料和具体形式一定是不同的,它们各自都有其完善的实体形式。① 假如这一判断是真的,那么"我们就不需要费力追问炼金术能否转化不同种类的金属,因为根据这个观点,除了金没有任何金属有特定形式,因此炼金术就用不着嬗变"。这意味着《赫尔墨斯之书》对金属的宽泛定义也并未被大阿尔伯特所接受。

纽曼的限度实际上体现了大阿尔伯特研究的常见困境,即在将大阿尔伯特自然哲学的特定方面(如炼金术和矿物)作为科学史或科学前史的主题来研究时,往往忽视其自然哲学背后融贯的形而上学基础。② 许多学者都意识到将大阿尔伯特思想的不同方面视为整体,将他的形而上学、神学和他对自然世界的研究融会贯通起来是极其重要的。内梅亨大学的亚当·高桥(Adam Takahashi),通过分析大阿尔伯特在矿物学、动物学以及灵魂学说等领域对"形成力"概念的使用,表明他对自然运作的理解基于一种新柏拉图化的亚里士多德主义,这种理解使他得以在自然运作与人工技艺之间构建类比关系,从而避免自然与人工的对立。③ 鲁汶

---

① Albertus Magnus, *The Book of Minerals*, trans. by D. Wyckoff, pp. 171-174.
② 有学者指出,对大阿尔伯特思想的研究大致可分成两类,一类是主要关注其形而上学和神学的研究,这部分研究往往忽视这些学说如何影响他对自然世界的认识;另一类研究则过于关注大阿尔伯特自然哲学中的某些科学主题,以至于割裂了这部分主题与其形而上学和神学思想的关系。参见 A. Takahashi, "Nature, Formative Power and Intellect in the Natural Philosophy of Albert the Great", *Early Science and Medicine* 2008, vol. 13, no. 5, pp. 451-481.
③ A. Takahashi, "Nature, Formative Power and Intellect in the Natural Philosophy of Albert the Great", pp. 451-481.

大学的亚他那修·里诺塔斯(Athanasios Rinotas)通过对照大阿尔伯特的物质理论和生成理论,表明他对炼金术嬗变的解释有着深厚的亚里士多德主义哲学背景。① 此外,里诺塔斯还揭示了大阿尔伯特利用新柏拉图主义哲学和奥古斯丁神学等不同思想资源,为炼金术、占星术和自然魔法争取合法性的努力。② 这些研究为本书提供了思路的启发,只有将大阿尔伯特对矿物的论述置于他自身的思想背景中,才能更准确地洞察其矿物成因理论的真正意图。

基于这种视野,本书认为纽曼将大阿尔伯特的矿物成因理论视为微粒炼金术兴起的重要理论资源,其实是忽略了其自身思想的复杂性与整体性,尤其是忽略了亚里士多德形质论与新柏拉图主义对其矿物成因理论的影响。正如纽曼所说,微粒炼金术传统也试图将自身纳入亚氏自然哲学的理性主义架构中以增强合法性。不过,他们所借用的思想资源不是《物理学》《形而上学》及《论生灭》中那套典型的基于形质论的自然哲学,而是亚氏作品中更具物质主义和微粒论色彩的部分,如《气象学》第四卷和《论生灭》的某些章节。③ 通过阐发一种微粒论的亚里士多德主义,微粒炼金术确实应对了阿维森纳对炼金术技艺的抨击,为弥合自然与技艺

---

① A. Rinotas, "Alchemy and Creation in the Work of Albertus Magnus".
② A. Rinotas, "Compatibility Between Philosophy and Magic in the Work of Albertus Magnus", *Revista Española de Filosofía Medieval*, 2015, vol. 22, no. 1, pp. 171-180; "The Philosophical Background of Medieval Magic and Alchemy", *Pulse: The Journal of Science and Culture*, 2015, vol. 3, no. 1, pp. 79-98.
③ W. R. Newman, *Atoms and Alchemy*, pp. 25-26.

的裂隙带来了希望。但大阿尔伯特并未选择这条路径。① 下文论证的是，大阿尔伯特以不同于微粒炼金术的方式应对自然与技艺的鸿沟，在两个层面进行了调和。第一个层面是指他借用在《物理学》中阐发的基于形质论的自然哲学来解释金属的生成过程，并发展出一套在本体论上不区分自然和技艺，在哲学上保留技艺模仿自然之可能的矿物成因理论，从而调和了矿物的自然成因与炼金术技艺的关系。这一调和导致他必须面临神学上的压力，解释上帝和神意在自然创造中的作用。因此，大阿尔伯特在基于亚氏自然哲学的矿物成因解释中，糅合了新柏拉图主义和基督教教父哲学的要素，通过在一定程度上强化矿物生成中不能为人类理性和技艺完全把握的灵智与神意的作用，进一步调和亚里士多德主义（无论是哲学还是技艺）与基督教神学间的潜在张力。

---

① 亚当·高桥认为大阿尔伯特采取了"提高一格"的做法来调和自然和人工，即通过诉诸上帝这一更高级的灵智，将自然现象视为造物巨匠的创造活动，就如同人工制品是人类工匠的创造活动一般。通过这种类比关系，大阿尔伯特几乎将自然操作与人工操作等同起来。亚当·高桥认为，这种类比和等同不是单纯的修辞，而是大阿尔伯特理解被造世界的关键，参见 A. Takahashi, "Nature, Formative Power and Intellect in the Natural Philosophy of Albert the Great". 本书认为，从结果而言，神学确实构成了比自然和人工这一二元对立结构更高一格的要素，在神学之下，自然与人工的差异有所消解。但就大阿尔伯特对矿物生成这一问题的讨论来看，他并不是这样来调和自然与人工的。上帝或者更高级的灵智不是作为调和人工与自然的张力而引入的手段，反倒是在亚里士多德自然哲学框架中调和人工与自然而不得不面对的后果。大阿尔伯特首先是在亚氏的形质论框架中完成了这一调和，即把自然创造与人工制作同等地视为实体生成问题，这种理解导致他不得不面临神学的压力，即必须进一步解释一种纯粹自然的、无神的创造何以可能。正是这种压力，使他必须考虑神意在创造中的作用。

3. 形质论的矿物生成解释：自然与人工的调和

（1）矿物成因的实体生成解释

宽泛地讲，17世纪以前的欧洲自然哲学主要建立在亚里士多德形质论（hylomorphism）的基础上，它声称所有物体都是两个本体论构成成分——即质料和形式——的实体性统一，当一个实体形式与易于接受它的质料相结合时，它们就构成了实体，一种质料-形式复合物。[①] 由是观之，《论矿物》第一卷对石头具有实体形式进行的严肃论证，就并非可有可无，而是大阿尔伯特将矿物成因的讨论纳入形质论基本框架的前提。矿物是否具有形式，这个问题之所以成为问题，主要是因为矿物没有灵魂和生命，也不能通过生殖繁衍其存在。亚里士多德用以解释形式的常用事例，往往是动物或植物：规范着大狗，使它是其所是的那个要素，能够通过生殖遗传给小狗；同理，使橡树是其所是的那个要素也能够通过种子遗传给新长出的小树。因此，形式就其本质的规范性而言，不仅仅是事物偶然的外在表象，而是能够在物种内稳定遗传的内在本性。那么没有灵魂且不能生殖的矿物是否具有形式便确乎成了一个问题。大阿尔伯特认为对矿物这样没有灵魂的物质而言，不存在目的因，但存在形式因。形式因就是矿物的终极原因，由天界力量、元素的特定混合以及特定的位置所赋予。矿物有形式意味着它不是自然的偶然造物，而是有着一定之规的存在。他指出，不应对石

[①] 濮若一、马睿智：《罗吉尔·培根自然哲学中的质料多元论》，《自然辩证法通讯》2024年第3期。

头的实体形式有任何怀疑,因为首先石头是稳固的,它们的质料按照确定的具体形式被固定下来,不像有些人认为的那样是元素的随机偶然排列。其次,石头往往具有不属于元素的能力,比如吸引或排斥铁、抵消毒性、消除脓肿等,这些能力既然不来源于元素,那么就一定来自石头的特殊形式本身。① 而在第三卷,他同样论证了金属虽然可以被熔融,但其种类不因形态变化而改变,依然具有稳固的实体形式。②

一旦将矿物纳入亚里士多德形质论的理论架构,大阿尔伯特就能利用一整套成熟的理论将矿物成因的问题转化成实体的生成问题。而这一问题在亚里士多德主义自然哲学中,属于广义的运动范畴,即从潜能存在到现实存在的变化。③ 亚里士多德用形式、质料和匮乏(privations)这三个原则来解释运动,他在《物理学》第一卷中对三原则做了说明。④ 通过深入研究大阿尔伯特的《物理学》评注,里诺塔斯已经令人满意地澄清了大阿尔伯特对实体生成的解释如何与其炼金术嬗变理论相兼容。⑤ 匮乏是这一解释中的关键概念,它有时被称为不完美的形式(forma imperfecta)或形式的开始(incohatio formae)。匮乏作为一种朝向某种完美形式的

---

① Albertus Magnus, *The Book of Minerals*, trans. by D. Wyckoff, pp. 24-25.
② Ibid., pp. 167-168.
③ 张卜天:《质的量化与运动的量化——14世纪经院自然哲学的运动学初探》,北京大学出版社2010年版,第61—64页。
④ D. Twetten, S. Baldner & S. C. Snyder, "Albert's Physics" in I. Resnick, *A Companion to Albert the Great: Theology, Philosophy and the Sciences*, Leiden: Brill, p. 173.
⑤ A. Rinotas, "Alchemy and Creation in the Work of Albertus Magnus", pp. 63-74.

潜能存在于质料之中，正因这种潜能的存在，运动才得以可能。大阿尔伯特认为实体的转变必须首先摧毁该实体原有的实体形式，使之暂时成为没有实体形式的原初质料。由于原初质料是各种匮乏的组合，而匮乏又是不完美或潜在的形式，于是出于匮乏，质料使自己能够在合适的条件下被诱导出一种新的实体形式，因而产生新的实体。之所以说新形式被"诱导"出来而不是被赋予，是因为该形式在某种意义上被预先包含在质料的匮乏中。炼金术的嬗变过程同样如是，当一种金属被还原成它的原初质料时，正是由于匮乏，一种新的金属才可能生成，而新金属的实体形式预先不完美地存在于原初质料中，因而嬗变就不涉及从无中生有的问题。实际上，无论是通过技艺将一种金属嬗变成另一种金属，还是元素或一种矿物在自然中生成另一种矿物，都遵循同样的实体生成原则。《形而上学》第七卷第七—九章对自然世界中事物生成的讨论，既包括自然有机体，也包括人工技艺产品，每个事物都被视为某种形式在质料中的实现。[1] 而《论矿物》也同样说道："在质料、力量和潜能方面具有共同属性的[实体]中，从一个转化成另一个是很容易发生的……经验表明，无论在自然界的操作还是在人工技艺中，都是如此。"[2] 因此，大阿尔伯特便在本体论意义上消除了自然与人工的区分，以同一套术语来统一地解释矿物的生成和嬗变。

---

[1] Aristotle, *Metaphysics*, trans. by J. Sachs, Green Lion Press, 1999, pp. 128-134.
[2] Albertus Magnus, *The Book of Minerals*, trans. by D. Wyckoff, p. 200.

（2）准形式的构造：协调汞硫理论、元素论与形质论

在基于形质论的这番解释中有一个必须面对的问题，那就是大阿尔伯特为解释矿物质料而采纳的汞硫理论和元素理论，如何与形质论的实体变化解释相协调。正是由于他以实际的汞和硫为物质基元解释矿物的构成，纽曼才将他视为微粒炼金术的先导。关键问题在于，在一个作为实体的、由元素或汞和硫等本原构成的混合物中，元素或本原的形式是否能够持存？形质论的实体变化理论要求新实体只有一种形式，质料原先的形式必须毁灭。而亚里士多德的混合物理论则表明，均质混合物的物理状态源于四元素，也可以被还原成四元素，因此当混合物产生时，组成它的元素并不会毁灭。而大阿尔伯特似乎同时采纳了这两种具有内在张力的理论。一方面，他在形而上学上认为矿物是由原初质料和形式构成的，矿物的生成可以形质论的方式理解。但在《论矿物》第四卷对诸金属的物理性质进行讨论时，他又暗示汞和硫似乎实际存在于金属中。① 事实上，形质论与元素论之间的紧张关系在中世纪对自然的物理分析方面始终存在，从未在经院哲学框架内得到妥善解决，二者之间的互相冗余和排斥一方面极大地滋养了中世纪的辩论，另一方面也促发了经院哲学的危机与崩溃。② 就大阿尔伯特而言，他固然没有彻底解决这一问题，但试图通过构建一些准形式的概念工具来缓和张力。在《物理学》第一卷第二章中，大

---

① W. R. Newman,"Mercury and Sulphur among the High Medieval Alchemists",pp. 333-336.

② A. Maier,*An der Grenze von Scholastik und Naturwissenschaft*,Essen：Essener Verlagsanstalt,1943,pp. 9-11.

阿尔伯特处理了原初质料的简单性问题：原初质料是完全没有形式的纯粹简单物吗？似乎并非如此，因为原初质料也具有可分割性，而可分割性在亚氏的范畴学说中属于量的范畴，也就是说，原初质料在获得实体形式前也必须受制于量，尽管它本身不应具有量的形式性。为此，大阿尔伯特解释说，在与实体形式结合之前，原初质料还受制于一种原初形式，即体性形式（forma corporeitatis），它使原初质料在获得实体形式前就可以量化和分割。① 这表明，体性形式是实体更为基本和稳固的形式，实体形式可以被毁灭而体性形式却始终与质料紧密结合，即便在原初质料中也依然持存，它在实体变化中始终存在。而在《论生灭》和《论天》（De caelo et mundo）中讨论元素如何持留于复合物的棘手问题时，大阿尔伯特则表示，决定元素特定偶性的第二存在（secondary being）被去除了，但元素的第一存在（primary being）确实保留在复合物中，元素依然存在一种形式，一种瞬时的并非完全实存的实体形式。② 无论是体性形式、第一存在还是不完全实存的实体形式，通过在实体形式下构造更为基础的准形式，大阿尔伯特暂时缓解了形质论与元素论的张力，而这样做的代价则是使严格的实体形式单一性原则面临侵蚀，尽管大阿尔伯特并不承认。

同样的思路充分体现在他对矿物质料的解释中。大阿尔伯特为作为金属质料的硫和汞赋予了三种湿性，纽曼称之为"三重湿性

---

① D. Twetten, S. Baldner & S. C. Snyder, "Albert's Physics", pp. 179-180.
② S. Baldner, "St. Albert The Great and St. Thomas Aquinas on the Presence of Elements in Compounds", *Sapientia*, vol. 54, no. 205, 1999, pp. 41-57.

理论"(theory of three humidities)。① 三种湿性中的两种是外在的、不稳固的和能够被火去除的湿性,它们使硫和汞具有易燃、易挥发等性质;只有一种是内在的、稳固的湿性,它"牢牢地扎根于各部分,紧缚在复合物中",它是"唯一一种不容易从复合物中分离的湿性,除非该事物被完全破坏",也正是它"使得事物的各部分牢固,使事物生成和增长"。② 因此,当硫和汞形成金属时,两种外在的湿性被"大自然的技巧"基本清除,而第三种内在的"根本湿性"(radical mositure)却依然在金属中留存。③ 参照大阿尔伯特对元素和混合物关系的解释,硫和汞在金属生成中的存在便也是不完全的,一方面决定硫和汞特定偶性的外在湿性被去除了,但硫和汞的根本湿性却作为一种并非完全实存的实体形式得以保留。从原初质料的角度而言,当金属被清除原有的实体形式时,硫和汞的那种"根本湿性"却如同体性形式一般依然留存在原初质料中。由此可见,被纽曼视为对微粒炼金术产生相当大影响的"三重湿性理论",其实有着不可忽视的深刻的形质论背景,与大阿尔伯特应对形质论与元素论张力的一系列努力一脉相承。

(3)实体变化过程的展开:技艺的可能位置

另一个需要回应的问题是,虽然炼金术嬗变和矿物自然生成的区别在本体论层面已被消除,但在实践意义上,人工技艺能否等同于自然,炼金术技艺如何具体参与实体变化的过程,纽曼认为大

---

① W. R. Newman, "Mercury and Sulphur among the High Medieval Alchemists", p. 336.
② Albertus Magnus, *The Book of Minerals*, trans. by D. Wyckoff, pp. 197, 219.
③ Ibid., pp. 219-220.

阿尔伯特在此采取了一种偷换概念的策略为炼金术辩护。即将阿维森纳所说的"种"理解为"具体形式",以此规避"物种不能改变"的逻辑限定,使炼金术士不必完成改变物种这一逻辑上不可能的操作。晋世翔则暗示这种辩护为微粒论彻底抛弃"物种"这一先验设定扫清了道路。但事实上,自亚里士多德以来,质料-形式和属-种差之间的联系一直是形质论的重要方面,在"种"与"具体形式"之间相互替换是在形质论框架内完全合法的理解方式,并不是一种通向微粒论的特定辩护策略。大阿尔伯特在《物理学》第一卷第三章便通过属和种差来解释实体变化过程中质料、形式与匮乏的关系。[1] 匮乏是对作为变化终点的形式的匮乏,因而它是不完美的形式,它与最终被实现的完美形式构成一对"相反者"(contraries)。在此,大阿尔伯特将匮乏和形式这对"相反者"理解为两个"种",它们被潜在地包含于同一"属"内,这个"属"就是(原初)质料。因此,在变化过程最终完成以前,匮乏和形式都潜在地含于质料之中,"作为混乱的形式而存在,这种形式还没有被确定为任何一种事物,也没有被区分为任何一种现实性"。[2] 而一旦其中的某种形式在特定条件下最终实现,也就是质料与混乱形式中的某一特定形式相结合,那么一个特定的物种便从"属"之中脱颖而出,一个新的实体就生成了。因此,在大阿尔伯特看来,使一个物种区别于其他物种而获得其现实性、令它是其所是的"种差",就是这个具体物种的实体形式,实体形式的改变也就意味着从一个物种变成

---

[1] D. Twetten, S. Baldner & S. C. Snyder, "Albert's Physics", pp. 174-177.
[2] Ibid., p. 175.

了另一个物种。

因此，当大阿尔伯特将"炼金术士不能改变物种"中的"种"替换成"具体形式"时，他是试图利用形质论的实体变化理论来更具体细致地分析变化究竟如何发生的过程，而不是仅凭先验的逻辑设定就大而化之地否定变化的可能。而在清楚实体变化的过程以后，他确实为炼金术士和人工技艺的参与指定了一个哲学上合法的位置——人工能做的是将金属还原为原初质料，并为新的实体形式的最终实现准备好条件，那些在金属的自然生成中必须满足的条件。只要人工技艺能够模仿自然的一切条件，就能触发实体变化的进程，炼金术士就能使金属像自然生成那样进行嬗变：

> 炼金术所有操作中最好的，是以与自然相同的方式开始的那种，例如通过煮沸和升华来清洗硫和汞，以及将这些与金属质料彻底混合；因为在这些操作中，每一种金属的特定形式将通过它们的力量被诱导出来。①

(4) 自然与人工的二重例证

基于炼金术实践在实体变化理论中的合法位置，大阿尔伯特非但在本体论意义上，并且在实践意义上也将矿物生成的自然与人工过程等而视之。因此，对矿物的原因这一自然哲学目标的探究，就能以自然和人工两方面的经验为基础。在整部《论矿物》中，大阿尔伯特便经常从这两个领域援引案例，来说明矿物的生成。

---

① Albertus Magnus, *The Book of Minerals*, trans. by D. Wyckoff, p. 179.

第一章 古代到中世纪的矿物成因理论

其中,对自然运作的证词来源于矿工的采矿实践——矿工是地下世界最细致的观察者和最直接的代言人,而人工领域的经验则由炼金术士提供。这一点在《论矿物》第三卷的开头被明确阐明:

> 在[写作]这一卷以及前几卷时,我没有看到亚里士多德的论述,只有我从世界各地认真探寻而来的少数摘录。因此,我将以一种可以用推理来支持的方式,说明哲学家流传下来的东西或由我自己的观察所发现的东西。因为有一段时间,我成为一个流浪者,长途跋涉到矿区,以便通过观察了解金属的性质。出于同样的原因,我也曾在炼金术中询问过金属的嬗变,以便从中了解它们的一些性质和偶然的特性。因为这是最好的、最可靠的研究方法,所以这样一来,每一件事情都可以参照它自己的特殊原因来理解,而且对它的偶然属性也没有什么疑问。①

同时使用自然与人工二重例证的一个最明显的例子,出现在大阿尔伯特对金属能够相互转化的论证上。他首先采纳了矿工的证词以及自己对矿脉的观察:

> 经验表明,无论是在自然的运作中还是在技艺中都是如此。就自然过程而言,我通过亲眼所见了解到,从一个矿源延伸出来的矿脉,一部分是纯金,另一部分是掺有石灰的银。矿

---

① Albertus Magnus, *The Book of Minerals*, trans. by D. Wyckoff, p. 153.

工和冶炼师告诉我,这种情况时常发生;因此当他们发现金子时他们会很遗憾,因为金子在源头附近就意味着这矿脉没用了。然后我自己进行了仔细的调查,发现矿物在其中转化为金的容器(即围岩)与转化为银的容器不同。因为含有金的容器是一块非常坚硬的石头——就是那种能用钢铁打出火的石头,它的金子[少量的]没有和石头结合在一起,而是被包裹在里面的一个空洞中,在石头部分和金子之间有一点焦土。这块石头打开了进入银矿脉的矿道,(银矿脉)穿过一块黑色的石头,它不是很硬,而是土质易碎的,是那种用来制作建房所用石板的石头。然而,这证明了从同一个地方,也就是矿物质的容器中同时蒸发出了[金和银],而净化和消化的差异则是造成金属种类不同的原因。[1]

这些证言描述了自然生成金属留下的迹象,为关于金属生成的两个陈述提供了证明。首先,同一个矿源可以同时含有银和金,金很有可能是银转化而来的;其次,产生不同的金属取决于它所处围岩的状态,致密坚硬的围岩有利于金的产生,易碎的围岩则产生银。而这两点也由炼金术实践的经验所证明:

> 矿工们从经验中学到的东西也是炼金术士的做法,如果他们与大自然合作,就能以之前已描述过的方式将一种金属的特定形式转化为另一种……在所有循环产生的事物中,那

---

[1] Albertus Magnus, *The Book of Minerals*, trans. by D. Wyckoff, pp. 200-201.

些具有更多共同属性的事物之间的转化更容易。这就是为什么黄金从银中比从任何其他金属中更容易制造出来。因为它（银）只有颜色和重量需要改变，而这是很容易做到的；因为如果它的物质更加紧密，它的重量就会随着水的减少而增加；而好的、黄色的硫的增加就会导致其颜色的改变。[1]

这里，大阿尔伯特再次重申了炼金术实践在理论上的合法性：只要人工技艺能够与自然合作，遵照自然的条件，那么嬗变就是可能的。嬗变体现的金属生成法则，与金属的自然生成没有什么不同，金同样是由银转化而来，并且使质地变得紧密就是从银转化为金的关键之一，这与自然中发现的迹象相对应，即金产生于致密坚硬的围岩而银产生自易碎者。我们从《论矿物》中看到的大阿尔伯特对矿工和炼金术士经验的频繁引用，不仅体现了大阿尔伯特对经验和观察的重视，更重要的是这种二重例证结构反映了他试图缓和自然与人工紧张关系的努力。通过在形质论的框架内理解矿物生成的过程，自然和人工的区别被最大程度地消除了。而在本书第四章我们将会看到，同样使用矿工和炼金术士经验作为例证的阿格里科拉，如何为这两种经验赋予全然不同的意义，以支持他自己的矿物观念。其中，最关键的转变在于大阿尔伯特用来消解自然与人工对立的形质论的自然哲学框架，被一种混合着物质主义、功利主义和实证主义的新态度所取代。在这种新的态度看来，矿物的自然生成与人工产生都源于物质的机械作用，但炼金术实

---

[1] Albertus Magnus, *The Book of Minerals*, trans. by D. Wyckoff, p. 201.

践却因其充满隐晦、歪曲与不实而被视为坏的技艺。只有公开且能被检验的采矿和冶炼经验,才被视为真正了解自然并有益于人类的可靠技艺。

在亚里士多德主义形质论的框架内,大阿尔伯特将矿物成因理解为实体生成问题,从而为矿物如何生成提供了解释。在这种解释中,他努力利用一些准形式的概念工具,将汞硫理论和元素理论与形质论的实体变化理论协调起来。同时,形质论的解释框架也使大阿尔伯特能够首先在本体论上消除矿物自然生成与炼金术嬗变的区别,继而通过具体展开矿物的生成过程,避免了对嬗变在逻辑上的先验否定,为炼金术技艺的实践指定了合法位置,使之与矿工对自然矿脉的观察经验一道,服务于对矿物成因的自然哲学探究,从而调和了阿维森纳炼金术批判所揭示的自然与人工的尖锐对立。

4. 矿物生成中的神意与机运:自然哲学与神学的调和

(1) 对炼金术的矛盾态度

尽管大阿尔伯特在理论上认可炼金术实践的可能性,但其前提是炼金术技艺能够完全模仿或遵照自然的条件。而事实上,《论矿物》中的大量证据表明,大阿尔伯特确实认为炼金术有可能遵照一定程序实现金属的嬗变,但现实中是否曾有任何炼金术士做到这一点却十分可疑:

> 为了正确地讨论这个问题,我考察了许多炼金术的书籍,我发现它们缺乏[证据]和证明,只是依靠权威,用形而上的语

言隐瞒自己的意思,这从来都是哲学的惯例。①

如果从铅中产生的东西没有被证明是金子的话,这就显得更加真实了。也许它是类似于黄金的东西,但不是[真正的]黄金;因为仅仅是技艺不能赋予实体形式。此外,正如我们所说,我们很少或从来没有发现一个炼金术士,他[可以]执行整个[过程]。②

相反,大阿尔伯特认为"真正的金属除了通过湿气和土的自然升华之外,是不会形成的"③,他把炼金术士的实际工作视为仅仅改变了金属的外观(颜色),而没有真正生成一种新金属(的实体形式)。他甚至亲自动手检验炼金术的成果,并将这些炼金术士称为"骗子":

> 但那些把[金属]染成白色或黄色的人,并没有使原先金属质料上的特定形式发生变化,他们无疑都是骗子,并没有产出真正的银和金。然而,他们几乎都完全或部分地遵循这种方法。为此,我曾对我所拥有的一些炼金术生成的"金"和"银"进行过试验;它们经受住了六七次煅烧,但在进一步的煅烧中就被一下子烧毁了,它们失去了作用,变成了一种渣滓。④

---

① Albertus Magnus, *The Book of Minerals*, trans. by D. Wyckoff, p. 172.
② Ibid., p. 176.
③ Ibid., p. 182.
④ Ibid., p. 182.

可见，对于炼金术，大阿尔伯特似乎在《论矿物》中传递出一种矛盾的态度。这表明大阿尔伯特并不是单纯的炼金术支持者，同时也表明，他对炼金术的不同态度并不是出于他在不同时期的思想转变。① 事实上，这种承认炼金术在实体变化理论中的可能性却又否定现实中的炼金术实践的矛盾态度，正体现了大阿尔伯特在亚氏自然哲学与基督教神学之间保持平衡的努力——由于大阿尔伯特已经在亚氏形质论的框架下将炼金术技艺与矿物的自然哲学调和起来，这里的亚氏自然哲学，既代表人类理性对自然的静观和思考，也允诺人类技艺对自然的改变。

（2）自然哲学与神学的张力

纽曼注意到，大阿尔伯特在1240年代对彼得·伦巴德《四部语录》所写的评注中，就恶魔的能力问题引出了对炼金术的讨论。② 从这里可以看出大阿尔伯特讨论炼金术背后的动机。对大阿尔伯特而言，炼金术嬗变的目标代表了人类力量在自然界的最强主张，因为嬗变意味着创造一个新的物种，而这本应是上帝的权能。因此，炼金术就是衡量恶魔技艺的基准，如果连人都能够转变物种，那么比人更为强大的恶魔自然也能做到这一点。于是，炼金术技艺的潜在后果就与上帝超越性这一神学基础教义构成强烈的

---

① 纽曼就持有这种看法，认为大阿尔伯特在1240年代还对炼金术持消极态度，但在1250年代成书的《论矿物》中他又成为了炼金术的支持者，参见 W. R. Newman, "Technology and alchemical debate in the late middle ages", pp. 44-50. 现在既然《论矿物》中同时存在"理论上的允许"和"现实中的否认"这两种态度，就表明纽曼那种看法是不足信的。下文将阐明大阿尔伯特对炼金术的态度从1240年代到《论矿物》是前后一贯的。

② Albertus Magnus, *The Book of Minerals*, trans. by D. Wyckoff, pp. 44-46.

矛盾,该教义宣称上帝必须是唯一的创造者,他不能与任何受造物混同。① 大阿尔伯特在评注中罗列了支持炼金术和反对炼金术的各种意见,最终在他自己对该问题的解释中,他承认只有上帝和天使才能确切地知道恶魔是否有这种能力,但教会权威的教义允许人们设想恶魔不能从质料中诱导出持存的实体形式。因此对于炼金术,他说:

> 我认为,[炼金术士]没有产生实体形式,正如阿维森纳在他的炼金术中所说的那样,其标志是人们在如此产生的事物中找不到构成物种的属性。出于这个原因,炼金术产生的黄金不能使心脏受益,炼金术的蓝宝石不能冷却性欲,也不能治疗血脉的病症;炼金术的红宝石也不能驱散蒸腾的毒药……这是因为它们没有特定形式[种类],所以自然界剥夺了它们的美德,这些美德是与特定形式一起被赋予的。②

纽曼认为这里对炼金术的消极态度出乎意料,因为大阿尔伯特在《论矿物》中似乎支持炼金术的主张。③ 但事实上我们已经看到这一点并不成立,《四部语录》评注中的消极态度反倒表明大阿尔伯特的立场是前后一致的,即他向来并不承认炼金术嬗变

---

① 雷思温:《敉平与破裂:邓·司各脱论形而上学与上帝超越性》,生活·读书·新知三联书店 2020 年版,第 6 页。
② 转引自 W. R. Newman,"Technology and alchemical debate in the late middle ages",p. 48.
③ W. R. Newman,"Technology and alchemical debate in the late middle ages",p. 46.

的实际可能性。究其原因,主要就在于基督教神学的基本教义不能允许这样一门可能使恶魔具有与上帝一样权能的炼金术技艺。

因此,反倒是大阿尔伯特在《论矿物》中通过形质论为炼金术赋予的理论合法性值得深究。面临神学的责难,炼金术的哪怕是基于实体变化理论的合法性何以可能？仅仅通过亚氏自然哲学来调和人工与自然,并不能化解它与神学的矛盾,因为神学主张一个绝对依赖于上帝的自然,因此不能设想一种无神的纯粹自然的创造。况且,亚里士多德主义自身就造成了基督教神学家与哲学家在诸多问题上的巨大张力,威胁着基督教教义中的上帝超越性。[1] 其中的关键在于,如果一门自然哲学的主题是自然之中普遍意义上的实体,并且使诸实体是其所是的东西并不在于对神圣最高者的依赖,而在于其自身的本性或形式,并且人可以通过自身的理性理解这些主题,那么上帝的核心位置在某种意义上就会被削弱,这种对自然的认识甚至可能会限制上帝的自由意志,进而导向一种无神论。1277年巴黎主教唐皮耶(Stephen Tempier)对219条亚里士多德哲学和神学命题的公开谴责和禁令,就是亚里士多德哲学与神学尖锐冲突的象征性标志。这一禁令要求神学家以一种不同的框架去处理亚里士多德主义,使得上帝的超越性在其中获得实质性的保证。

就矿物理论而言,保罗的微粒炼金术提供了一个反面案例。微粒炼金术借用亚氏作品中更具物质主义和微粒论色彩的思想资源,将自身纳入亚氏自然哲学的理性主义架构中,但因过于强调物

---

[1] 参见雷思温对这一问题的概述,雷思温:《牧平与破裂:邓·司各脱论形而上学与上帝超越性》,第3—12页。

第一章　古代到中世纪的矿物成因理论

质的自然运作及人类理性对它的把握,过于自信地主张人工技艺对物质的操控,完全将理性无法掌控的神意与天界力量悬置一旁,最终不为神学所允许。因此,大阿尔伯特对矿物的自然哲学研究,如果要取得神学上的合法性,显然不能只依靠亚里士多德主义的形质论,他还需要一些新的思想资源来调和自然哲学与神学的张力。这种调和一方面需要限制理性和技艺对矿物生成的认识和操作能力,增强矿物生成对于天界力量和神圣事物的形而上学依赖,从而保证上帝的超越性位置,另一方面又不能完全抹杀自然在上帝面前的自主性。在这个意义上,新柏拉图主义的流溢理论以及教父哲学家波爱修斯(Boethius,480—524)对神意、命运和机运的讨论,为大阿尔伯特的矿物生成理论提供了重要的启发。

(3)形成力与天界力量的流溢

在大阿尔伯特对矿物生成的解释中,形成力(vis formativa,有时又称矿化力,mineralizing power)是最为重要的概念之一,它构成了矿物生成的效力因。大阿尔伯特认为石头、金属以及中间物各有其适合的质料因,但它们的效力因是共同的:

> 我们非常确定地说,(石头的)生成性原因是一种矿化力,它主动地形成石头。由于矿化力是一种特定的力量,它对于石头、金属以及它们之间的中间物的生成而言是共同的。[1]

接着,大阿尔伯特以类比的方式解释了形成力在生成石头时

---

[1] Albertus Magnus, *The Book of Minerals*, trans. by D. Wyckoff, p. 22.

所起的作用。形成力形成石头，就像动物的种胚形成动物，也如同工匠通过其技艺制造出产品一般。工匠的类比被大阿尔伯特继续使用，来说明形成力与热和冷的关系：

> 正如我们在《物理学》中所表明的那样，每一种使任何事物具有特定形式的形成力，都有它自己的特定工具，它通过这些工具来发挥作用；同样，这种存在于石头这一特殊质料中的力量，也根据不同的自然条件有两种工具。其中之一是热……这种热量在其操作中受形成力的控制，就像消化和转化动物种胚的热量受种胚中的形成力控制一样。否则因为如果热量过大，就会把质料烧成灰烬；如果热量不足，质料就不会发酵，就不会产生适合于石头的形式。另一种工具是在被土之干性作用下的水性质料中，这种[工具]是冷。①

在论述金属的效力因时，大阿尔伯特继续沿用了这一类比，表明仅仅只有冷和热不足以形成特定形式的金属，必须要有形成力作为规范和限制，就如同工匠之于工具一般：

> 但进一步考虑就会发现，仅仅是热不能成为金属生成的原因；因为正如我们在石头的生成那里所说的，如果仅仅热作为原因，它就不可能[不]持续地发挥作用，以至于将天然的水分烧干并将土烧灼殆尽。但我们看到，[这个过程]随着达到

---

① Albertus Magnus, *The Book of Minerals*, trans. by D. Wyckoff, pp. 22-23.

金属的特定形式而停止。因此,热本身一定只是指向某目标——即金属的形式——的工具,而不会持续到底地运作。此外,我们已经发现了许多技艺,每一种技艺都是通过适合其目的的工具来实现其功能的。因此,厨师们学习煮和烤,所有其他试图通过[另外的提炼过程]来转换材料的人也是如此。而在自然界中一定也是如此,因为[自然界]在她的操作中,就像在其他一切事物中一样,比任何技艺都更精确和更直接。①

由此可见,炼金术士之所以不能在现实中成功转化金属,不在于他们使用的火和热本身有什么缺陷,而在于他们只掌握了火的技艺,仅仅通过热量进行操作,却缺乏矿物自然形成所必需的对热量的规范和限定。② 尽管可以说,"无论自然用太阳和星体的热生成什么,技艺也能用火的热生成,只要火的温度不比金属中推动自身的形成力更强"③,但关键恰恰在于,炼金术技艺不能像形成力那样准确地掌控火的程度,因为这种自然的力量比任何技艺都更为精确和直接。因此,在比较炼金术与自然成矿的差别时,大阿尔伯特这样说道:

> 事实上,[炼金术]技艺在进行这种[类型的形成]时,需要付出辛劳并伴随许多错误,而自然在进行这种操作时却并无

---

① Albertus Magnus, *The Book of Minerals*, trans. by D. Wyckoff, pp. 166-167.
② 亚当·高桥没有清楚地指出这一点,只是笼统地认为这是因为炼金术的热量不够、不确定。参见 A. Takahashi, "Nature, Formative Power and Intellect in the Natural Philosophy of Albert the Great".
③ Albertus Magnus, *The Book of Minerals*, trans. by D. Wyckoff, p. 178.

困难和辛劳。其原因在于，存在于石头和金属质料中的力量被某些强大的天界力量所推动，它们是精确而高效的。这些力量是灵智（Intelligence）的运作，它们不会犯错——除非出于意外，例如由于质料的不均等。但在炼金术技艺中，没有这些[力量]，只凭一些可怜的技能和火的协助。①

为什么炼金术士的操作在制造石头时甚至比制造金属有更大的困难和失败？这是因为他们没有给质料施加任何形成力。他们没有形成力，而只有他们不确定的技艺；只有燃烧的热作为工具，而这在操作上是很不准确的。但所谓形成力，是天界施加给位置和质料的，它无论对于质料还是工具而言都是确定的；并且工具对于质料的比例也是准确的；因此，自然在操作上是最确定的。②

可以清楚地看出，此处的自然已经不是仅限于自然物或普遍实体意义上的纯粹自然，而是有神意和天力寓于其中的神创世界。人工在限于自然物意义上的纯粹自然中，尚可被视为自然的一部分，炼金术嬗变与矿物的自然生成享有同等的本体论基础，能够一同用实体变化理论解释。大阿尔伯特对炼金术的认可，便是基于这样一个纯粹自然而言。但一个有神意贯穿其中的神创自然，就与摆弄纯粹物质的人工技艺形成了鲜明对比，二者不再通过形质论的自然哲学架构调和。大阿尔伯特对炼金术的否定，便是基于神创自然

---

① Albertus Magnus, *The Book of Minerals*, trans. by D. Wyckoff, pp. 17.
② Ibid., p. 23.

第一章　古代到中世纪的矿物成因理论

对人工创造的否定。对炼金术的两种态度，源于这两种理解自然的不同方式。而形成力就是一个用于联系纯粹自然与神创自然的概念工具，通过在这一概念中糅合新柏拉图主义的流溢理论，大阿尔伯特增强了矿物的自然生成对于天界力量和神圣事物的依赖：

> 毫无疑问自然中存在着一种形成力，它被倾注入天界的星辰中，引导着消化金属质料的热朝向一种特定的形式。因为正如我们在其他地方所说的那样，这种热的正确方向和形成力来自驱动灵智，其功效来自星体天球的光所流溢出来的光和热，来自将相同事物从不同事物中分开的力量，[那就是]火的力量。①

大阿尔伯特在《形而上学》(*Metaphysica*)第十一节和《因果论》(*Liber de causis*)评注中集中讨论了他的流溢理论，这是其形而上学最基础的部分之一，表述了他对一切存在如何从上帝或第一因②那里创生的看法，其中借用了大量新柏拉图主义的要

---

① Albertus Magnus, *The Book of Minerals*, trans. by D. Wyckoff, pp. 166-167.
② 在新柏拉图主义哲学中，第一因是指绝对、单一、自我解释的"太一"，在新柏拉图主义开创者普罗提诺主张的关于存在的线性等级体系中，太一是作为源头的一端，物质则是相对的另一端，一切存在都通过流溢从存在之源获得其存在的原因。参见梁中和:《古典柏拉图主义哲学导论》，华东师范大学出版社2019年版，第234—245页。深受新柏拉图主义影响的基督教神学很容易将上帝与第一因对应起来。大阿尔伯特的《形而上学》吸收了新柏拉图主义和基督教神学的要素，将上帝或太一视为第一因，参见 I. Moulin, D. Twetten, "Causality and Emanation in Albert" in I. Resnick, *A Companion to Albert the Great*, pp. 694-699. 但在《论矿物》中，大阿尔伯特也将来自天体的力量笼统地称为"第一因"，参见 Albertus Magnus, *The Book of Minerals*, trans. by D. Wyckoff, p. 19.

素。① 他认为存在的多样性是通过灵智的中介，从作为第一因的上帝或太一中流溢出来的，而从第一因流溢出的第一个存在就是驱动最外层天球的驱动灵智。② 从他对形成力的进一步解释可以看到，流溢理论如何用来解释矿物的生成。大阿尔伯特认为形成力由三种力量组成，包括天球驱动者（亦即驱动灵智）的力量、天球本身的力量以及冷、热、干、湿等元素的力量。③ 他再次通过工匠的类比来解释三者的关系——天球驱动者的力量就好比工匠心中设想的形式，它规范了矿物生成的正确方向和限度；被驱动的天球的力量就像工匠之手，而冷、热、干、湿等元素力量则是工匠手中的工具，通过它们来具体执行生成过程。而形成力在这三个层级间的传递，是基于光照进行的——形成力通过驱动灵智中发出的光，被倾注入天球与星辰，并通过进一步流溢下达诸元素。光在这里被视为一种流溢性因素，它保证了灵智、天球和月下界自然之间的统一和沟通。④ 因此，规范矿物生成的形成力究其根本而言来自上帝或第一因，诸矿物是上帝造物的神意经驱动灵智、天球和星辰的层层流溢下达地下世界，作用于元素而形成的。正是出于这种新柏拉图主义式的理解，大阿尔伯特才如此说：

这样一来，柏拉图主义者所说的就成了事实：因为第一因在这样的情况下，播下了一切形式和种类的种子，并把完善

---

① I. Moulin, D. Twetten, "Causality and Emanation in Albert", pp. 694-695.
② Ibid., pp. 694-695.
③ Albertus Magnus, *The Book of Minerals*, trans. by D. Wyckoff, p. 30.
④ A. Rinotas, "Alchemy and Creation in the Work of Albertus Magnus".

它的工作托付给了恒星和行星,正如《蒂迈欧篇》中所说的那样。这就是为什么金属的数量、性质和具体形态被认为与行星一致。①

由此也看到,新柏拉图主义的流溢理论实际上通过诉诸第一因的形式赋予作用补足了形质论的矿物成因解释与基督教神学之间的缺环。在形质论对实体生成的解释中,矿物的形式是从质料中诱导出来的,而诱导之所以可能,除了原初质料本身的潜能或匮乏以外没有其他理由。但在基督教神学,如深受新柏拉图主义影响的奥古斯丁哲学看来,质料本身是完全的有待赋形之物,它完全地缺乏形式。② 因此,只有受到第一因或上帝的照亮,原初质料才能获得其形式。流溢理论对形质论的补足③,使上帝的超越性位置得以凸现,大阿尔伯特的矿物成因理论才得以与基督教神学相容。

(4)神意、命运与机运

一旦矿物的成因究其根本被归于上帝或第一因,矿物的生成被视为造物主之神意的流溢,这门关于矿物的自然哲学就有消泯于普遍神学之下的风险。大阿尔伯特的亚里士多德主义倾向使他清楚地意识到,只有当自然实体在上帝绝对且普遍的神意面前保

---

① Albertus Magnus, *The Book of Minerals*, trans. by D. Wyckoff, p. 170.
② 梁中和:《古典柏拉图主义哲学导论》,第 438—440 页。
③ 大阿尔伯特对因果性关系的解释,被认为一方面吸收了亚里士多德的形质论,另一方面借鉴了新柏拉图主义的流溢说。对这一点的详细阐述参见 I. Moulin, D. Twetten, "Causality and Emanation in Albert", pp. 694-721.

有一定的自主性,并且其适当的物理原因可被理解时,才有可能恢复和发展一门追寻自然物理原因的自然哲学。[①]

因此,大阿尔伯特在《物理学》第二卷第十一—二十一章处理机运和偶然的问题时,引入了5世纪教父哲学家波爱修斯对神意、命运和机运的讨论,试图为自然原因在神意面前建立其合法的自主性。[②] 波爱修斯在《哲学的慰藉》第四卷第六章中通过区分神意和命运处理了这一问题:为何在神意掌控之下的人类事务依然显得如此多样无序。波爱修斯认为,神意居于上帝理性本身而支配万物,它是绝对的一,但命运却是神意按照每一变易不定之物的地点、形态和时间的不同分布使其各别运转的安排,因此命运是多。命运确实在根本上受制于神意,但它依然可以在时间秩序中保持其多样,就像工匠一方面是按照心中设想的绝对形式去制造产品,但另一方面也需要把握时间秩序中每个瞬间多种多样的事态。因此,命运具有双重含义:它在一的意义上,是绝对的神意的安排;而在多的意义上,命运则是时间秩序中的机运和偶然。波爱修斯认为,人类事务与神意和机运的关系,就像围绕轴心旋转的球体,越靠近中心运动的幅度越小,越远离中心运动幅度越大。人越是贴近上帝的神意,他就越不受命运(机运)的左右,而越是远离上帝,就越严重地受命运纠缠,其事态也就越多样无序。[③]

大阿尔伯特的《物理学》将波爱修斯解释人类事务多样无序的

[①] M. W. Tkacz,"Albertus Magnus and the Recovery of Aristotelian Form".

[②] D. Twetten, S. Baldner & S. C. Snyder,"Albert's Physics", pp. 182-184.

[③] 波爱修斯:《神学论文集 哲学的慰藉》,荣震华译,商务印书馆2017年版,第193—195页。

思路,用于解释自然原因在神意之下的自主性和多样性,从而调和了上帝的绝对普遍神意与自然受造物之自主性的关系。对大阿尔伯特来说,命运一方面意味着神意对万事万物的绝对安排,意味着一切存在对因果性秩序中第一因的绝对依赖,但命运同时也意味着随着存在阶梯对第一因的远离,事物就越发具有摆脱必然性和受制于机运的自由。天体是存在阶梯中距离上帝最近的自然事物,而元素则处于最低端,介于两者之间的是各种等级的生物和非生物。大阿尔伯特用了波爱修斯绕轴旋转之球体的比喻,认为在阶梯的顶端,神意的必然性较强而机运较弱,但越接近阶梯的底部,事物就越是多样和易变,越是受机运的支配。因此,月下界的实体越远离上帝,固然在根本上它们依然依赖于第一因,但其自身具体的物理原因就越发显得重要。[①]

矿物是处于自然秩序底部最接近元素的实体,尤其受到机运,也就是质料、冷、热、干、湿等元素力量以及形成地点等具体条件的影响,因此对矿物成因的讨论就不能仅仅止步于对第一因的认识,必须具体考察存在于物质之中并使其产生和转化的直接原因。大阿尔伯特在《论矿物》的研究方案中贯彻了他对神意与机运的认识,为矿物的自然哲学研究建立起合法性。在讨论古人对石头效力因的几种错误观点时,他首先反驳的就是赫尔墨斯那种试图将效力因完全归于第一因的说法,因为这直接动摇了这门关于矿物的自然哲学的合法地位:

---

① D. Twetten, S. Baldner & S. C. Snyder, "Albert's Physics", pp. 182-184.

这种说法是完全违背自然的,因为在这里我们不是在寻找行动和运动所依赖的第一因,它也许是星体及其力量和位置;因为这是另一门科学的适当任务。我们要寻找的是直接的效力因,是存在于物质中并使之转化的原因。如果赫尔墨斯所说的是正确的,那么一旦我们知道了产生石头的原因,我们就好像应该知道一切事物得以产生的效力因。我们知道,天体的运动和力量,星辰的升落和光芒,这些都是[不同于其他自然原因]的原因。此外,这些都是不同意义上(aequivoce)的作用因,因为它们与所产生事物的物质毫无共同之处。但是,按照自然科学的适当方法,我们是在同一[物质]意义上(univoce)寻找与它们的作用相适应的原因,特别是寻找物质的和任何使物质转化的原因。[①]

"物质的和任何使物质转化的原因"便是纯粹自然意义上的原因,它对应于形成力中的第三种力量,亦即冷、热、干、湿等元素的力量。由此可见,元素的力量固然只被比作工匠手中的工具,却恰恰是一门关于矿物的自然哲学的适当对象。炼金术士正是操弄元素力量的大师,他们是对纯粹自然的最好模仿者,因此尽管他们没有真正生成金属,关于矿物的自然哲学也必须吸纳炼金术技艺的经验。大阿尔伯特在确认天界力量、神意和第一因的同时,也为对矿物的物质意义上的具体原因进行自然哲学探寻确立了合法性。没有工匠的构想和工匠之手的操作与限制,工具本身不能恰如其分地

---

① Albertus Magnus, *The Book of Minerals*, trans. by D. Wyckoff, pp. 18-19.

产出矿物；但也只有借助合适的工具，工匠才能够真正为合适的质料赋形，实现他预想的形式。这一贯穿大阿尔伯特矿物成因解释始终的工匠类比，最贴切地表明了他对自然哲学与神学的微妙调和。

四　小结：自然秩序的人化与神圣化

亚里士多德在《气象学》中通过散发物理论构建了月下界诸气象现象的通天彻地的自然秩序，并利用散发物概念为金属和矿石的成因提供了一种自然哲学解释，将这两类矿物安放于自然秩序的底端。因此，矿物的生成从根本上而言与所有气象现象一样，依然受到天界，尤其是太阳热量的支配。但由于处在远离天界的最末端，矿物受天界的影响十分间接。与矿物生成有关的散发物，作为其直接质料因与效力因，几乎在地下世界中自足。

通过将散发物单单理解为矿物生成的质料，阿拉伯炼金术在散发物理论的基础上发展出了汞硫理论，来解释矿物，尤其是金属的生成。汞硫理论预设金属生成过程中的成分决定最终生成的金属种类，因此炼金术士专注于建立金属质料在不同条件下达到平衡的理论机制，以便通过改变成分实现金属的嬗变。他们相信这种改变不仅发生在自然进程中，也能够被人工技艺所完成。这样一来，炼金术就在矿物的自然生成中植入了人工嬗变这一基本理想。矿物生成原先处于一种与人类活动无涉的单纯自然秩序中，经由汞硫理论这样一种炼金术式的观念，与人工技艺深刻地联系起来。矿物逐渐从一种亚氏自然哲学传统中的自然自在之物，转变为可被人工操控的对象。

炼金术士似乎理所当然地认为只要足够了解矿物的自然生成过程，就有可能通过人工技艺重现甚至改进自然，直到伊本·西那将人工与自然之间不可跨越的鸿沟明确呈现出来。伊本·西那同样用汞硫理论解释矿物的自然成因，但在他看来汞硫理论本身并未承诺人工技艺的任何可能性，因为矿物成因中除了物质质料，还蕴含着种差、实体形式等人工终究无法模仿的因素，它们源于无法被人类理智企及的天界力量。伊本·西那对炼金术的诘难在13世纪的欧洲引发了一场炼金术之辩，自然与人工之间绝对的鸿沟最终导致炼金术的支持者放弃认识自然的全部运作，不得不将人类理智无法企及的自然原则和天界力量彻底悬置起来。这种放弃最终导向了一种基于人类可观察经验并易于被人类理性理解的物质主义的自然运作模型，自然秩序在其中成为属人的存在。保罗由此给出了一种对矿物生成的彻底物质主义的理解方式，在这种被称为微粒炼金术传统的理解方式中，矿物的生成仅由微粒、分散、聚合、热量等概念就足以机械地解释。

然而这种物质主义的自然观与基督教神学构成了巨大张力，由于其潜在的无神论倾向，微粒炼金术传统在14世纪面临宗教和政治的多重压力，因而也就缺乏传播和发展的土壤。微粒炼金术不仅没有真正进入当时的学术环境，也难以成为现代矿物观念所需的直接思想资源。与之相反，大阿尔伯特的矿物理论在亚里士多德主义自然哲学、炼金术物质理论和基督教神学之间进行了微妙的折中与调和，从而真正形塑了中世纪典型的矿物观念。

大阿尔伯特在亚里士多德主义形质论的框架下，用实体生成理论解释矿物成因，发展出一套在本体论上不区分自然和人工，在哲学上保留人工模仿自然之可能的矿物成因理论。他为炼金术技艺的实践指定了理论上的合法位置,使之与矿工对自然矿脉的观察经验一道,服务于对矿物的自然哲学探究,从而调和了自然与人工的尖锐对立。这一调和的神学后果便是他必须进一步解释一种纯粹自然的、无神的创造何以可能。因此,自然秩序必须被置于神圣的第一因之下,使上帝的超越性位置在矿物生成的自然过程中凸现,大阿尔伯特的矿物成因理论才得以与基督教神学相容。通过在基于亚氏自然哲学的矿物成因解释中,糅合新柏拉图主义的流溢理论和教父哲学家波爱修斯对神意和命运的讨论,大阿尔伯特既强化了矿物生成中天界力量、神意和第一因的作用,也为对矿物物质意义上的具体原因进行自然哲学探寻确立了合法性。由此他便完成了自然与人工、自然哲学与基督教神学的双重调和。

与亚里士多德《气象学》为矿物在自然秩序中确立的位置相比,大阿尔伯特的调和一方面强化了地下矿物和天界力量的联系,这一联系不再仅由《气象学》中的太阳热量来间接地提供,而是有了第一因和神意等神学上的根本保证,以及通过流溢理论建立的第一因—驱动灵智—天球—诸星体—元素—矿物这样一条确切路径。本书将这一变化称为自然秩序的神圣化。而另一方面,大阿尔伯特也进一步确认了质料、冷、热、干、湿以及形成地点等矿物具体物理原因的自主性,捍卫了依靠人类理性和经验对矿物进行自然哲学探究的合法地位,这种自然哲学探究不再是对矿物自然秩序的静观和沉思,而与炼金术技艺和采矿实践等人工经验密不可分。这一过程本书称之为自然秩序的人化。通过本章的观念史梳理可见,自然秩序的人化与神圣化,构成了从古代到中世纪矿物成因观念变迁背后的主要脉络。而阿格里科拉正处于这条脉络的一个端点,他所面临的正是这样一种将自然秩序、人工经验与神圣意志合为一体的中世纪典型的矿物观念。冷、热、干、湿等元素力量、星辰的影响与神圣的天界力量共同决定着矿物的生成:

> 在不同的作家中,对此的意见分歧也不小。占星家坚持认为行星是生成金属的原因;毛里塔尼亚的吉尔吉则认为是地球的热,一些炼金术士同意他的观点;然而大阿尔伯特又发明出一种金属的形成力,热是其工具;但亚里士多德则认为石头的干燥是受冷的影响。一些占星家认为,金属不是仅由一个(原因形成),而是由不同的(原因)根据金属的不同类型形成的,即太阳形成金,月亮形成银,木星形成锡,土星形成铅,金星形成铜,火星形成铁,水星形成汞。一些炼金术士的观点与之类似,而如今他们都一同使用行星的名字来指定金属。占星家的观点是,行星通过不断地向在地球深处与之相适应的质料施加影响,生成了金属,而恒星的影响则生成了宝石。这个童话故事在一些人看来是如此美妙,以至于他们说,行星的力量在地球中产生了金属,就好像金属是第二行星,而宝石就好像是第二恒星。因此,根据他们的观点,任何宝石本身都具有与其对应的恒星的部分力量,任何金属都和与其对应的行星有很大的相似性,就像子代与父代的关系一般。[①]

[①] 引自阿格里科拉《论起源和原因》,参见 G. Fraustadt, *Schriften zur Geologie und Mineralagie I*, p. 175.

第二章 阿格里科拉矿冶研究的转变

一 矿冶研究的背景

1. 阿格里科拉的教育与学术背景

阿格里科拉于 1494 年出生在萨克森选侯国茨维考市(Zwickau)的格劳豪镇(Glauchau),原名为格奥尔格·鲍尔(Georg Pawer)。他的父亲或许是一位经营着染坊和服装店的制衣商,良好的家庭经济条件使他能够将四个孩子都送入格劳豪教区的拉丁语学校接受基本的古典教育。据一些信件推断,鲍尔可能于 1507 年前后离开家乡,前往临近的开姆尼茨市投奔亲戚,并在当地的拉丁语学校继续学业。在那里,他可能学习了希腊语。但可以明确的是,1514 年夏季,20 岁的鲍尔进入莱比锡大学,开始接受系统的古典教育。[1]

---

[1] 关于阿格里科拉的早年经历,主要参考 1955 年出版的阿格里科拉德译选集第一卷《阿格里科拉与他的时代》,以及"杰出科学家、技术专家与医生传记丛书"(Biographien hervorragender Naturwissenschaftler, Techniker und Mediziner)中的《阿格里科拉传》,参见 H. Wilsdorf, *Geogius Agricola Ausgewählte Werke Band I: Georg Agricola und seine Zeit*, Berlin: VEB Deutscher Verlag der Wissenschaften, 1955; G. Engewald, 1982, *Georgius Agricola*, Leipzig: BSB B. G. Teubner Verlagsgesellschaft, 1982.

他跟随希腊语和拉丁语教授理查德·克罗库斯(Richard Crocus)与佩特鲁斯·莫泽拉努斯(Petrus Mosellanus, 1493—1524)专攻古典语言和哲学。[①] 这两位老师认同"语言即理性"的人文主义纲领,强调希腊语、拉丁语、希伯来语等古典语言对于神学、法学、医学等高等学科的重要性。他们都十分推崇著名人文主义者鹿特丹的伊拉斯谟的思想,前者正是伊拉斯谟的学生。伊拉斯谟重视古典学术与人文学科、强调后天教育与学习、崇尚和谐与厌恶斗争的思想也深刻影响了鲍尔。他在大学一定打下了良好的古典语言基础。也正是这一时期,鲍尔将自己的名字拉丁化为阿格里科拉(Agricola,与他的德语原名 Pawer 含义相同,皆为"农夫"之意)。

大约在 1517 年下半年,阿格里科拉获得了艺学学士学位,并在年底毕业后受邀前往家乡茨维考的市立拉丁语学校教授希腊语和拉丁语,旋即又相继担任副校长与校长之职。在学校工作期间,阿格里科拉依照人文主义,尤其是伊拉斯谟的教育理念推行了一系列改革,试图重塑古典语言教育的内容、形式与方法,反对学校教学中常见的体罚手段,削弱学校的宗教服务功能,增加更多世俗学科(如农业、商业、建筑、计量学、算数、制药学等)学习的比重。阿格里科拉的第一部正式出版作品《初级简明语法教学手册》(*Libellus de prima ac simplici institutione grammatica*, 1520),就是这一阶段的产物。阿格里科拉不仅通过这部作品显示了自己出色的古典语言能力,他还在其中阐述了他的教育理念,明确了自己追随伊拉斯谟人文主义思想的立场(并节选了伊拉斯谟翻译的《新

[①] 关于这两位老师的学术背景和教学风格,可参见 O. Hannaway, "Georgius Agricola as Humanist"。

约》拉丁文译本作为阅读材料)。

或许是由于教育改革事业受到了来自茨维考市镇议会的阻力,并且由于当时风头正盛的宗教改革运动使毗邻运动中心的茨维考陷入了对立与骚动[1],也或许是因为他当年的老师、如今已是莱比锡大学校长的莫泽拉努斯邀请阿格里科拉回大学担任讲师,总之阿格里科拉在1522年放弃了茨维考的职位,并于当年5月重返莱比锡。他在莱比锡大学逗留期间以学士身份作了几次演讲,以协助莫泽拉努斯的教学工作。而莫泽拉努斯则将他介绍给莱比锡的各位教授,其中就包括曾任莱比锡大学校长、即将任职医学院院长的哲学和病理学教授海因里希·斯特罗默·冯·奥尔巴赫(Heinrich Stromer von Auerbach,1476—1572)[2]。或许是在他的影响和建议下[3],阿格里科拉对医学和自然科学产生了兴趣,并决

---

[1] 1517年,马丁·路德在萨克森选侯国维滕贝格的诸圣堂大门上张贴了《九十五条论纲》,拉开了宗教改革的序幕。1519年,马丁·路德又在莱比锡与数名天主教神学家展开神学辩论,这场论战标志着路德与天主教会的决裂,也极大地促进了新教思想的深入与传播,引发了欧洲范围内的宗教改革浪潮。改革派在茨维考获得了一批最早期的拥护者。自1521年春天以来,茨维考经历了一系列规模甚大的骚乱和社会动荡,包括针对教堂和修道院的圣像破坏运动,以及城市中下层贫民针对茨维考议会的抗议行动等。直到1523年,随着神圣罗马帝国以及地方政府与新教徒达成妥协,不再强制茨维考居民信奉天主教,该地才逐渐恢复相对的稳定。关于宗教改革时期茨维考地区历史事件的介绍,参见 C. S. Dixon, *The Reformation in Germany*, Hoboken: John Wiley & Sons, 2006, pp. 98-130.

[2] 或许还包括曾经出版过德国第一本采矿主题论著的医学教授乌尔里希·吕莱因·冯·卡尔沃(Ulrich Rülein von Calw, 1465—1523),参见 H. Wilsdorf, *Georg Agricola und seine Zeit*, p. 121.

[3] 阿格里科拉于1522年7月致一位主教的私人医生的信件显示,他当时正住在奥尔巴赫家中。而通信的内容也表明,他有意进行医学和自然科学方面的研究。这让我们有理由相信,阿格里科拉在莱比锡短暂逗留期间,萌生了学习医学或自然科学的想法。参见 H. Wilsdorf, *Georg Agricola und seine Zeit*, pp. 122-123.

定前往社会局势更稳定、学术氛围更好的意大利学习医学①。

于是在1522年8月底,阿格里科拉南下茨维考处理经济事务并准备出国,大约在次年便动身前往意大利。他在意大利的经历并不十分清楚,因为他本人没有在作品中详细提及。有赖于维尔斯多福的研究工作,他基于阿格里科拉及其交游者的作品以及大量档案和信件,尽可能地还原了阿格里科拉在意大利的三年求学时光。巴塞尔或许是他前往意大利短期停留的第一站,因为他在那里有机会拜访其久为仰慕的精神导师伊拉斯谟,彼时这位北方人文主义宗师正定居于巴塞尔。他们的会面并无实据,只是从日后阿格里科拉在与朋友的通信中请他代为问候伊拉斯谟,以及伊拉斯谟为晚辈阿格里科拉的第一部矿冶作品写了篇热情洋溢的序推测而来。可以确定的是,最晚在1523年10月,阿格里科拉抵达了欧洲著名学府博洛尼亚大学,他将在那里接受"医学人文主义"(medical humanism)的训练。

15世纪后半叶开始,人文主义强烈地影响了意大利的医学研究,医学史家用"医学人文主义"这个术语概括由此产生的一系列意涵宽泛的倾向。它的核心内容通常包括密集的语言学研究,编辑、修订和翻译古代医学文本——通常指在15世纪以来新近发现的古希腊文本。它的劳动成果重新揭示了古代权威在医学与自然

---

① 由于路德等新教徒大力抨击人文主义大学体系和经院哲学传统,使得处于宗教改革核心区域的诸多德国大学陷入明显的衰败,例如莱比锡大学在1522年仅有66名学生,这一人数在1523年进一步下跌至17名。与之相比,作为文艺复兴源头的意大利此时尚未被宗教改革浪潮波及,博洛尼亚、帕多瓦等地的学术氛围活跃。参见H. Wilsdorf, *Georg Agricola und seine Zeit*, pp. 126-127.

第二章　阿格里科拉矿冶研究的转变

哲学方面的详细论述,从而在医药学、解剖学、生理学等次级学科领域产生了广泛影响。医学人文主义训练融合了医学理论学习和人文主义特征,医学教授设计的课程包括阅读古代文本和掌握医学技术两方面,他们往往要求学生阅读盖伦、希波克拉底、迪奥斯科里德斯等人的古典医学作品来理解权威的论断,以便指导自己的医学实践。①

因此,阿格里科拉需要首先熟悉数量庞大的古典医学文献,故而他在博洛尼亚大学的主要精力依然放在希腊语、阿拉伯语、希伯来语等古典语言的学习和研究上。当时所能接触到的希腊医学知识,往往是经由12世纪拜占庭学者主导的翻译运动,从阿拉伯文本转译成拉丁文所得。历史学家保罗·格林德勒(Paul Grendler,1936—)指出,在人文主义的风潮中,医学教授们经常"对中世纪的医学文献嗤之以鼻,而对盖伦的古代文献推崇备至"②。受此影响,阿格里科拉也深为真正纯洁的(希腊)知识在转译中受到(中世纪尤其是阿拉伯学者的)混乱概念的污染而感到痛心。他希望可以通过学习古典语言以检验译本的可靠性,矫正其谬误,直接追溯作为源头的希腊知识。这一信念对阿格里科拉今后的学术研究产生了深远的影响。另外,博洛尼亚大学拥有当时相当完备的学科体系和充分的学术自由,一个医学博士的学习计划中包括应用数

---

① 参见南希·白石(Nancy Siraisi,1932—)对医学人文主义的介绍,N. G. Siraisi, *History, Medicine, and the Traditions of Renaissance Learning*, Ann Arbor: The University of Michigan Press, 2007, p. 263.

② P. F. Grendler, "The Universities of the Renaissance and Reformation", *Renaissance Quarterly*, 2004, vol. 57, no. 1, p. 13.

学、天文学、解剖学、内科学、外科学等课程,这些都是阿格里科拉能够接触到的学术资源。尤其是他曾追随当时最杰出的外科医生和解剖学家贝朗热·达·卡尔皮(Berengario da Carpi, 1460—1530)学习。① 贝朗热是博洛尼亚解剖学风气的带动者,他重视经验、观察甚于亚里士多德传统,坚信从实践和经验中得到的观察比来自书本的权威论断更接近解剖学的真理。这显然影响了阿格里科拉,他在日后的矿冶研究中便践行了这一原则。

在博洛尼亚待了将近一年后,阿格里科拉于1524年夏末,动身前往威尼斯。据其日后回忆,他在威尼斯待了整整两年。位于威尼斯共和国的帕多瓦大学有着更为注重实践和自然观察的科学与医学研究风气,这或许是吸引阿格里科拉的理由。他在自己的作品《贝尔曼篇》中几次提及在威尼斯考察和观察自然事物的经历。② 一些信件表明,他确实曾于1525—1526年在帕多瓦大学学习医学、法律和语言,并且在那里结识了几位为伊拉斯谟服务的通信员,其中就包括日后为阿格里科拉出版了所有矿冶著作的出版商希罗尼穆斯·弗罗本(Hieronymus Froben, 1501—1563)③。在威尼斯期间,阿格里科拉还参观访问了以玻璃制作而闻名的穆拉

---

① H. Wilsdorf, *Georg Agricola und seine Zeit*, p. 132.
② B. Varani, "Agricola and Italy", *Geo. Journal*, 1994, vol. 32, no. 2, p. 153.
③ 希罗尼穆斯的父亲约翰·弗罗本(Johann Forben, 1460—1527)是巴塞尔著名的出版商、伊拉斯谟的密友,他使巴塞尔成为当时领先的图书贸易中心。约翰去世后弗罗本出版社便由希罗尼穆斯接手。父子二人共出版了伊拉斯谟的200余部作品。日后阿格里科拉矿冶作品的出版,有赖于这个围绕着伊拉斯谟的人文主义出版圈子。在伊拉斯谟为阿格里科拉第一本矿冶作品《贝尔曼篇》所写的序中,就提到了希罗尼穆斯·弗罗本慷慨同意出版此作一事,参见 H. Wilsdorf, *Georg Agricola und seine Zeit*, p. 59.

诺岛。他仔细观察了玻璃制作的完整工艺，并在二十余年后将之写入了《矿冶全书》的最后一卷。①

在威尼斯这两年中最重要的事莫过于他在著名的阿尔丁出版社(Aldine Press)获得了一份工作。该出版社为人文主义学者兼出版商阿尔多·马努齐奥(Aldo Manuzio, 1449/1452—1515)在1490年一手创建，以出版希腊文和拉丁文的古典著作闻名。阿格里科拉来时，马努齐奥谢世已久，出版社由同样备受学者尊敬的阿苏拉努斯(Francesco Asulanus)接手。② 他当时正在组建委员会负责出版盖伦、希波克拉底等五位希腊医学家的拉丁语译本。阿格里科拉参与了这个项目，他利用自己长期以来的古典语言训练以及在博洛尼亚所接受的医学人文主义教育，抄写、阅读、消化和编辑这些希腊医学文本，逐行检查从希腊语到拉丁语的翻译是否准确，并提出他对作品疑难的解释。这项工作更坚定了阿格里科拉通过语文学分析恢复希腊科学的纯粹源头，从而为现代学术奠基的人文主义信念，同时也加深了他对盖伦的理解——正如泰勒·希拉里所指出的，阿格里科拉的代表作《矿冶全书》中，屡次显示出盖伦理论对他的深刻影响。③ 阿格里科拉的编译工作获得了阿苏拉努斯的肯定，在该社于1525年出版的盖伦文集的一段前言中，阿苏拉努斯赞扬了阿格里科拉的勤奋，并为他在改进文本方面所做的工作致以谢意。④

---

① B. Varani, "Agricola and Italy", pp. 154-155.

② 更通行的名字是 Francesco Torresano 或 Andrea Torresano，威尼斯的著名出版商。

③ H. Taylor, "Mining Metals, Mining Minds", pp. 29-35.

④ H. Wilsdorf, *Georg Agricola und seine Zeit*, p. 136.

阿格里科拉在意大利的三年游学经历，一方面磨炼了他的古典语言技能，使他熟悉了盖伦等古希腊作家的自然和医学理论，并且更加坚定了他追寻希腊古典知识的人文主义信念。另一方面，广泛的游历则使他收集到了相当可观的自然和技艺知识，并且养成了重视实地考察、运用实践经验校正和补充文本知识的习惯。此外，在意大利，阿格里科拉还得以融入以伊拉斯谟、弗罗本等人为代表的人文主义学者-出版商圈子。这些技能与知识、为学的基本态度以及良好的学术关系网络，构成了阿格里科拉的学术基础，在他日后的矿冶研究中发挥了极大的作用。大致在1526年秋天，阿格里科拉结束了在意大利的游学，返回家乡茨维考。1527年，他来到毗邻萨克森边境、坐落于厄尔士山脉中的圣约阿希姆斯塔尔镇（St. Joachimsthal，今属捷克的亚希莫夫镇），接受了那里的镇医和药剂师职位。[①] 在那里，他将开始对矿冶主题产生持之以恒的兴趣。

2. 15—16世纪中欧的矿业经济背景

在叙述阿格里科拉的矿冶研究以前，有必要简短回顾一下15世纪以来中欧地区的矿业经济发展背景。在强调外部影响的科学史观点看来，16世纪产生的大量矿冶技术文献，与当时中欧地区的矿业兴盛不无关系。

[①] 他的前任是乔治·斯图兹（Georg Sturz），是萨克森著名的医生。镇医和药剂师由市镇政府聘任并授予特权，镇医的工作包括咨询政府在城市公共卫生以及防疫方面的问题，监督药房、接生婆、公共浴室、妓院、城镇医院和救济院，对于城镇贫困人口提供医疗服务等。此外，城镇医生也可以自由行医。富裕的商业城市和经济中心（如厄尔士山的矿区城镇）非常需要镇医，因此他们可以获得丰厚的收入。参见 G. Engewald, *Georgius Agricola*, pp. 55-56.

第二章 阿格里科拉矿冶研究的转变

当欧洲的人口数量在 15 世纪上半叶从黑死病和战乱中得到逐步恢复后,出于城市发展、军事活动、发行货币以及一般经济活动的需要,各国对贵金属以及商品金属的需求便超过了供给。这为解决采矿业的技术和管理问题提供了动力,从而使中欧的矿业在 15 世纪中期左右出现了空前的繁荣。从 1460 年以来的 70 年间,中欧的白银年产量增加了五倍之多,并在 1526 年至 1535 年这十年间达到了最大值——当时年产近 300 万盎司白银,直到 19 世纪 50 年代才再次超越这个产量。[①] 与之相应,中欧采矿业的从业人数在 1525 年左右已达到了将近 10 万人。整个中欧矿业最为兴盛的地区集中在德意志地区——戈斯拉尔附近的哈尔茨山、坐落在萨克森和波西米亚交界处的厄尔士山脉,以及南方蒂罗尔地区的阿尔卑斯山,拥有全欧洲产量最高的矿场。在 1529 年所作的一次演讲中,阿格里科拉就强调了这一点:

在世界所有的矿场中,德国拥有的数量最多。因为谁会不知道迈森和波西米亚的著名矿区,特别是那些含有银的矿区,甚至在那里开采。谁会不知道哈尔茨的矿藏呢?谁不知道西里西亚的矿场呢?谁对雷蒂亚的矿井一无所知呢?德国还有大量的铁矿,也不乏含金的河流和溪水。[②]

[①] J. U. Nef, "Mining and Metallurgy in Medieval Civilisation" in M. M. Postan, E. Miller (eds.) *The Cambridge Economic History of Europe*, Vol. II, *Trade and Industry in the Middle Ages*, Cambridge: Cambridge University Press, 1987, pp. 735-739.

[②] 参见阿格里科拉德译选集第七卷,G. Fraustadt, *Georgius Agricola Ausgewählte Werke Band VII: Vermischte Schriften II*, Berlin: VEB Deutscher Verlag der Wissenschaften, 1963, p. 45.

矿业的兴盛带动了大量新兴矿业城镇的出现。厄尔士山脉中的几大矿业城镇，如舍恩伯格（Schönberg）、安娜伯格（Annaberg）以及阿格里科拉担任镇医的圣约阿希姆斯塔尔，都是围绕着储量丰富的银矿，在15世纪晚期至16世纪早期才兴建起来的。它们在短短几年间就吸引了数千人到那里工作并定居，日夜不停地开采矿石、冶炼矿物、交易产品。这些以开矿者为中心，在矿场附近逐渐形成的定居点，其规模和繁华程度最终几乎与莱比锡以及德国南部和东部的其他大城镇相当。由于有供应生活用品和转运与交易矿山产品的需要，因矿而兴的定居点还刺激了其周边更大城镇的发展。例如，阿格里科拉的家乡茨维考市，这个毗邻厄尔士山脉的古老城市，历来以制衣业为主要产业。因其位处几条贸易路线的交汇处，故而是萨克森选侯国最重要的商业城市之一。自从15世纪下半叶在茨维考西南数十公里的范围内陆续发现舍恩伯格、安娜伯格等几大银矿后，茨维考的许多公民便作为矿业投资者而大发其财。丰富的白银储量旋即又吸引了一批富商投资者，如奥格斯堡的韦尔斯家族和科隆的洛布勒家族，他们来至此地建设采矿和矿物加工工厂，为矿山提供人力和物资供应，并负责矿物的加工、转运和交易。到1500年左右，茨维考已经完全适应了矿冶业的新需求，从一个传统制衣业城镇发展为整个厄尔士山脉西部的矿业供应中心，居住人口也增至7000人以上。在这样的社会经济背景下成长起来的阿格里科拉，对于矿业自然并不陌生。

这一时期的矿业繁荣，还为社会各阶级的互动带来了深刻的影响。限于技术和需求，中世纪早期的采矿技术往往只能达至地表及浅层矿脉,因而仅需一种以家庭为基础的小规模手工业。但在 15 世纪的矿业繁荣期,新兴的采矿企业大多是大规模的经营活动,他们通过雇用众多矿工,使用大型机械,挖掘更深的矿脉和解决通风、排水、排矿等技术问题而获得了巨大财富。与此同时,随着军事活动、发行货币以及城市建设的需要,对金属的需求超过了供给。金属的稀缺性为王公和富人投资者提供了持续动力,使他们愿意承担挖掘深层矿脉的成本并解决相应的技术问题。[1] 因此,这种大型矿业一方面能够吸引富有的资本家乃至王公贵族投入大量资金,购买矿场的股份;另一方面也向相关的技术专家提出了需求——矿冶专家需要通过解决技术难题,来尽可能地保障一次矿业投资有可观的投入产出比。除了吸引一批直接进行采矿和冶炼的工匠外,矿业的繁荣还形成了一项涉及面极为广泛的共同事业,将不同社会身份的人紧密联系起来,使资源-劳动力-知识的跨领域交易得以可能。帕梅拉·朗使用交易地带(trading zone)这一术语来概括这种事业。[2] 一个繁荣的矿场所形成的交易地带,往往能够将贵族统治者、财富寡头、有经验的工匠、学者、炼金术士、商人等不同群体联系在一起,共同投入采矿事业。在这样的背景下,有经验的熟练矿工和有学问的人之间形成了更广泛的交流和合作(这往往受到贵族统治者和投资者的支持),从而促进了矿冶技术文献的涌现和知识的传播。

---

[1] P. O. Long, "The Openness of Knowledge".

[2] P. O. Long, "Trading zones in early modern Europe", *Isis*, 2015, vol. 106, no. 4, p. 845.

3. 16 世纪矿冶技术文献的涌现

16 世纪被认为是金属和矿冶文献的黄金时代，帕梅拉·朗将这类文献细分成三种类型：金属配方书籍或技法秘籍，炼金术文献，以及通俗易懂的矿冶技术文献。① 其中前两类文献都具有一定的秘传性质，且都有着悠久的历史传统，而第三类面向公众关于采矿和冶金的技术论述，则是 16 世纪初出现的产物。阿格里科拉所能接触到的这类书籍至少包括关于如何寻找矿脉、辨明各种金属矿石特征以及对矿山进行投资的对话体绘图本德文小册子《矿山小书》，这是第一本关于采矿的印刷书籍，出版于 1500 年左右；同样是用德文写作的关于试金技法的匿名之作《试金小书》（出版时间不晚于 1518 年）；以及意大利锡耶纳人比林古乔 1540 年出版的包含矿石、试金、铸造、制作合金、金属熔炼、枪炮制作、火药制作等广泛主题的《火法技艺》。

这类书籍的作者有着不同背景，预期的读者也不尽相同。如《矿山小书》的作者据说是乌尔里希·吕莱恩·冯·卡尔弗（Ulrich Rülein von Calw, 1465—1523），一位曾经在萨克森的矿业城镇弗莱贝格担任医生和镇长，自己也作为投资人投资矿场，后来又到莱比锡大学教授医学的有识之士。1523 年阿格里科拉在莱比锡大学短暂逗留期间，与他有过交往。这本小册子的受众大致是那类对矿业不甚了解的潜在投资者，他们急需一些有实用价值的采矿知识以更好地获得利润。而《试金小书》固然是一本匿名的

---

① P. O. Long, "The Openness of Knowledge".

手册，但从它的题献中可以推知作者的背景。它题献给了伊丽莎白·冯·布伦瑞克-吕讷堡（Elisabeth von Braunschweig-Lüneberg,1435—1520）公爵夫人[①]的哈尔茨山矿业管理人汉斯·诺伯拉赫（Hans Knoblach），因为这位矿山管理者曾经鼓励匿名的作者把自己从实验和书籍中获得的验矿知识出版。可见，这位作者可能是一位掌握专业知识且能够接触到贵族治理者的从业人员，技术文献的撰写与公爵夫人在布伦瑞克-吕讷堡公国积极推进矿冶业的政策密切相关。至于《火法技艺》的作者比林古乔，则是一位经验丰富的矿冶实践者，他担任过意大利北部卡尼亚（Carnia）一座银矿的监工、锡耶纳兵器厂的厂长、罗马教皇属下铸造厂和军需厂的厂长等职务。《火法技艺》的目标读者既包括从事矿冶业的技术工人，也包括缺乏实践知识的潜在投资者。

尽管存在这些差异，但这类矿冶技术文献依然在知识公开性这一特征上与传统的炼金术文献和配方文献保持了鲜明的距离，它们都旨在用公开清晰的话语将与采矿、炼矿以及矿物加工相关的知识传播到各个群体，以促进矿业整体事业的发展。16世纪上半叶涌现的这些文献表明，在矿业繁荣的社会经济背景下，对矿物相关知识的需求也同样迫切。

二 矿冶研究的三个阶段

以上讨论了阿格里科拉进行矿冶研究的基本背景，包括他本

[①] 伊丽莎白公爵夫人是重振哈尔茨山铁矿并将炼钢技术引进哈尔茨地区的重要人物。

人所受教育与学术训练的基础,16世纪中欧矿业繁荣的社会经济条件,以及这一条件下对矿冶技术文献的知识需求。正是在这些背景下,阿格里科拉开始了他持续近三十年的矿冶研究。

  研究者通常将阿格里科拉的矿冶研究视为一个整体,这种观点往往默认他在不同时期出版的矿冶主题作品①同属一个研究计划,因而具有相同的研究方法、目标和旨趣,他看待矿物的方式也都前后融贯一致。例如,帕梅拉·朗在阿格里科拉不同时期出版的三部作品《贝尔曼篇》《论新旧矿藏》《矿冶全书》中,全都读出了知识公开这一明确的学术理想,并将之视为阿格里科拉乃至16世纪矿冶文献作者的基本立场。② 帕梅拉·朗的观点受到了汉纳威的人文主义纲领的影响,后者将阿格里科拉的《贝尔曼篇》视为经典人文主义事业的绝好案例,并通过人文主义纲领来串联并理解阿格里科拉的全部矿冶著作——《贝尔曼篇》是《矿冶全书》的序幕,它们与中间的"地下之物作品集"共同构成了阿格里科拉人文主义的全部内容,即试图用与古人相同的感受力来描述和理解事物与现象。③ 更多的学者倾向于基于《矿冶全书》这部影响最大的晚期作品来考察阿格里科拉的学术面貌。希拉里·泰勒最近的研究工作便通过聚焦于《矿冶全书》来考察阿格里科拉如何在多种自然哲学并存的现代早期,选择并表达某一种独特的对自然的理解,并将之确立为令人可信的事实。这样做的前提是,泰勒认为阿格

---

  ① 关于阿格里科拉出版的所有矿冶主题作品,可参见本书导言第二节的介绍。
  ② P. O. Long,"The Openness of Knowledge"。
  ③ O. Hannaway,"Georgius Agricola as Humanist";"Herbert Hoover and Georgius Agricola: The Distorting Mirrors of History"。

里科拉的所有矿冶文本在理论上是一致的,因为他总是在作品中交叉引用自己此前的作品,以构建文本间的相互支持。①

也有一些研究者注意到阿格里科拉矿冶研究的历时性变化,但仅将之视为在论述系统性和材料丰富性的意义上有所进展,而不是研究动机、旨趣或方法上的转变。如《贝尔曼篇》通常被视为阿格里科拉对矿物分类的初步尝试,这一计划直到16年后出版的《论矿物的性质》才得以完善。② 文艺复兴自然哲学、医学和炼金术研究专家平井浩(Hiro Hirai,1967—)认为,阿格里科拉研究矿物的主要动机是医学兴趣,他试图在希腊-罗马的矿物药物名称和德国矿工使用的矿物术语之间建立对应关系。这项工作开启于《贝尔曼篇》,在中期作品《论矿物的性质》中得到了完善和系统化,前者可视为后者的一篇导言。③ 鉴于《贝尔曼篇》末尾所附的矿冶术语拉丁语-德语对照表中仅仅处理了127个术语,而《论矿物的性质》则更具系统性地分类描述了大约480种矿物,并将它们整理为一个更全面的术语表,便很容易理解研究者为何如此看待阿格里科拉这两部作品的关系。不过矿冶史学者巴顿却对阿格里科拉矿冶研究的医学倾向有完全不同的看法。在她看来,中世纪晚期以后医学视角已不再是看待矿物的主要方式,阿格里科拉的医生身份在他的矿物学中并不鲜明,他几乎没有为矿物的医学用途增加多少新内容。在巴顿看来,阿格里科拉的矿冶研究主要是描述

---

① H. Taylor,"Mining Metals,Mining Minds",p. 8.
② G. Engewald,*Georgius Agricola*,p. 82.
③ H. Hiro,*Le Concept de Semence Dans Les Théories de La Matière à La Renaissance:De Marsile Ficin à Pierre Gassendi*,Turnhout:Brepols,2005,pp. 112-113.

性工作,《论矿物的性质》被她视为自普林尼以来最详细全面的矿物描述清单,他在矿物的物理、化学性质以及冶金用途方面新增了大量内容。① 两位研究者对阿格里科拉研究动机与旨趣的不同理解表明,或许不能简单地将阿格里科拉矿冶研究视为一个前后目标一致的整体,研究者有必要更加细致地审视其不同时期矿冶研究作品中可能存在的内在差异。

在诺里斯看来,这种差异至少体现为阿格里科拉中期与早期作品之间的方法论转变。他认为早期作品中阿格里科拉对矿物的认识主要来自他对普林尼、狄奥斯科里德斯、盖伦、阿维森纳、大阿尔伯特等古人的医药学和矿物学文献的阅读,研究风格明显表现出医学人文主义的特征。而在中期作品中,他对矿脉与采矿工作的实际观察已成为他理解矿物的重要方式。② 本书认同诺里斯关于阿格里科拉的矿冶研究在早期与中期之间存在转变的判断,但并不认为这种转变仅仅意味着他在研究方法上从依赖古代文献转向了依靠实际经验。事实上,阿格里科拉矿冶研究的动机、旨趣和方法,在不同阶段均发生了内在转变,这种转变既是他能够改变中世纪以来奠定的矿物观念的原因,同时也是一种新的矿物观念所促发的结果。本书认为,阿格里科拉的矿冶研究,经历了从医药学(1526—1530)到自然哲学(1530—1546)再到矿冶工业(1546—1555)这三个阶段的转变。划分三阶段的关键并不在于前人关注

---

① I. F. Barton,"Mining,alchemy,and the changing concept of minerals from antiquity to early modernity", *Earth Sciences History*,2022,vol. 41,no. 1,pp. 1-15.

② J. A. Norris,"Early theories of aqueous mineral genesis in the sixteenth century", *Ambix*,2007,vol. 54,no. 1,pp. 69-86.

的研究方法,而在于研究目标与旨趣的变化。在医药学阶段,也就是阿格里科拉在约阿希姆斯塔尔担任镇医和药剂师期间,他的代表作品是《贝尔曼篇》。彼时他主要以特定地域(德意志矿区)、特定职业(医生和药剂师)的视角来个别地看待特殊矿物。他的研究目标来源于他所接受的医学人文主义教育,即要重建特定矿物药与其古代名称的关联,其目的是服务于医生和药剂师对矿物药的辨认和使用。为了更好地实现这一目标,阿格里科拉在该阶段确立了一种新的矿物研究方法。它综合利用古代文献中的矿物知识、观察者实际观察自然的经验与实践者在采矿、冶炼等人工操作中获得的经验,细致地观察和描述特殊物,以重建矿物与名称的关联。

　　阿格里科拉的问题意识和目标在医药学阶段之后发生了明显变化,他看待矿物的视角从最初的医药学转向了自然哲学。在自然哲学阶段的代表作品"地下之物作品集"中,对个别矿物进行医药学描述的做法不再使他满足,矿物形成原因的自然哲学问题内在地凸现出来,他不能不对此有所回应。[①] 于是,他的研究目标首先在《论起源和原因》中转向为各类地下之物的成因提供普遍性的自然哲学解释。由此发展出的一种不同于前人的矿物成因理论,使得阿格里科拉必须重新理解矿物的本性。他在《论矿物的性

　　[①] 维尔斯多夫在《贝尔曼篇》德译本的译者前言中提到,《贝尔曼篇》不仅体现了阿格里科拉对特殊物的个体性探究,也暗含着他对普遍理解矿物的自然哲学期望。阿格里科拉试图防止陷入单纯的特殊性问题,他希望提供更多比满足一时所需的"实用指南"更多的普遍性知识。这一点在他中期的"地下之物作品集"中得到了鲜明的体现。本书的基本观点与之相近,遗憾的是维尔斯多夫的观点并未得到应有的重视。参见 H. Wilsdorf, *Bermannus*, pp. 53-55.

质》中贯彻的一种基于特定表象的描述机制，便奠基于他对矿物性质的新自然哲学理解上。经过这一系列演变，阿格里科拉最终完成了自然哲学转向，并成功塑造了一门新的具有普遍性特征的矿物学。其特征是清除了矿物的形式与本性，并以特定表象作为描述矿物的普遍法则重新确立矿物的性质。至此，阿格里科拉也完成了对矿物观念的转变，矿物从一种处于地下气象秩序末端、受天界神圣力量影响且具有内在本性的存在，转变为一种在地下矿液的机械运作下偶然生成的单纯的物质，一种只在表象世界中被认识的对象。

矿物观念的转变与新矿物学的诞生是同一过程的不同表现，它们都是阿格里科拉自然哲学转向的结果。在此基础上，阿格里科拉在学术阶段晚期将研究重心再次聚焦于某个专门领域——这次它不再是医药学，而是新的具有普遍特征的矿冶工业。在矿冶工业阶段，阿格里科拉希望以实现矿物功用、增进人类福祉为目标，开创一个基于地下矿物世界的矿冶工业新领域。由于他对矿物成因的自然哲学原理拥有了普遍性理解，同时也掌握了能够表象各类矿物性质的普遍规则，这门矿冶工业就不仅是局限于某一矿场的产业，而是一个能够扩张到世界任何地区、认识并采掘任何矿产的普遍工业。《矿冶全书》便是这一普遍工业理想的载体，它是那种被革新了的矿物观念的产物。

三　阿格里科拉的自然哲学转向

在进入对阿格里科拉文本的具体研究以前，本书首先对其矿物研究的内在转变脉络进行了梳理，目的是厘清矿物观念变革在他自己的思想演变中究竟占据什么位置。梳理的结果表明，这一变革实则在自然哲学阶段就已完成，其后向矿冶工业阶段的转向是基于新的矿物观念的自然发展。由此看来，自然哲学阶段是奠定阿格里科拉思想格局的枢纽，也应是本书的主要研究范围。

对矿物的自然哲学探究兴趣不仅是阿格里科拉个人学术转向的枢纽，也在西方矿物观念史的整体演变中发挥了作用。巴顿新近的研究揭示了西方矿物观念演变的一个趋势，它恰好与阿格里科拉个人的学术转变相契合。巴顿指出，从古希腊到中世纪早期，相比于被视为生产金属的原料，矿物更主要的是作为药物而被研究。研究者主要关心的是特定矿物以及宝石的疗效和神奇功能，他们理解矿物的方式与理解其他草本药物并无本质不同。但随着中世纪晚期炼金术在拉丁欧洲的发展以及欧洲的矿业兴盛，对矿物内在成分与生成原理的自然哲学兴趣逐渐增长，矿物在冶金生产中的作用日益凸显。与之相应的则是矿物学文献中对矿物医学用途的强调越来越少。直到 16 世纪，看待矿物的医药学视角已经逐渐让位于与金属生产相关的视角。① 巴顿并没有意识到阿格里科拉矿冶研究的内在转变，她仅仅将之视为与冶金相关的新视角的代表人物。但事实上，阿格里科拉恰好处在这一矿物观念史上的转折期，而他自身从医药学最终导向矿冶工业的转变历程，又恰与巴顿所揭示的矿物观念史的转变趋势相一致。在这两个几乎同

---

① I. F. Barton, "Mining, alchemy, and the changing concept of minerals from antiquity to early modernity".

时代的转变中，矿物的自然哲学研究均起到了关键作用。借用巴顿的表述，阿格里科拉在成为冶金学视角的代表人物以前，首先是这种自然哲学转向的代表人物。

本书认为，阿格里科拉完成了对中世纪所奠定的矿物观念的变革，而理解这一变革的基础就在于理解他的自然哲学转向。谈论阿格里科拉的自然哲学转向，实则包含三层含义。首先，它指的是阿格里科拉本人的研究从上述的医药学阶段转向了自然哲学阶段。这里需要进一步说明的问题包括，医药学阶段的主要特征是什么，是什么让阿格里科拉的研究目标发生了变化，自然哲学阶段又需要回应什么问题。其次，它还指阿格里科拉转变了以往对于矿物的自然哲学理解，塑造了一门关于矿物的新自然哲学。阐明矿物观念发生何种变革这一最核心论题的任务，应落在这一层面。其中需要说明的问题包括，以往对于矿物有什么样的自然哲学理解，阿格里科拉对此做出了什么样的转变。本书第一章已对从古希腊到中世纪的矿物成因理论进行了详细的观念史梳理，它揭示出中世纪盛期所奠定的对矿物的自然哲学理解。因此，分析阿格里科拉对矿物成因的不同看法，并阐述由此引发的自然哲学后果，便成为理解其自然哲学转向的关键。第三，自然哲学转向还意味着，研究者看待阿格里科拉的眼光需要发生一种转变。阿格里科拉不再能够仅仅被视为一个矿冶技术文献的编撰者，也不应仅仅从矿冶技术或矿物学的角度去评价他的研究。澄清自然哲学主张乃至与之相关的形而上学讨论，应成为研究阿格里科拉如何变革矿物观念的基础甚至是主要任务。

通过这番梳理，自然哲学转向被把握为理解阿格里科拉矿冶研究的关键。就理解人物外在身份的转变而言，由医药学兴趣而产生的关于矿物成因的自然哲学问题，促使这位有着深厚医学人文主义背景的医生最终成为一个矿冶研究专家。而就理解其矿冶研究的内在理路而言，准确把握他对矿物自然哲学内涵的改造，也是理解阿格里科拉奠定新的矿物观念乃至一门新矿物学的基础。

接下来的三章，就将目光依次汇聚于阿格里科拉在医药学阶段和自然哲学阶段的矿物学研究，从而具体阐述其自然哲学转向的意涵，以辨明他对矿物的医药学研究如何引发了自然哲学的问题，他所塑造的矿物生成的新自然哲学有何特征，这门新自然哲学引发了什么样的后果，从而改变了矿物的观念。第三章将首先关注医药学阶段的代表作品《贝尔曼篇》。通过对这部对话作品的文本分析，本书将展现阿格里科拉早期矿物研究的医药学意图与医学人文主义倾向，分析他如何确立并接纳一种新的针对特殊矿物进行观察与描述的研究方法，并试图理解矿物成因的自然哲学问题如何从一种医药学研究中浮现，并成为他不得不直面的问题。

第三章　描述矿物：矿物的医药学研究

一　医学人文主义的目标

在《贝尔曼篇》开篇的作者自序中，阿格里科拉透露了他进行矿冶研究的初衷。他最初关心的是一个来自人文主义浪潮的古典语文学问题——事物与名称的分离与知识的败坏：

> 我常常私下里谈起大自然赋予我们的或由技艺发明而来的事物，也常常谈及那些曾经被希腊人和罗马人创造出来的名称。我不得不说，几个世纪以来，这二者都被严重损害了。因为这些事物有很大一部分被弃置不用，有的甚至已经被完全遗忘了。而这些名称之所以受损害，是因为它们要么被随意更改，要么被某些粗蛮的名称取代了。①

批评古代学问的衰落，并立志重返知识的纯洁源头，恢复当代

---

① H. Wilsdorf, *Bermannus*, p. 66.

学问的品质,这是当时人文主义的普遍志向。阿格里科拉接着说道,在众多前辈和研究者的努力下,语文学已经取得了良好进展,尤其在意大利,拉丁语和希腊语的纯洁性已经得到了恢复。但是,"对事物的理解实际上在大多数分支领域中是被忽视的",这里的事物包括动物、植物和地下的矿物,它们"对我们来说完全是混乱和未知的",我们既对古人称呼事物的名称总体上一无所知,也对这些事物的用途不甚了解。而他相信这些知识在古人,尤其是希腊人那里,曾经是完备的。①

因此,现在需要恢复关于事物的知识,重建事物与名称的关联,掌握事物的用途。他首先想到了在他身边最为富饶的矿物,因为矿物在医学上有相当重要的用途,却蒙受着重大的遮蔽。他说:

> 我想问,有谁不知道矿物产品在医学上的突出益处,尤其是在外用药剂领域?(顺便说一句,我所说的矿物产品,包括金属物质本身以及在金属类物质中所含的任何东西,也包括在冶炼厂中用金属类物质制成的东西,最后,还包括其他矿山产品或其他准备过程中产生的物质。)毫无疑问,凡是读过史上最伟大的医生盖伦以及迪奥斯科里德斯著作的人,都不会否认这种益处。②

---

① 参见 Sacco 对阿格里科拉人文主义研究方法的归纳,F. G. Sacco,"Erasmus, Agricola and Mineralogy"。

② H. Wilsdorf, *Bermannus*, p. 68.

然而，当下的医生和药剂师已经几乎失去了矿物知识：

> 除了锑、密陀僧、砒霜、白铅矿和其他一些药物外，如今连生产这类药物的药房都对它们一无所知——甚至连医生也完全不知道，如果允许我实话实说的话。我们应该感到羞耻，经常读到这些词，嘴里用着这些词，却不知道它们指的是什么！[1]

阿格里科拉试图改变这一现状。一方面，语文学的努力能够使混乱的语词重新获得纯洁和力量，古人曾经拥有的矿物（作为药物）知识能够借此重新为人们所掌握。而另一方面，人们也能够用感官和心灵理解和洞悉物本身，通过运用必要的技艺和勤奋，调查自己所处环境中的实物，来发现关于物的知识。因此，这不仅仅是一项恢复矿物的希腊或拉丁名称的语文学任务，它已超出古代文本的范围，还需要借助对矿物的实际观察，乃至矿工等操作者的实践知识。因此之故，他才来到圣约阿希姆斯塔尔这座矿业城镇工作：

> 事实上，我们的无知和疏忽导致了许多事物被隐藏起来，许多事物被废弃甚至被摧毁。在这种情况下，如果某些疾病在其他地方可以被可靠地治愈，而在我们国家却无法治愈，这又有什么可感到惊讶的呢？因为只有少数由金属矿物制成的

---

[1] H. Wilsdorf, *Bermannus*, p. 68.

膏药能被我们按处方配制出来。然而，它们已经在古代文明中被广泛使用了啊，它们以最大限度造福于人类，同时也为自己赢得了荣耀！这无疑是我把住所搬到一个具有丰富采矿活动的地方的主要原因。①

非常明显，阿格里科拉此时是作为一位身处于德意志富矿区的医生和药剂师来看待矿物研究的——矿物作为药物，它们的名称已经面临着巨大的混淆，当代的医生不再能够在名称与事物之间建立清晰的关联，因此也不再能充分发挥矿物药的治疗作用。那么，他的目标非常明确，那就是需要理解古人对矿物的详细论述，同时立足于自己所处的矿区，重新辨识矿物世界，揭开遮盖在事物之上的朦胧面纱，重建特定名称与特定矿物之间的关联："如果那些古老的、未被破坏的名称不对我们保持神秘，在它们揭示自身之后，我们至少不会对它们所指示的事物感到困惑！"②只有如此，才能谈得上去发挥矿物的治疗能力。③

为实现这一目标，阿格里科拉虚构了一场对话，让一位经验丰富的矿工贝尔曼带领安贡和奈维乌斯这两位有学识的医生攀登矿

---

① H. Wilsdorf, *Bermannus*, pp. 68-69.
② Ibid., p. 69.
③ 贝伦斯（Dominik Berrens）在最近的研究中也指明了《贝尔曼篇》旨在恢复词与物之间关联的目标。这篇文章重点阐述了阿格里科拉借用德语方言创造新的拉丁术语，将当地矿区对矿物的新观察与经验纳入以拉丁语为典范的学术知识中的努力。这显示了《贝尔曼篇》立足于德意志矿产的地方性特点。参见 D. Berrens, "Names and Things: Latin and German Mining Terminology in Georgius Agricola's Bermannus", *Antike Und Abendland*, 2020, no. 1, pp. 232-243.

山,并畅谈沿途所见的各种矿物与采矿场景。① 通过将医生熟知的古代医学文献中对矿物药物的各种描述和矿工掌握的当地实际矿产的性质、功能与名称进行相互补充和印证,阿格里科拉希望重新建立词与物的关联。他为创作这场对话列出了三个理由,从中可看出他对此作的定位。首先,"这是为了支持我致力于该主题的未来作品,并同时为研究提供一定程度的预告",这表明阿格里科拉已有对矿冶主题做进一步研究的计划,并将这部处女作视为日后研究的预告。其次,"它旨在鼓励我们这个时代的人们更加仔细地研究这个问题繁多的领域,因为我不想给人留下自己已经取得了重大成就的印象。只有当它们自身,尤其是存在其中的效力(vires)为我们所了解,我们的对话才不会白费口舌而毫无收获"②。第二个理由类似于某种"抛砖引玉"的谦辞,但似乎也指明眼前这部对话尚未触及的方面,那就是所谓"它们自身"以及"存在其中的效力"。正因这部对话尚未触及这个问题,使得它甚至有可能沦为一种空谈,因此它才能够激励研究者的进一步探究。我们将在下一章看到,阿格里科拉本人"致力于该主题的未来作品",正

---

① 引文译文如下:"我试图提出一个对话,并假设这个对话是最近由一些在采矿方面特别受过指导的人进行的……现在让我们把贝尔曼塑造成一个矿工。因为他对这门技艺非常有经验,特别是他曾经作为一名士兵走过许多地方,在那里观察过采矿技艺,就像迪奥斯科里德斯在罗马服役时观察植物一样。与贝尔曼进行交谈的是两位非常博学和受人尊敬的医生——尼古劳斯·安贡和约翰内斯·奈维乌斯。他们中的前者对从阿拉伯知识传承下来的当代医学相当精通,他还接受了亚里士多德学派的教育。而奈维乌斯则在希腊和拉丁文学以及古代医学方面特别有造诣。由于我曾在意大利与他一起学习,所以我很熟悉他的非凡天赋和杰出知识。" H. Wilsdorf, *Bermannus*, p. 70.

② G. Agricola, *Bermannus*, p. 14.

是围绕着此处未及的"存在其中的效力"而展开的。接下来的第三个原因则鲜明地指出了这部作品的医药学目的以及地方性和民族性特征。由于阿格里科拉身处德意志的富矿区,他首先关注的便是那些独产于当地的矿物药:

> 还有最后一个原因。因为我想根据(矿物)各自的治疗能力,把我们德意志的矿井中普遍存在的但据我所知不为古人所知晓的那些物质展现出来。如果说希腊民族在所有民族中最具科学精神,他们不仅把自己的成就,而且还把其他民族的成就都传给了后人,那么,假如我们国家有一些事物,由于我们的疏忽和懒惰,仍然被遗忘在黑暗中,就像在朦胧中等待着面纱被揭晓,那一定是我们的耻辱![1]

除了作者在前言中的直接呈现,《贝尔曼篇》的文体也反映了阿格里科拉对作品定位的考量。对话体裁往往意味着一种轻松简明的风格,同时能够为读者带来身临其境的感受。伊拉斯谟在前言中便如此评价:"其中巧妙穿插着的笑话很让我感到欢乐,并且这种简洁的风格也很令人欣喜……问题可以说是在读者的眼前徐徐展开,这种简明性尤其吸引了我,那些山谷、丘陵、矿藏和机械就好像被我亲眼所见,而不是单纯地读到它们。"[2]但这种风格的局限也同样明显,它将所能讨论矿物的种类限制在了该矿区出产的

---

[1] H. Wilsdorf, *Bermannus*, p. 69.
[2] Ibid., p. 59.

范围,并往往因为情节或人物行动的需要,使讨论变得零散和不完整。对此,力推此书出版的镇立学校校长普拉提亚努斯[1]便有清楚的认识。他在给镇矿区长官的推荐信中这样说道:

此外,他还一丝不苟地权衡了在德国矿山,特别是在约阿希姆斯塔尔地区,可以找到一切(矿物)的名称。他把那些最著名的医生曾在医学技艺的最高阶段所应用的东西,从最黑暗的深处,或者更好地说,直接从地下世界中一点点展现了出来。我不敢去触碰那些书里的内容,将之从他的文章中取出来出版,因为它们目前仍然零散不全。[2]

普拉提亚努斯的澄清表明,阿格里科拉在对话中处理的材料的确是零散不全的,但他已经尽可能周全地考虑了当地所产矿物的名称,把古代医学权威提及的矿物从约阿希姆斯塔尔地下实际展示了出来。考虑到阿格里科拉对这部作品的地方性定位,这其实也并无不妥,因此普拉提亚努斯认为即便材料尚不完整,但值得向约阿希姆斯塔尔矿区的读者推荐。另外,普拉提亚努斯指出这篇对话采用了一种轻松幽默的风格[3],这可能是阿格里科拉有意

---

[1] 汉纳威对序言和伊拉斯谟推荐信的分析表明,普拉提亚努斯的倡议对于《贝尔曼篇》的最终出版是至关重要的。参见 O. Hannaway, "Georgius Agricola as Humanist".

[2] H. Wilsdorf, *Bermannus*, p. 63.

[3] 引文译文如下:"虽然他可能只是轻松地写下这本小册子来放松心灵,并没有以出版为目标进行文学创作,但任何一个公正思考问题的评估者都会认为从他的著作中可以获得很多收益。"H. Wilsdorf, *Bermannus*, p. 63. "我只希望您,高贵的先生,与您的家人一起以良好和公正的判断接受这本小册子。阿格里科拉在其中用幽默化的描述所呈现的主题,在他将来出版的更严肃的作品中会详细介绍。"H. Wilsdorf, *Bermannus*, p. 65.

不想让自己初入矿冶领域门径的作品显得过于严肃——轻松的对话风格对于希望能够首先吸引到更多读者关注的处女作而言或许更重要,考虑到他的预期读者主要是对矿冶这种专门领域并不熟悉的医学人文主义者,令他们觉得亲切的对话体裁就更为重要了。① 伊拉斯谟的好评表明这一策略取得了成功:"阿格里科拉的首次亮相也让我们看到了希望","我们的乔治已经有了一个很好的开端,我们对这个人才的表现抱有很大的期望"。②

二 描述特殊矿物:一种矿物研究新方法的确立

诺里斯指出,这部对话的背景是医学人文主义,它反映了阿格里科拉开始学习矿物知识的方式。③ 就他意欲通过重新构建词与物的关系,恢复古代对于矿物药物的完美知识这一目标而言,医学人文主义的色彩确已十分鲜明。但就研究方法而论,医学人文主义的影响则显得更为复杂,并非那么直接地反映在对话当中。传统的人文主义训练意味着尊重古代权威和经典的论断,个人的观察和实践经验何以能够与古代文本中的权威论断并驾齐驱甚至取彼而代之成为合法的自然知识来源,这是需要解释的问题。欧尔

---

① 维尔斯多夫就持有类似的看法,他认为阿格里科拉采用柏拉图对话的风格,是因为他必须首先以文学成就将人文主义者的注意力吸引到矿冶领域,为他后续的研究工作铺平道路。参见 H. Wilsdorf, *Bermannus*, pp. 39-40.

② 事实上,《贝尔曼篇》(拉丁原文)的再版次数是阿格里科拉所有作品中最多的,这是他最受拉丁文读者欢迎的作品。H. Wilsdorf, *Bermannus*, p. 41.

③ J. A. Norris, "Auß Quecksilber und Schwefel Rein".

维格认为,自然志这门旨在观察和描述自然物的学科是在16世纪被人文主义者发明出来的,人文主义者所提供的最关键的认识论态度是将特殊物置于研究的焦点,将事实、经验以及基于经验的准则置于理论和普遍性论断之上。[1] 欧尔维格对16世纪自然志兴起的看法有助于我们理解阿格里科拉所处的时代背景,然而他的判断主要基于当时的植物学研究,同样的态度转变是否体现在矿物研究领域,如果是的话,这种转变又是如何发生的,这些也都是值得追问的问题。《贝尔曼篇》提供了绝佳的例证,它展现了这样一种基于个人观察和实践经验,主张对特殊矿物进行细致描述的新方法如何在1530年代在矿物研究领域被确立下来。

莫雷洛和汉纳威都指出《贝尔曼篇》体现了人文主义和经验主义之间的积极互动,他们表明对经验方法的采纳是人文主义运动克服古典知识局限性的内在需求。[2] 诺里斯赞同这两位研究者的判断,但指出他们的判断缺乏文本具体分析的支撑,因此他补充了一个案例——诺里斯分析了《贝尔曼篇》对黄铁矿的讨论,展现了对话中的两位医生放弃古代权威意见,转而采纳矿工的实践经验,接受关于黄铁矿的新知识的过程,以此显示人文主义与经验主义两种方法的交融。[3] 然而,《贝尔曼篇》一共讨论了几十种矿物,单举黄铁矿一例难以代表这部对话的整体面貌。事实上,对话议程的设计,以及三个人物形象在整篇对话中的发展和转变,这些结构

---

[1] 欧格尔维:《描述的科学》,第136—211页。

[2] 参见 O. Hannaway, "Georgius Agricola as Humanist"; N. Morello, "Bermannus-the names and the things".

[3] J. A. Norris, "Auß Quecksilber und Schwefel Rein".

性细节恰恰很好地反映了阿格里科拉如何利用对话来揭示传统语文学方法的不足并塑造新方法的可信性。但这一点却被上述研究者所忽视。必须关注这种结构性要素,是因为《贝尔曼篇》具有典型的柏拉图对话的风格。① 在一些学者看来,柏拉图对话的标志是将对话的形式和结构融入整体,使得对话的形式与内容紧密结合。② 因而柏拉图对话的每一部分都具有一种让读者理解的功能,没有哪句话没有意义。③ 而想要准确理解任何一句话,就必须分析它在文本中的位置,分析作者为这句话赋予了何种联系和限制。④ 阿格里科拉的《贝尔曼篇》尽管只是对柏拉图对话的仿作,但也不妨参照此种释读经典的方式对之进行解读。

---

① 一些阿格里科拉的同时代人就已指出《贝尔曼篇》具有柏拉图对话的风格。伊拉斯谟在《贝尔曼篇》前言中写道,这部对话令他想起某些雅典风格的先例,这里所指便应是柏拉图对话,见 Agricola G,1530,p. 3. 亚当·斯贝尔在致瓦伦丁·赫特尔(Valentin Hertel)的长诗中也提到这首诗的主题是评论阿格里科拉的著作,因而它被当作前言之一收入了阿格里科拉 1546 年出版的地下之物作品集中——"他从苏格拉底之泉中汲取智慧",再次暗示了阿格里科拉与柏拉图对话作品的关联,参见阿格里科拉德译选集第三卷,G. Fraustadt,*Schriften zur Geologie und Mineralagie I*,p. 71. 现代研究者中,《贝尔曼篇》的德语译者维尔斯多夫在译者前言《文本的形式——翻译的问题》(*Die literarische Form:Das Problem der Ubersetzung*)一文中,讨论了这篇对话采用柏拉图对话风格的原因。参见 H. Wilsdorf,*Bermannus*,pp. 37-39. 事实上,从对话的标题也能看出阿格里科拉在有意模仿柏拉图。流传至今的柏拉图著作共有三十五部对话和一本书信集,对话作品中有二十五部以对话参与者的名字为主标题,并都有一个概括对话主旨的副标题。如《蒂迈欧篇》的副标题是《论自然》(在 1484 年出版的第一个拉丁文版柏拉图全集中写作 *Timaeus,sive de natura*),《巴门尼德篇》的副标题是《论相》(写作 *Parmenides,sive de ideis*)。可见《贝尔曼篇》或《论矿》(*Bermannus,sive de re metallica*)这一标题完全参照了柏拉图对话的标题写法。
② J. 克莱因:《柏拉图〈美诺〉疏证》,郭振华译,华夏出版社 2011 年版,第 2 页。
③ 施特劳斯:《论柏拉图的〈会饮〉》,邱立波译,华夏出版社 2011 年版,第 7 页。
④ J. 克莱因:《柏拉图〈美诺〉疏证》,第 2 页。

因此,下文将对《贝尔曼篇》的结构性要素——主要是针对人物形象的意义与关系,以及他们在整部对话中的逐步发展和演变情况——进行细致分析。这涉及四个人物——包括展开对话的三个角色,以及出现在对话中但常被读者忽略的阿格里科拉本人。安贡、奈维乌斯与贝尔曼这三个角色分别体现了意大利医学传统内部的不同取向[1],通过他们的互动与交锋,《贝尔曼篇》展现了人文主义与经验主义之间的内在张力。而除开这三个显见的对话人物,阿格里科拉本人也在正文的开篇和结尾处两次出现,他是这篇对话隐含的纽结。对人物作用的分析显示出对话如何为矿物研究的经验主义新方法的确立提供合理解释,这种解释与其说是在哲学意义上证明了关注特殊物的经验方法的知识论地位,不如说是一种文学和修辞意义上的说服和宣扬。它通过作品中人物形象和态度的变迁,来重现作者本人的思想转变历程,宣扬基于个人观察与主观经验而获得真知的新方法,并借此说服其潜在读者[2]接受它。

---

[1] 前二者代表重视古代文献与权威的医学人文主义传统(其中安贡代表重视阿拉伯文献与经院亚里士多德主义传统的一面,奈维乌斯则代表重视古希腊和罗马拉丁文献的一面),贝尔曼则代表了16世纪在人文主义影响下出现的通过观察与实践经验(而非全然依靠古代文献)理解自然的那种倾向。这一重视观察经验和描述现象的倾向在博洛尼亚以及帕多瓦的解剖学传统与帕多瓦亚里士多德主义(Paduan Aristotlianism)中表现得尤为鲜明,而阿格里科拉在16世纪20年代于两地留学时有充足的机会接触到这些。关于帕多瓦亚里士多德主义、博洛尼亚解剖学的实践倾向以及阿格里科拉与它的关联,可参见 B. Varani, "Agricola and Italy"; I. F. Barton, "Georgius Agricola's De Re Metallica in Early Modern Scholarship"。

[2] 巴顿2016年的论文以及泰勒的博士论文第二章与第五章为阿格里科拉的潜在读者作了很好的画像,他们主要是受过教育,有一定人文主义背景,熟悉古代语言、典籍与典故的基督徒,参见 I. F. Barton, "Georgius Agricola's De Re Metallica in Early Modern Scholarship"; H. Taylor, "Mining Metals, Mining Minds", pp. 129-134。

1. 安贡的双重身份：阿拉伯文献与败坏的当下医学

整部对话开始于安贡和奈维乌斯这两位医生在市场广场上的闲聊。安贡首先看见了从远处走来的矿工贝尔曼，便向奈维乌斯介绍起他的这位老朋友。当安贡招呼三人见面并寒暄一阵后，奈维乌斯颇为急切地将话题引向当地的矿场，并请求贝尔曼带领大家实地看看。这时安贡诉诸他和贝尔曼的交情，促成了作为《贝尔曼篇》主线的矿山对谈。[①] 因此，安贡这个角色被赋予了联系奈维乌斯和贝尔曼并推动对话展开的功能，可谓是这场三人对谈的促成者。然而，与另外两位角色相比，这位促成者其实只说了很少的话。除了推动场景转换和插科打诨的对话外，就知识性的对白而言，他往往只是偶尔插话补充说明阿维森纳、塞拉皮翁（Serapion Junior）等阿拉伯学者以及大阿尔伯特对矿物和相关主题的论述而已。

这样的安排与安贡这个角色所代表的意义不无关联。首先，安贡在对话中主要代表了当下看待医药学和矿物的一般性意见。

[①] 引文译文如下："奈维乌斯（以下简称奈）：那矿脉的情况如何呢？到现在都还是银铅矿吗？

贝尔曼（以下简称贝）：是的，现在还是，甚至含量更富。

奈：它在哪儿？

贝：离这儿不远，在那座山的平顶上。

奈：我恳请您带我们去看看这个产出如此巨大财富的矿道吧，安贡也很想一起上山看看的！

安贡（以下简称安）：是啊是啊！亲爱的贝尔曼，看在我们情谊的份儿上，你帮我们这个忙吧！我非常想亲眼看看这些矿，我们的奈维乌斯也特别期待。真希望你的公职能允许你带我们参观，这样奈维乌斯和你能成为新朋友，咱俩的友情也更深厚了！

贝：我就算有很多重要的事情，也先都不管了，要先满足你们二位的愿望。" H. Wilsdorf, *Bermannus*, p. 73.

根据阿格里科拉在开篇前言中的设定，安贡对"从阿拉伯知识传承下来的当代医学相当精通"，同时也接受了"亚里士多德学派的教育"——这是中世纪盛期以来最为主流的学术传统，而奈维乌斯则"在希腊和拉丁文学以及古代医学方面特别有造诣"。因此，相比奈维乌斯，安贡的知识背景显得更接近当下。写作《贝尔曼篇》的一个前提就是当下的知识已经败落，需要通过引入古希腊和古罗马作家相对纯净的知识，以及通过观察和实践获得的一手知识来拯救。那么，是否可以说安贡在对话中的分量较轻，是因为他在一定程度上代表了有待被纠正的当下知识和见解？这在当他和贝尔曼说起对矿业的看法时得到了印证，在这里，一般性意见与对矿业的新态度之间有了一次明显的交锋。① 阿格里科拉在他晚年的《矿冶全书》中将为矿业辩护这一主题发展得更为全面，在那里他一一驳斥了各种一般性意见对矿业的诘难。② 可以看到，这种尝

---

① 引文译文如下："安：但我不会为希望买单。

贝：这是什么意思？

安：你看，采矿需要付出巨大的开支。如果我的希望落了空，那我会觉得别人完全有理由嘲笑我。因为我把原本稳妥的钱投入到了非常不稳定的事上，这样做就是轻率地挥霍自己的财产。

贝：你过于谨慎的态度总是会阻碍你的！你永远不会成为一个好矿工，也永远不会变得富有，尽管这倒与亚里士多德的哲学相容。但在你这种以安全为理性的想法下，农民都不能播种了，因为他们必须为灾难担忧。同样，商人也不能进行海上贸易了，因为他们必须考虑到船只可能会失事。并且，也没人能进行战争了，因为每场战争的结果都是不确定的。但所有人都抱着希望，而且往往结果都是好的。用一个胆怯和恐惧的心态，没有人能够完成任何事情，也不会有任何成就。"H. Wilsdorf, *Bermannus*, pp. 81-82.

② 参见张卜天对《矿冶全书》第一章内容的介绍。张卜天：《阿格里科拉的〈矿冶全书〉及其对采矿反对者的回应》，《中国科技史杂志》2017年第3期。

试早在《贝尔曼篇》中就已开始,安贡便在其中充当了批判矿业的一般性意见的代言人。这样看来,对话安排由安贡促成对话,由安贡向贝尔曼最终提出亲眼看看矿山的请求,似乎也暗含着一种隐喻。这部对话正是因为当下知识的衰败而写:"亲爱的贝尔曼,看在我们情谊的份儿上,你帮我们这个忙吧!我非常想亲眼看看这些矿。"这无疑象征着对一种新知识的强烈召唤——帮忙拯救一下当前的匮乏知识吧。

当然在另一方面,安贡对于阿拉伯文献的精通,使他还是能够偶尔在对话中进行一些有益的补充,尽管他从来不会像另外两位对话者那样长篇大论。当谈到阿拉伯人为医学引入的各种新药物时,奈维乌斯对他有一番恭维,称他可以很好地整理阿拉伯文献中的医学知识。[①] 安贡的回答显得颇为冷淡,这与后文当奈维乌斯面对安贡类似的赞誉时侃侃而谈古希腊与拉丁医学文献的研究概况形成了鲜明对照。甚至连安贡自己都承认,奈维乌斯所能做的整理古希腊文献的工作,比让他从阿拉伯文献中收集一些东西要有用得多。

安贡似乎对于他的专长过分谦虚了,这可能是因为阿格里科拉本人对于阿拉伯文献抱持一种批判态度。15 世纪后期以来的

[①] 引文译文如下:"奈:事实上,这些东西太多了,即使是一本厚厚的书也无法涵盖。我相信它们非常重要,那些致力于医学研究的人中,必须得有人来收集这一切信息。亲爱的安贡,你是可以轻松地做到这一点的,因为你精通阿拉伯文献,并且还具备很好的拉丁语知识。

安:我并不渴望得到这样的赞美,因为这通常会带来很多麻烦。"H. Wilsdorf, *Bermannus*, p. 109.

医学人文主义风潮往往更重视古希腊医学文献,而对中世纪的拉丁和阿拉伯医学文献嗤之以鼻。欧格尔维对15世纪晚期费拉拉医学院课程的考察表明,当时的医学文本主要是阿拉伯人所写,阿维森纳的论述构成了药物学教学的核心。而当时具有批判精神的医学人文主义者,如列奥尼切诺,其基本立场就是推崇迪奥斯科里德斯和盖伦的医学著作,批判那些未加理解就抄录前人的阿拉伯人,认为他们应为名称的混淆负最主要的责任。① 阿格里科拉显然受到了医学人文主义风潮的影响。当威尼斯阿尔丁出版社计划整理出版古希腊医学文献时,它们在市面上的主要竞争对手贾恩塔出版社(Giunta)已经先行一步获得了整理出版阿拉伯医学经典的特权,并开始着手翻译阿维森纳的作品。② 阿格里科拉选择参与阿尔丁的盖伦文集整理项目,暗示着他对阿拉伯文献的态度。而当他在16年后回忆自己矿冶研究的缘起时,阿格里科拉更是直接将阿拉伯语称为野蛮的语言,激烈地批评了阿拉伯文献对纯净的(希腊)知识的污染:

> 我非常遗憾地看到许多最优秀作家的著作佚失了,而一些适合医疗实践和装饰性良好的矿物也随之而消散。因为阿拉伯人,或者更确切地说是摩尔人③的那些混浊、充满错误观

---

① 欧格尔维:《描述的科学》,第199—201页。
② Wilsdorf H, *Georg Agricola und seine Zeit*, p.138.
③ 指中世纪入侵欧洲伊比利亚半岛、西西里岛等地的穆斯林居民,大多为柏尔人,也有阿拉伯人和犹太人。随着穆斯林的西扩,曾经被译介流传到阿拉伯地区的希腊学术,以阿拉伯译著的形式重新回到了拉丁欧洲。

念的溪流,我相信受过教育、习惯于从希腊人纯净流动的泉水中汲取和饮用的人们不会去追求它们,哪怕只是轻抿嘴唇品尝都不愿意。在我的理解中,同样的(来源)被从希腊语翻译成野蛮的语言(阿拉伯语),只会刺痛那些习惯于欣赏拉丁语甜美声音的耳朵而已。①

因此,阿格里科拉塑造的安贡形象具有双重身份。他既是对矿物当下不足认识的化身,同时也代表了医学人文主义中偏重阿拉伯文献以及经院亚里士多德主义传统的一面。而这双重身份也有内在的关联:对矿物的当下认知之所以是不足的、败坏的,正是因为他所擅长的阿拉伯学术造成的负面影响。

2. 奈维乌斯的身份:阿格里科拉的代言人

一般认为,贝尔曼作为被设定成对话标题的主角,必定是阿格里科拉的代言人。② 但事实上,阿格里科拉将自己过去学习与研究古希腊医学文献的主要经历都融进了奈维乌斯这个角色,让他代表曾经的自己,也即代表医学人文主义偏重古希腊与拉丁文献的那个主流传统说话。

奈维乌斯这个角色常常令人联想到阿格里科拉的密友约翰·

---

① 出自《论新旧矿藏》,见阿格里科拉德译选集第六卷,G. Fraustadt, *Georgius Agricola Ausgewählte Werke Band VI:Vermischte Schriften I*,Berlin:VEB Deutscher Verlag der Wissenschaften,p. 68.

② I. F. Barton, "Georgius Agricola's De Re Metallica in Early Modern Scholarship".

尼夫（Johann Neefe,1499—1574）[①]。尼夫出生于开姆尼茨（毗邻阿格里科拉的家乡茨维考），与阿格里科拉同年（1523）前往意大利，一同在博洛尼亚大学学习医学，并且在阿格里科拉来到圣约阿希姆斯塔尔担任镇医的同一年，去了临近的矿业城镇安娜贝格出任镇医。他们二人在家庭出身、教育与学术背景、早期职业道路等方面都十分相似。只是尼夫在行医之路上走到了最后，他曾担任两任萨克森选帝侯的私人御医，并成为深受神圣罗马帝国皇帝信赖的医学顾问，而阿格里科拉在发表《贝尔曼篇》之后就逐渐偏离了医生的职业道路。

在对话开头阿格里科拉提到他与奈维乌斯在意大利的共同学习经历，可见这一角色确实融入了尼夫的经历。但它的来源并不限于此，阿格里科拉也将自己的学术经历融入其中。奈维乌斯精通希腊与拉丁文学以及古代医学，这正与博洛尼亚大学人文主义医学教育的典型特征相符，阿格里科拉本人接受的也是同样的训练。在对话中，安贡对奈维乌斯的专业有一段恭维，作者借他之口表明奈维乌斯在希腊语、拉丁语和古代医学三方面都有着高深的造诣。[②] 而奈维乌斯紧接着便看似自谦地介绍了欧洲各国在该领

[①] 如 Berrens 便将这个人物直接等同于现实中的尼夫，见 D. Berrens, "Names and Things"。约翰·尼夫（Johann Neefe）是他姓名的德语写法，他的拉丁姓名与对话中的奈维乌斯完全相同。为了在行文中区别现实人物与角色，这里使用了德语姓名。关于尼夫的生平，参见 H. Wilsdorf, *Bermannus*, pp. 306-308.

[②] 引文译文如下："我希望有人能够从最好的拉丁文作家那里摘取最好的部分来介绍医学。不幸的是，我们对希腊语并不十分精通，不得不在其中摸索。这似乎并不十分有利于正确的拉丁文表达，并且还妨碍了我们自己学习医学。顺便说一句，亲爱的奈维乌斯，你倒是可以制作这样一个简明教程啊。对于所有的医学研究者而言，这比让我从阿拉伯文献中收集一些东西要有用得多。"见 H. Wilsdorf, *Bermannus*, p. 110.

域的杰出学者,显示出自己对这一领域的熟悉。① 值得注意的是,这里提到的大多数人,其实都在现实中与尼夫或阿格里科拉有过交往。马泰奥·德科特是博洛尼亚大学的医学教授,也是二人的老师;乔万尼·马纳多则是费拉拉大学的医学教授,1525 年起担任医学主席,而尼夫在次年于该校获得了医学博士学位;尤其是蒂斯塔·奥皮佐和约翰·克莱门特,他们二人是阿格里科拉在威尼斯阿尔丁出版社编辑盖伦作品时的领导和同事。奈维乌斯所说的"通过奥皮佐和一些英国医生极其艰辛的工作,盖伦的大部分著作现已付梓可供阅读了",指的正是阿格里科拉本人在阿尔丁亲身参与的那项出版工作。

此外,奈维乌斯在《贝尔曼篇》中的表现,也充分展现了阿格里

---

① 引文译文如下:"我似乎并没有足够的教育背景来妥善处理这样的事。有些年轻人更有资格!他们可以更好地完成这项工作。首先,我想到了英国的约翰·克莱门特(John Clement,1500—1572)。你不知道他是对希腊语还是对拉丁语更为熟练,因为这两种语言他都精通。此外,他聪明机智且没有偏见。其次,我想到了法国人皮埃尔·布里索(Pierre Brisso)……但我也考虑过意大利的马泰奥·德科特(Matteo de Corte)。这是一个极具敏锐判断力和精通盖伦医学的人,在许多年前曾经发表过与布里索那个问题相关的论文,并于五年前在帕多瓦重新出版……如果你更喜欢年长的人从事这项工作,那么在法国有巴塞尔的威廉·科普(Wilhelm Kopp von Basel,1460s—1532)先生和让·德拉吕尔(Jean de la Ruelle,1474—1537)先生。前者是众所周知的盖伦诠释者,后者则是迪奥斯科里德斯的诠释者。在意大利,则有乔万尼·马纳多(Giovanni Manardo,1463—1494),他最近出版了关于医学技艺的学识渊博的信件,并且还写了其他尚未发表的东西。巴蒂斯塔·奥皮佐(Battista Opizo)也同样适合,对于这个人,你不确定是应该更钦佩其智慧或端庄的生活、其非凡的语言能力,抑或是特别的医疗技能。他现在已在威尼斯享有大名,若非为了节省时间而尽可能地远离治疗实践,以便进行有价值的研究,他将成为一个非常著名的人物。通过奥皮佐和一些英国医生极其艰辛的工作,盖伦的大部分著作现已付梓可供阅读了。"见 H. Wilsdorf, *Bermannus*, pp. 111-112.

科拉本人对矿物研究的态度。奈维乌斯面对实地所见的矿物,往往能够旁征博引地介绍盖伦、特奥弗拉斯托、迪奥斯科里德斯、普林尼以及其他希腊和拉丁作家对矿物以及相关话题的论述,试图将文献中对矿物的描绘与现实事物联系起来。诺里斯认为,这反映了阿格里科拉初次踏入矿冶领域,实地学习矿物的方式——他刚从意大利的医学人文主义环境中出来,头脑中装满了来自古希腊与拉丁医学文献中的矿物知识,并对获得关于古人所描述矿物的一手经验材料深感兴趣。① 而当阿格里科拉借奈维乌斯之口,再次说出他本人在开篇前言那段对矿物药学知识丧失的哀叹时,奈维乌斯作为其代言人的作用就昭然若揭了。②

3. 贝尔曼与奈维乌斯的交锋:矿物研究新方法的助产术

一旦将奈维乌斯而不是贝尔曼视为阿格里科拉的代表,整部对话就显现出一种强烈的助产术意味,这正是使《贝尔曼篇》具有

---

① J. A. Norris, "Agricola's Bermannus", p. 7.

② 引文译文如下:"因为医生的疏忽和腐败,以及药剂师的懒惰和无知,我们无法得到所有这些地下之物作为真正的产品。这也适用于草药。因为我们既没有真正的薄荷叶,也没有石菖蒲、水大蒜等许多其他有益健康功效的草药,而利用这些药材我们经常可以进行有用的治疗。我可以列举很多例子,但是没必要!许多治疗方法在我们这里几乎已经完全失传了,它们在古代是因其治愈力量而备受推崇的,而现在我们几乎不再记得它们的存在!并不需要离题太远,只需看看你现在向我们展示的这些内容就行。这么多年甚至是几个世纪以来,有谁知道铅(Molybdän)?有谁知道黄铁矿(Pyrit)?有多少人认识孔雀石(Chrysokoll)、赭石(Ocker)或朱砂(Minium)?尽管所有这些东西都并不罕见地在治疗中发挥着重要作用。但更糟糕的是,大多数医生不仅对这样的事物毫不关心,甚至还习惯于嘲笑那些关心的人,还说那些努力学习简单事物的人是头脑简单的。"见 H. Wilsdorf, *Bermannus*, p. 156.

第三章 描述矿物：矿物的医药学研究

柏拉图风格的内在要素。作者并没有借贝尔曼之口阐述一个早已确定无疑的矿物知识体系，而是通过奈维乌斯（偶尔也有安贡）的发问与贝尔曼的应答与引导，呈现出一种思维的运动过程。奈维乌斯在此过程中逐步认同了新的矿物研究方法以及由此产出的更为完备的矿物知识。这一呈现于对话中的运动过程，同时也可以看作阿格里科拉本人学习矿物知识的历程，它还在引导着对话的读者去接近真正的知识。正如维尔斯多夫指出的，和柏拉图很多对话一样，《贝尔曼篇》没有贸然给出任何明确的最终答案，它只是描绘出一条可行的道路，引导读者自行去接近真理。[①] 在贝尔曼带领奈维乌斯攀登矿山的同时，这条道路便通过二人的一系列交锋慢慢展开。它的一面是贝尔曼讲解沿途所见各类矿物，回答两位医生的种种质疑和提问，让他以及当地矿工的观察与实践知识有机会与古代权威的论断一较高下；而另一面则是奈维乌斯的态度从遵奉权威、质疑经验到接纳并主动使用观察和经验新方法的微妙转变。

贝尔曼的出场便带有一些戏剧性。[②] 他以一个模糊的身影出现在远处，借安贡之口亮明其第一个身份——一位"有学问的人"。还不认识他的奈维乌斯向安贡打听他这位老朋友的研究专长，安

---

① H. Wilsdorf, *Bermannus*, pp. 37-38.
② 引文译文如下："安：要是没认错的话，我看见了老朋友贝尔曼，一位有学问的人！
奈：他主要从事什么研究？
安：他首先致力于这些学科：算术、测量、音乐和天文学。
奈：我听到了什么？
安：此外，他在采矿方面也有着相当突出的专业知识。
奈：可他看起来像个当兵的！
安：完全正确，因为像我们大多数人一样，他曾经长时间服役于步兵部队。安静点儿，我要去和他打个招呼——早上好啊，贝尔曼！"H. Wilsdorf, *Bermannus*, pp. 70-71.

贡介绍说他特别致力于算数、测量、音乐和天文学。奈维乌斯的反应明显是吃了一惊,他问道:我听见了什么？安贡还在接着介绍这位朋友的专长:他还在采矿方面具有突出的专业知识。于是,奈维乌斯说出了他如此吃惊的理由:"可他看起来像是个当兵的！"似乎他的形象完全不能与一位"有学问的人"联系起来。安贡证实贝尔曼的确在步兵部队服役了很长时间,接着他便向走近了的贝尔曼打招呼,将他拉入了这场三人对话中。

研究者通常认为贝尔曼的原型是当地矿场的采矿专家洛伦茨·维尔曼(Lorenz Wermann)[1],根据阿格里科拉在自序中的介绍,维尔曼是他来到约阿希姆斯塔尔后请教矿物问题的主要对象。[2]如果说奈维乌斯是阿格里科拉的代言人,那么他对贝尔曼的印象就能代表阿格里科拉初到矿冶小镇时对矿工和矿业的认知。从充满人文主义气息的意大利大学和出版社来到北方偏远的矿山,他难以相信这个看起来像士兵的矿工有可能会是一个"有学问的人",并且还致力于大学中才会学习的自由技艺。而当阿格里科拉晚年在《矿冶全书》中阐述一个合格的矿工需要了解哪些领域时,贝尔曼的专长却几乎全被纳入其中。[3] 可以看出他对矿工以及矿

---

[1] 拉丁语中没有 W 这个字母,因此在拉丁语写作时阿格里科拉用 B 代替 Wermann 中的 W,将他的姓氏写作 Bermannus。这还构成了一种双关,因为 Bermann 与德语中的矿工(Bergmann)相近。

[2] 引文译文如下:"我现在在这里的学习进展如何,必须让其他人来判断。我并不缺乏热情,这一点可以由许多证人证实,特别是巴托洛马乌斯·巴赫和洛伦茨·维尔曼,他们不仅精通文学,而且特别精通采矿。在获得采矿知识之前,我屡次用我的问题去麻烦他们及许多其他人。"H. Wilsdorf, *Bermannus*, pp. 70.

[3] 他列举了哲学、医学、天文学、测量、算术、建筑、绘图、法律等学科,参见 G. Agricola, *De re metallica*, trans. by H. Hoover & L. H. Hoover, pp. 3-4.

业的看法在职业生涯的两端经历了多么大的转变，而这种转变就集中体现在奈维乌斯对贝尔曼态度的变化上。

贝尔曼带领两位医生上山后，奈维乌斯便不断诉诸塔西陀、普林尼、维特鲁威等古代权威，来印证和补充贝尔曼对采矿历史、矿产资源分布、矿井命名和矿业机械的介绍。这一方面是显示他对古典文献中矿物资料的精熟，另一方面也像是在用古代权威的知识检验贝尔曼个人的观察与经验知识——前者显然具有更高的知识地位。因此，他时不时高高在上地对贝尔曼的讲解做出"我完全同意你刚才所说的""你说得没错""你说得很精彩"[①]这样的点评。

二人的第一次交锋是关于起重器械的讨论。[②] 奈维乌斯认为关于起重器械的知识，需要在已经失传的古希腊作家兰萨库斯的斯特拉托（Strato of Lampsacus）的书里寻找。他的言下之意是，我们现在已经遗憾地失去这部分知识。但贝尔曼则指出，维特鲁威现存的相关论述中可以找到古代起重机械的资料，这些基本就能代表希腊人的器械知识。但今天人们的知识不止于此，人们在采矿实践中使用的起重器械，早已大大超过古代机械，因为它们需要适应当代更深的矿井，所以必须比古代机械大得多。奈维乌斯对此的反应是："我不想与你争论我不明白的事。"他在回避争论的同时，似乎默默承认了古代作家的不足，而现代人的实践知识则有可能超越古人。

真正让奈维乌斯改变对贝尔曼的态度的是他们讨论的第一个

[①] H. Wilsdorf, *Bermannus*, pp. 74, 76, 78.
[②] Ibid., pp. 86-87.

矿物议题,即方铅矿(Galenam)的名称与所指。① 贝尔曼向两位医生展示了一种被称为方铅矿的矿物,奈维乌斯问他普林尼在《自然志》中所说的"铅"(Molybdenum)是否即指这种矿物。贝尔曼从三个方面回答了这个问题,证明了二者是同一种物质。他的三个论证既涉及对普林尼和迪奥斯科里德斯的古代作品的讨论,同时又使用了大量他在实践中掌握的关于矿物性质和医学功能的一手信息。他借此指出了当代医学人文主义者解释迪奥斯科里德斯作品时出的问题,雄辩地将古代文献中的名称与眼前的实际矿物联系了起来。他在奈维乌斯面前演示了如何将文本知识与实践知识相结合,这使得奈维乌斯终于意识到,贝尔曼并不是一个普通的矿工:"听着安贡,我以为我们是在和一个普通的矿工对话,但我发现恰恰相反,我们是在和一位哲学家和医生争论。"②

接着贝尔曼用同样的方式,实地讲解了另一种在古代文本中人言人殊的矿物——黄铁矿(Pyrite)。他用当地矿工与他本人的观察和实践经验证明,黄铁矿的种类远比古代文献中记载得更多,其成分也更为复杂。两位医生对迪奥斯科里德斯和阿拉伯医学作家塞拉皮翁记载的从黄铁矿中提取铜的方法很熟悉,他们还清楚古人以颜色为依据对银色、铜色和金色这几种不同的黄铁矿做了区分。奈维乌斯坚持认为黄铁矿中不含银,因为据他了解,"普林尼或任何其他古代作者都没有告诉我们它可以被加工而产生银。尽管普林尼说黄铁矿是银色的"③。安贡也援引大阿尔伯特的说

---

① H. Wilsdorf, *Bermannus*, pp. 90-94.
② Ibid., p. 94.
③ Ibid., p. 99.

法试图支持这一论断,因为大阿尔伯特倾向于认为黄铁矿是尚未成形的金属,因此无法从中提取出任何金属。[①] 但贝尔曼首先反驳说,物质的种类如此繁多,古人不可能知晓所有物质,他们的书面记载更不可能留下所有知识。他以当下常见而古人却从未提过的三种动物为例说明了这一点,对此奈维乌斯不得不承认。[②] 接着,他又指出黄铁矿的成分和种类非常复杂,有的只含银,有的只含铜,有的含有银和铜,有的含有银和铅,有的甚至同时含有更多的金属,而有的则完全不含金属。此外,他还告诉两位医生,所有这些种类的黄铁矿甚至可以同时出现在同一矿脉内。这些信息是当地矿工们的实践结果,因为所有这几种成分各异的黄铁矿,都能在当地矿脉中找到。[③] 奈维乌斯和安贡对黄铁矿这种复杂的构成感到震惊,他们自以为已经通过古典作品足够了解黄铁矿这种矿物,但在经验知识面前,他们意识到古代文本中的知识陈陈相因、充满谬误,它才是应该被检验的对象,二人对古代文献和权威的信心由此被削弱了。

于是,当贝尔曼向他们询问方铅矿和黄铁矿的医疗性能时,奈维乌斯开始自惭他和安贡难以说出什么新内容。[④] 现在他终于承认,研究古代文献最多只能讲述一些早已被前人处理过的事情,这

---

① H. Wilsdorf, *Bermannus*, p. 105.
② Ibid., p. 100.
③ Ibid., pp. 101-102.
④ 引文译文如下:"在我看来,拒绝你的请求是极为不公平的,因为你已经如此慷慨地向我们展示了一切。但我担心,亲爱的贝尔曼,我们可能最多只能为你讲述一些早已处理过的事情。你可以阅读迪奥斯科里德斯和盖伦的拉丁文翻译。想要谈论药物力量的人,只有在他有新东西要说时才应该这样做。但我们,即使我们想要,也做不到这样。这是我对医学中所有问题的看法。"H. Wilsdorf, *Bermannus*, p. 107.

里的前人主要指盖伦和迪奥斯科里德斯这两位希腊作家，而贝尔曼自己就有能力阅读他们作品的拉丁译本，无须听他们的转述。除此以外，对于谈论药物的力量，大多数后来的拉丁作家都只是在重复那两位希腊前辈的研究，他们对着同一件事喋喋不休毫无新意，他们的工作令人厌烦。[1]而安贡推崇的阿拉伯作家，在奈维乌斯看来，尽管具有希腊人那般的科学精神，使得他们的祖国也获得了希腊人的学术，但就知识的本源而言，希腊学术依然是他们的源头。如果只是阅读阿拉伯医学的拉丁语翻译，那就只能让人"俯视浑浊的溪流，而无法看到事物的源头"[2]。这里，阿格里科拉借奈维乌斯之口展现了偏重古代文献的医学人文主义的限度。奈维乌斯、安贡以及遵循医学人文主义的大部分同行所能做的，最多是把希腊人的知识清楚地揭示出来——就像阿格里科拉与奥皮佐和那些英国医生所做的极其艰辛的工作，将盖伦的大部分著作考订清楚并直接翻译成拉丁文，以供今人阅读。至于新知识，奈维乌斯（或者说他背后的阿格里科拉本人）已经意识到，只能寄望于贝尔曼这样与矿物直接打交道的矿工。

在之后的漫步中，贝尔曼向他们展示了更多古人一无所知的新矿物：与方铅矿极为相似的辉银矿[3]、棕色的氯银矿[4]、第八种金属铋[5]以及矿脉中未经冶炼的自然银[6]等。奈维乌斯这下能够心

---

[1] H. Wilsdorf, *Bermannus*, pp. 107–108.
[2] Ibid., p. 108.
[3] Ibid., pp. 116–118.
[4] Ibid., p. 119.
[5] Ibid., pp. 119–120.
[6] Ibid., pp. 122–123.

悦诚服地相信普林尼这样谨慎而又有学问的古代权威也不知道很多事。① 与此同时，他也对直接观察自然产生了更大的好感。在贝尔曼仔细地描绘德意志矿区所见自然银的丰富形态之后，奈维乌斯这样感慨道：

> 这样的自然艺术品确实可以让一个沉迷于世界观察的人感到非常愉悦。我已经注意到，在我们的谈话中，你早已证明了自己是这样一种人！②

而贝尔曼很快就留给奈维乌斯一个能够自己实践的机会。当他们谈到用来提炼锡的黑锡石时，贝尔曼说起在阿尔滕贝格和埃伦弗里德斯多夫附近发现有特别大尺寸的黑锡石，那里离奈维乌斯的家很近。接着，贝尔曼就强调了亲眼观察的重要性。他说：

> 虽然在刚才提到的地方确实可以找到相当大尺寸的黑锡矿，并且我也有幸目睹证明了这一点，但在其他地方也会出现非常小的、像沙子一样的黑锡矿。它们实际上通常是与岩石结合在一起的：黄铁矿和花岗岩经常同时与黑色的颗粒相结合，但以这种方式结合时，你能立即从外表看出它的特征。然

---

① 引文译文如下："我越来越意识到，即使是像普林尼这样的人，也不知道很多事情。他谨慎而又有学问，但这只是在某种程度上。在采矿问题上尤其如此，因为他只是将他从希腊人那里读到的内容翻译成拉丁语，或者写下他从西班牙人那里得到的关于采矿问题的信息。"H. Wilsdorf, *Bermannus*, p. 123.

② H. Wilsdorf, *Bermannus*, p. 125.

而，它们也可能会非常紧密地连接在一起，至少从视觉上看是这样。如果是这样连接，就需要将其焙烤、碾碎、洗涤、细心地加工并最终将其中的黑色颗粒分离出来才能获得锡。①

贝尔曼在这段话里至少三次强调亲眼"看"对于认识矿物性质的重要意义：矿物的尺寸与颜色、与围岩的结合方式以及对矿物进行加工的方式，这些都是需要用眼睛看才能获得的知识。奈维乌斯听懂了贝尔曼的言外之意，他当即给出积极的回应："如果我能很快回家的话，我会比以前更仔细地观察所有这些事物。"②

至此，奈维乌斯做出了将要改弦更张的承诺，他声称将改变过去依赖古代文献的研究方法，试着去更仔细地直接观察自然中的事物。而当贝尔曼接着向他们介绍当地所产的一种朱红色矿物时，他有意留给奈维乌斯一个机会来亲自操练新方法。在贝尔曼的引导下，奈维乌斯仔细观察了那种被贝尔曼认为类似于古人所说雄黄的矿物。经过审慎地比较经验证据与文献材料，奈维乌斯认为称这件朱红色且有着金色鳞片和一定油润性的矿物为普林尼所说的雄黄并没有问题，因为普林尼仅仅依据颜色来宽泛地使用这个名称。但它并不是迪奥斯科里德斯描述的雄黄，因为后者具有硫黄的气味，而眼前这件矿物并没有。③ 奈维乌斯的判断甚至

---

① H. Wilsdorf, *Bermannus*, p. 129.
② Ibid., p. 129.
③ 引文译文如下："贝：普林尼写道，雄黄可以在金矿和银矿中发现。
奈：我记得这一点。
贝：而迪奥斯科里德斯教导说，它具有朱砂般的颜色。
奈：我也记得这个。（见下页）

迫使贝尔曼改变了看法（这或许是贝尔曼故意留的破绽），后者原本轻率地采纳了古代权威的命名，把这件矿物当作迪奥斯科里德斯所说的雄黄。①

阿格里科拉在这里似乎让贝尔曼和奈维乌斯进行了角色对换，贝尔曼成了主动援引古代权威的一方，并且他因未对古人的语词细加辨析而犯了错，而奈维乌斯则用刚刚掌握的经验主义观察方法纠正了他的疏忽。这段文本的重要性在于，它表明奈维乌斯在贝尔曼的引导下主动学会了用经验观察校正古代文献的矿物研究新方法，这种方法是可以被自然唤起的，就像《斐多篇》里的奴仆在苏格拉底助产术的引导下，主动学会了几何知识那样。在此之后，奈维乌斯对当今医生矿物知识的匮乏，以及他们轻视经验研究

（接上页）贝：类似的东西在我们的矿山中也经常出现。幸运的是，你们可以亲眼看到它。

奈：它看起来像细沙，但闻起来却没有硫黄的气味。然而，迪奥斯科里德将其气味归于硫黄。那么，它现在是否属于通过燃烧或焙烤产生的物质，它能够被合理地归于此类吗？我们应该如何看待这种观点？特奥弗拉斯托确实留下了关于它和雌黄看起来像石灰的描述。

贝：当然它们确实有些相似，尽管云母没有同样的油脂性。但是奈维啊，你说的话让我对此有些摇摆不定，我不敢肯定地断言任何事情。也许这个可能是普林尼所说的雄黄，据他说，它出现于金矿和银矿之中。这我们已经讨论过了。

贝：然而迪奥斯科里德斯写道，正是这种产品被一些人称作红丹呀。

奈：不，普林尼认为红丹有不一样的制作方法，尤其是假如这种红丹是人造的话，不过维特鲁威倒是认为它比（天然）矿物更好，它需要将雄黄与等量的赭石混合在一起烘烤。

贝：我也很难相信这个展示给你们看的矿物具有迪奥斯科里德所赋予的功效，因此我将放弃这个观点。"H. Wilsdorf, *Bermannus*, pp. 137-138.

① 引文译文如下："人们必须仔细研究在德国是否能找到迪奥斯科里德斯所谓的雄黄，如果真的能找到，我非常乐意撤回我的意见，事实上我已经提前这样做了。"H. Wilsdorf, *Bermannus*, p. 140.

的态度做了深刻的反省。他说：

> 这么多年甚至是几个世纪以来，有谁知道铅？有谁知道黄铁矿？有多少人认识孔雀石、赭石或朱砂？尽管所有这些东西都并不罕见地在治疗中发挥着重要作用。但更糟糕的是，大多数医生不仅对这样的事物毫不关心，甚至还习惯于嘲笑那些关心的人，还说那些努力学习个别事物的人是头脑简单的。①

贝尔曼这样答道：

> 你们既然蔑视这些庸医，那就要继续像已经开始做的那样，对你们所需的事物进行仔细的研究啊！②

自白要关心和仔细研究"个别事物"，并且获得了贝尔曼的认可和鼓励，这是奈维乌斯这段对话的题眼，也是他整个人物转变的关键所在。阿格里科拉所要阐发的那种矿物研究新方法，其新意在最根本的意义上正是唤醒了一种仔细探究个别事物的认识论态度。与之相对照的是，大多数医生嘲笑关心"个别事物"之人，这需要联系中世纪自然研究的背景来理解。一方面，中世纪的自然研

---

① 德译本译文偏差较大，此处译自拉丁原文，见 G. Agricola, *Bermannus*, p. 119.
② 德译本译文偏差较大，此处译自拉丁原版，原文如下："Vos igitur contemptis istis medicis pergite ut coepistis, res quibus indigetis diligenter inquirere." G. Agricola, *Bermannus*, p. 120.

究旨在发现自然背后的本质,对自然物的探究或是作为普遍判断的基础(服务于自然哲学),或是作为医疗的手段(服务于医学理论)。① 因此,对个别事物进行单纯的观察和描绘并没有什么知识论地位,它至多只是从属于自然哲学或医学的一个初级阶段罢了。② 而另一方面,在中世纪经院哲学传统中,"哲学要排除特殊物"的观念十分牢固,神学家将引导人们细致观察自然物的好奇心归为罪恶③,亚里士多德主义传统即便关注经验,所指的也不是自然的孤立、个别现象,而是具有普遍性的日常经验,是"总是或最常"发生的事情④。欧格尔维认为,15—16世纪的人文主义者发展出一种新的看待自然的认识论框架,其关键便是关注特殊物和细节,追求精确详细的自然知识。⑤ 尤其是15世纪后期在医学人文主义的影响下,研究者的目光不仅转向希波克拉底、盖伦、迪奥斯科里德斯、普林尼等古代权威的文本,也转向了它们所描绘的自然物本身,转向了对自然物的直接和间接经验,这种将文本与特殊自然物协调起来的尝试塑造了人文主义自然志的开端。⑥ 欧格尔维以列奥尼切诺及其学生的植物学研究为例,表明了第一代人文主义自然志研究者的特征:他们来到田野工作,将古代草药学家的描述同他们亲眼所见的植物进行对比,以重建词与物的关联。⑦ 他

---

① 欧格尔维:《描述的科学》,第9—10页。
② 同上书,第1—3页。
③ 同上书,第157页。
④ P. Dear, *Discipline and Experience*, pp. 11-25.
⑤ 欧格尔维:《描述的科学》,第175页。
⑥ 同上书,第183—184页。
⑦ 同上书,第193—203页。

们的成果是,自然志家共同体在1530年代开始拒绝把古希腊人的文本当作自然志的恰当基础,而转向对特殊物的观察与描述。阿格里科拉在矿物研究领域的工作,同样体现了这一研究方法的转向。他用奈维乌斯与贝尔曼这两个虚构人物的数次交锋以及奈维乌斯的态度转变,浓缩地刻画了在医学人文主义影响下矿物研究新方法的兴起历程。

4. 阿格里科拉的缺席:对话的暗线

在讨论完上述三个显见的对话人物后,是时候审视一下阿格里科拉自己在这部作品中扮演了什么角色。阿格里科拉在《贝尔曼篇》的正文中出现了两次,第一次是在对话正式开始前的作者自序中,第二次出现则隐藏在《贝尔曼篇》结尾,贝尔曼和奈维乌斯称阿格里科拉缺席了今天的对话。他似乎是一个本应出现却没有在场的缺席者。

本书认为,阿格里科拉让自己在《贝尔曼篇》的首尾两次出现(包括让自己缺席对话),并非随意为之,而是具有重要的结构性意义,强化了这篇对话的主旨。贝伦斯认为尽管这篇对话具有鲜明的柏拉图风格,但在对话开始前做一番作者自述,却是在模仿西塞罗对话的风格。[①] 诚然,柏拉图从未在任何对话中以自己的名义讲话,而西塞罗的对话通常在开篇处都有一段自序来介绍主题、对话目的和对话发生的背景及人物。[②] 阿格里科拉的开篇自序同样

[①] D. Berrens, "Names and Things".
[②] 施特劳斯:《西塞罗的政治哲学》,于璐译,华东师范大学出版社2018年版,第8—9页。

交代了这两方面的信息。一方面,阿格里科拉交代了自己研究矿物的医学人文主义背景和目标,这在上一节已经作了详细说明,此处不赘。而另一方面,阿格里科拉的自白不仅介绍了对话人物的身份和设定,还暗示了自己与这场对话以及对话人物(尤其是贝尔曼和奈维乌斯)的关系。这一伏笔直到对话最后阿格里科拉的第二次出现才被收回:阿格里科拉与对话人物的关系在对话结束时发生了改变。由此形成了一条贯穿对话始终的关于人物关系变化的暗线,它指向这篇对话试图说清的主要问题:阿格里科拉如何接受一种矿物研究新方法,新方法又如何完成对旧方法的取代。

阿格里科拉缺席了整场对话,同时在开篇自序中,他也清楚地告诉读者这场对话是虚构的。按照西塞罗对于对话这种形式的解释(他既是在解释柏拉图对话的目的,也是在说自己创作对话的目的),这通常是因为作者想要隐藏自己的观点。[1] 阿格里科拉也有类似的考虑,他说他不想给人留下印象,认为自己在矿物研究方面取得了什么重大成就。[2] 但阿格里科拉也强调对话发生在最近,地点则是在他自己所在的约阿希姆斯塔尔镇[3],看来他也并不试图与这场对话拉开距离。这一点在对人物身份的设定中得到了证明,他特意强调了他本人与(虚构的)对话角色的关联。阿格里科拉塑造的主角是对采矿具有丰富经验的矿工贝尔曼。而他在前文已经介绍过一位贝尔曼先生,也就是当他来到约阿希姆斯塔尔之

---

[1] 施特劳斯:《西塞罗的政治哲学》,第 9 页。
[2] H. Wilsdorf, *Bermannus*, p. 69.
[3] 引文译文:"我试图提出一个对话,并假设这个对话是最近由一些在采矿方面特别受过指导的人进行的。"H. Wilsdorf, *Bermannus*, p. 69.

后,在矿物研究方面对他帮助良多的精通采矿的洛伦兹·贝尔曼——他既是自己最常请教矿物问题的对象,也是自己在矿物研究方面勤奋用功的见证人。那么,洛伦兹·贝尔曼是否就是对话中的矿工贝尔曼?有同样的姓氏和专长,这至少是一种非常强烈的暗示,表明阿格里科拉与这个人有紧密联系。而对话中另一个人物奈维乌斯,前文已述,阿格里科拉明确告诉读者他们曾经一起在意大利学习,他非常熟悉奈维乌斯的天赋和才能。也就是说,奈维乌斯是阿格里科拉来到约阿希姆斯塔尔之前就认识的朋友,他们的友谊比他与贝尔曼更深厚。唯有安贡,阿格里科拉没有直接交代任何自己与他的关联。

因此,回看阿格里科拉在《贝尔曼篇》开篇的第一次出现,他就暗示了他与两位主要人物的密切关系——奈维乌斯是他的旧友,二人有相似的医学人文主义背景;贝尔曼则是他来到矿业城镇后的新交,他指导了他的矿物研究。从表面上看,是安贡将贝尔曼和奈维乌斯联系在一起。① 但从另一个角度而言,《贝尔曼篇》的主线正是阿格里科拉的新交(贝尔曼)与旧友(奈维乌斯)之间的交锋,交锋的结果是一种矿物研究的新方法取代了基于文本的人文主义旧方法,新交说服了旧友。阿格里科拉正是隐藏在对话背后的另一纽结,通过这种方式,他使自己隐然在场。

直到对话最后阿格里科拉第二次出现,这条关乎主旨的暗线才获得了首尾呼应并完整地显露出来。正是在最后这个场景中,

---

① 前文已经解释过,在设定挽救当下医学知识这一对话目标的意义上,安贡这个角色起到了促使对话发生的纽结作用。

四个人物最清晰和凝练地发挥了各自的作用。贝尔曼提议结束这一天的矿山之旅,他必须回家了。这时,安贡提出了进一步的请求,他还十分希望参观那些冶炼金属的工场。他像开头请求贝尔曼带他们参观矿山那样再次央求他:"你真的应该带我们去那里,亲爱的贝尔曼,如果这样做没有给你带来不便和伤害的话。"贝尔曼也再次答应了安贡的请求:"为了你,我没有什么事是不能放下的。那么我们明天就去冶炼工场。"①此处便是安贡的最后一句话,这个角色就此完成了他的使命,他作为有待拯救的当代知识的象征,再次起到了激发对话的作用。这时,贝尔曼突然提起了阿格里科拉:

如果阿格里科拉此刻没有缺席的话,那对他来说没有什么比和我们一起去参观那些工场更能让他高兴的了,他自己经常到访那些工场。②

首先,这表明阿格里科拉相比于奈维乌斯等人对矿冶实践更有经验,他自己常去冶炼工场并且乐在其中。其次,还暗示贝尔曼和阿格里科拉有相当密切的关系,他知道阿格里科拉的行踪和喜好。结合贝尔曼的自述,他从小就熟知冶炼场的情况,因为他父亲就在那里工作。因此,这意味着贝尔曼有可能也曾带领阿格里科拉参观过冶炼厂,就像他今天带领奈维乌斯参观矿山一样。在奈

---

① H. Wilsdorf, *Bermannus*, p. 165.
② Ibid., p. 166.

维乌斯和贝尔曼之间,阿格里科拉现在似乎是与他的新朋友走得更近了。对此,奈维乌斯回答道:"不幸的是他现在缺席了。但既然命运对我们心生嫉妒,你就来替代他吧!"①

他真的缺席了吗?实际上他一直潜藏在贝尔曼和奈维乌斯所代表的新旧两种方法交锋的背后,奈维乌斯的态度转变也代表着阿格里科拉本人的思想变化。这个角色在对话开始之初,是阿格里科拉的代言人,是医学人文主义中希腊与拉丁文本传统的支持者。但在对话即将结束的此处,阿格里科拉让他来宣布:"贝尔曼,你来替代阿格里科拉吧!"阿格里科拉在新朋和旧友,也就是在二人所代表的新方法和旧方法,甚至是两个研究领域之间做了抉择。这意味着经过这场对话,作为古希腊和拉丁语以及古代医学研究者的阿格里科拉,被作为矿冶研究者的阿格里科拉取代了,他完全接受了那种基于个人观察和实践经验检验并补充古代知识,对特殊矿物进行细致研究的新方法,并将继续投身于矿冶研究(不仅仅是针对矿物的医药学研究)。奈维乌斯的宣言完结了这篇对话,同时也宣告了阿格里科拉矿冶研究第一阶段(医药学阶段)的完成。

三 矿物成因问题的浮现

回顾阿格里科拉在矿冶研究的最初阶段所着力完成的事,一方面,他确立了一种以个人经验为基础,细致观察和描述特定矿物外在性质的矿物研究新方法,这种方法的兴起与医学人文主义重

---

① H. Wilsdorf, *Bermannus*, p. 166.

视特殊物和精确详细知识的认识论倾向有着内在关联;另一方面,他将这种方法应用于约阿希姆斯塔尔矿区的矿产,使之服务于医学人文主义重建矿物药之名称与事物关联的目标。作为这一阶段成果的《贝尔曼篇》,包含了阿格里科拉对矿区数十种矿物外观和医学功用的精确描绘,以及他对古代文献中相关矿物的细致辨析,并最终给出了一份含有七十余种矿物术语的拉丁语-德语词表,在古人所说的矿物与它们的当代名称之间构建了清晰明确的关系。因此,作为一位医生和药剂师,就其目标是立足所处矿区重新辨识矿物以发挥其医学功用而言,阿格里科拉已经圆满地完成了任务。

然而,他本人和普拉提亚努斯都认为,《贝尔曼篇》的工作依然是不够甚至是零散不全的,它只是对"该主题的未来作品"的预告。那么,在什么意义上,这项工作尚不完整,未来的作品又会在哪些方面补足这一缺陷呢?阿格里科拉自述尚未在这个领域取得重大成就,是因为"只有当它们自身,尤其是存在其中的力量为我们所了解时,我们的对话才不会白费口舌而毫无收获"[①]。这似乎表明,当前工作还不足以了解事物自身以及它们的内在效力。对事物自身和内在的关注,将我们从一种旨在描述矿物外观和医学功用的医学人文主义自然志重新拉回有着上千年传统的自然哲学框架中。亚里士多德的《物理学》说得明白,只有认识了根本原因、最

[①] 德译本译文偏差较大,此处译自拉丁原版,原文如下:"Vos igitur contemptis istis medicis pergite ut coepistis, res quibus indigetis diligenter inquirere."G. Agricola, Bermannus, p.14. 句中 Vires 是 Vis 的复数形式,直译为"力量",用于药物可译为"效力",也有 nature(本性、本质)的引申含义。

初本原直至构成元素,我们才算是认识了事物自身(184a12—15)。就矿物而言,伊本·西那将其本性视为某种先在的、使矿物是其所是的种差,它来自形式赋予者的天界力量,决定了矿物的生成及其诸外在偶性。① 大阿尔伯特则将理解矿物本性等同于解释矿物成因,他在《论矿物》中分别解释了石头、金属和中间物三类矿物的质料因、效力因、形式因以及它们各种偶然属性的原因。② 由此可见,在矿物研究的自然哲学传统中,矿物成因是关乎矿物本性的最重要问题。而阿格里科拉在确立描述个别矿物的新方法的同时,并没有完全忽略这一哲学地理解矿物内在原因的传统进路。事实上,阿格里科拉在《贝尔曼篇》中多次暗示,潜藏在描述矿物外观这一任务背后的,依然是挥之不去的矿物成因问题——矿物何以具有这些属性?

贝尔曼等人在讨论第一个矿物主题(方铅矿)时,已经提出了一个重要论题:矿物颜色与种类的关系问题。在古代矿物研究中,颜色是判断矿物种类差别的最重要因素之一。特奥弗拉斯托在《论石》中强调,土类物质的最大差异在于颜色、强韧度、光滑度、密度等③,这些性质所导致的差异,也使石类物质获得了各自不同的种类④。在《贝尔曼篇》的这个案例中,贝尔曼向奈维乌斯证明眼前的一种铅灰色矿物,就是普林尼所说的方铅矿,它在希腊语中又

---

① 参见本书第一章第二节第三小节。
② 参见本书第二章第三节。
③ E. R. Caley, J. F. C. Richards, *Theophrastus on Stones*, Columbus: the Ohio State University, 1956, p. 3.
④ E. R. Caley, J. F. C. Richards, *Theophrastus on Stones*, p. 5.

被称为铅石。这时,奈维乌斯根据矿物颜色对这件矿物是否属于古人所说的铅石提出了质疑:

奈:你几乎说服了我,但我只剩下一个困扰我的疑惑。
贝:是什么呢?让我看看我是否能为你消除它。
奈:迪奥斯科里德斯写道,铅石是黄色且有光泽的,至少它们在塞巴斯蒂亚(Sebastia)和科律克索(Corycus)被发现的时候是这样的。但你现在给我们看的是有些光泽,但它是像铅一样的灰色,根本不是黄色。①

针对奈维乌斯的困惑,贝尔曼解释称,根据迪奥斯科里德斯的描述,名为方铅矿的矿物呈铅的颜色,这种矿石被称为具有铅的特征($\mu o\lambda\upsilon\beta\delta o\varepsilon\iota\delta\acute{\eta}s$),并且它与铅石这种天然矿物,主要是在颜色上有所不同,并不是物质本身有差异。② 贝尔曼在此暗示,迪奥斯科里德斯描述的那种黄色的铅石,与铅灰色的方铅矿其实是同一种矿物,只是颜色不同而已。但奈维乌斯并没有领会这一点,他继续追问:"但是你还没有做出判断,迪奥斯科里德斯所说的黄色且有光泽的铅石可能是哪种矿物?"

因此,贝尔曼不得不更清楚地表明立场,并且对矿物颜色的原

---

① H. Wilsdorf, *Bermannus*, p. 93.
② 德译本译文偏差较大,此处译自拉丁原版,原文如下:"A Dioscoride Galaena haec, quae plumbi colore est, si quid ego iudico lapis $\mu o\lambda\upsilon\beta\delta o\varepsilon\iota\delta\acute{\eta}s$ quod plumbi specie sit appellatur, atque is am Molybdaena natiua ipsius Dioscoridis magis colore quam materia differt." G. Agricola, *Bermannus*, p. 45.

因做进一步解释,以说明何以同一种物质可以拥有不同的颜色:

> 我已经讨论过灰色的方铅矿,实际上它是铅的颜色,它与迪奥斯科里德斯所说的黄色矿物,其不同之处在于颜色而不是它们的物质。不同的颜色可以属于同一物质,这是很常见的。众所周知,有非常不同的蒸气从地球内部升起,这些蒸气以其不同的颜色给同一种物质染上不同的颜色。因此,铅矿并不只有一种颜色呈现在我们眼中。因为即使在最常见的情况下,铅的颜色是有光泽的,人们还是会发现深灰色,有时是蓝色,有时是肝色的铅。但是,如果你试图用刀子把它们全部切开,我向你保证,它们肯定都是方铅矿。①

可以看出,贝尔曼在这里使用了矿物蒸气和染色这两个概念来解释矿物颜色。通过不同颜色的蒸气对矿物的染色作用,矿物的外表可以呈现出多样的颜色,但其内在本质并不发生变化。而这是可以用经验加以检验的,就像贝尔曼所说的,可以通过检查内部颜色来判断外表颜色不同的矿物是否属于同一种物质。贝尔曼在这里采取了一种来源混杂的理论解释矿物颜色的原因,其中蒸气的概念来自亚里士多德散发物理论,而染色则与炼金术的嬗变理论密切相关。在第四章第四节第一小节,我们将看到阿格里科拉在14年后发展了一套与之完全不同的矿物成因理论来解释颜色。尽管如此,阿格里科拉让贝尔曼在这里所采用的论证策略至

---

① H. Wilsdorf, *Bermannus*, pp. 96-97.

少表明,要想确切地说明一种矿物之所是,仅仅描述其外表是不够的。只有充分理解矿物之成因,才能真正了解一种矿物(在不同颜色的方铅矿这个案例中,尤其指一种矿物与另一种矿物的区别所在)。矿物成因问题从《贝尔曼篇》所讨论的第一个矿物主题开始就浮现了出来。

在之后的对话中矿物成因这一自然哲学问题也时常出现。在第三个矿物主题(粗银矿)中,贝尔曼再次使用了矿物蒸气理论来解释矿物不同颜色的由来。① 而安贡立刻指出贝尔曼这套理论与亚里士多德矿物理论的关联。当贝尔曼介绍完锡和铅如何从矿脉中提炼后,安贡提出一个请求,他希望贝尔曼能够继续解释金、银、铜、铁等金属可以从哪些类型的矿脉中冶炼而来,即便当地并没有这些矿脉。② 也就是说,安贡希望贝尔曼暂时离开这个特定矿区的特定视角,普遍地谈谈关于矿物生成的问题。显然这是一个有悖于对话主旨——即关注特殊性而非普遍性——的问题。因此,贝尔曼推辞了,他不希望离题太远,去谈当地没有的东西。但阿格里科拉让安贡再次央求(在对话中贝尔曼从来没拒绝过安贡的再三请求),于是贝尔曼答应就此问题说几句。其中,他描述了一种可以提取黄金的紫色的土,并解释了它的成矿过程:"还有一种紫

---

① 引文译文如下:"安:这种矿石熔炼时损失多少?
贝:相当少,只有在纯净和密集的时候才会有铅灰色的银色光泽。在这个过程中会出现干热的蒸气,这些从地球深处呼出的蒸气形成了银,并根据这些蒸气本身颜色的不同,以这种方式使矿石染上不同的颜色。
安:如果我没有弄错的话,亚里士多德会同意你的观点。"H. Wilsdorf, *Bermannus*, p. 116.

② H. Wilsdorf, *Bermannus*, p. 130.

色的土,它同时被湿气和干气调和与影响,这就使得其中含有丰富的金,并且容易辨认。通过冶炼,黄金可以从这种土中被提取出来。"①这里同样使用了源自亚里士多德的散发物概念来说明矿物的形成,以解释何以从中可以提炼出黄金。尽管这种解释不同于亚里士多德本人在《气象学》第三卷中的说法,而更接近流行于中世纪拉丁欧洲的矿物散发物理论的一般形态——强调两种散发物的调和与持续作用导致矿物成分的多样性。② 接着这个话题,贝尔曼似乎有意朝矿物成因问题再多说几句。首先他称赞安贡"非常坚定地支持哲学家,尤其是逍遥学派的观点"。安贡的什么表现使贝尔曼有此赞誉?很可能就是因为他看出贝尔曼使用了亚里士多德的概念来解释矿物颜色的原因,并提出了一个有关金属成因的哲学式问题。接着贝尔曼便试图去触碰这个自然哲学问题本身:

但愿我们今天有更多的时间,不仅仅去观察这些金属矿石本身——正如它们展现在我们眼前的样子,还可以更仔细地研究它们的生成过程。因为正如我相信你们都知道的那样,在这方面,人们之间存在很大的分歧,化学-炼金术士和哲学家持有不同的观点,而他们自己内部也有相反的意见。③

---

① 拉丁原版见 G. Agricola, *Bermannus*, p. 89. 德译版见 H. Wilsdorf, *Bermannus*, pp. 130-131. 这里的紫色土可能是雄黄,参见德译本注释,H. Wilsdorf, *Bermannus*, p. 195.

② J. A. Norris, "The providence of mineral generation in the sermons of Johann Mathesius (1504-1565)".

③ H. Wilsdorf, *Bermannus*, p. 133.

第三章 描述矿物:矿物的医药学研究

前一节已经表明,《贝尔曼篇》的主旨是对观察和描述的强调——描述亲眼所见的特殊矿物的外在特征。而正是在这里,贝尔曼本人表露出了一种超越观察和描述的兴趣,他想要介入哲学家与化学-炼金术士关于矿物生成的争论之中,去触及自然哲学关心的成因问题。他的雄心甚至是要在这个领域,为多样的观点提供一种统一性——当然他也在此暗示了,这还需要"更多的时间"以及"更仔细的研究"。之所以在这里提起这个话题,是因为在早先的对话中,他们实际上已经屡次涉及矿物的原因,并且不久前安贡首先偏离了主旨,向他提出了那个颇具普遍性的问题。于是,贝尔曼话音刚落,安贡首先回应道:

> 确实如此,但现在最好先关注外观(species)和事物本身的形式(formas),一旦我们了解了这些,当我们有更多的时间时,我们将以更大的关注和研究精神去探究其他方面。[1]

安贡拒绝了贝尔曼朝矿物成因方向延伸话题的尝试,他提供了两个拒绝的理由。首先是学理上的理由,也即自然研究的通常顺序。按照亚里士多德在《物理学》中阐发的自然研究原则,研究应该从对于我们更易知晓和清楚的东西出发,最后抵达对于自然而言更加清楚、更易知晓的东西(184a10—20)。[2] 而在《论动物构造》中,亚里士多德继续解释这一原则,认为最好的研究应该是先

---

[1] H. Wilsdorf, *Bermannus*, p. 133.
[2] 亚里士多德:《物理学》,张竹明译,第15页。

叙述每一种属动物具体所见的形态,说明这些现象后,进而引申其原因并研究动物的生殖和发育(640a15—18)。[①] 那么,对于矿物而言,亚里士多德式的研究顺序也应当是,首先叙述和说明矿物外在可见的形态,之后才能探究矿物的原因和生成。显然这就是安贡所理解的矿物研究顺序,当贝尔曼试图讨论矿物的原因时,他据此认为还为时尚早,因为现在首先需要关注的是矿物本身的形式,也就是矿物外在可见的样子。第二个理由则诉诸时间,安贡声称现在时间不够,不足以来讨论矿物原因问题。这在一定程度上符合阿格里科拉的写作意图,他还不想在这篇对话中详细处理这个与描述性主题有异的话题。或许因为此时他只是粗泛地了解前人在这一问题上的争议,还没有能力阐述自己的理论[②],正如贝尔曼所暗示的那样,他还需要"更多时间"以及"更仔细的研究"。于是,奈维乌斯也跟着附和安贡,声称光是谈论矿物的起源就要花上一整天时间,显然他也不想就这个问题节外生枝。因此,贝尔曼放弃了他的想法,紧跟着说了句:"让我们攀登矿山吧!"[③]此后这篇对话便重新回到眼前的矿山,不再讨论有关矿物成因的自然哲学话题。

通过这个插曲,阿格里科拉似乎隐晦地回应了他在序言中的自我批评。这篇对话并没有忽略关于矿物自身及其本性的自然哲

[①] 亚里士多德:《动物四篇》,吴寿彭译,第15页。
[②] 阿格里科拉在1546年出版的《论起源和成因》中采取了和这里完全不同的理论来解释矿物颜色,详见本书第五章第四节第一小节对阿格里科拉如何解释特殊土的颜色的介绍。
[③] H. Wilsdorf, *Bermannus*, p. 133.

学问题，恰恰相反，对特殊矿物外在性质的医药学关注召唤着一种能够解释矿物起源和原因的自然哲学。只是由于主题、篇幅以及作者彼时的学力所限，这一问题仅仅被对话中的贝尔曼提及而未能深入探讨。当奈维乌斯在对话最后让贝尔曼来为阿格里科拉代言时，这也预示着阿格里科拉能够在将来的研究中超越医学人文主义的视角，继续贝尔曼未能展开的自然哲学话题。正是在这个意义上，阿格里科拉将《贝尔曼篇》视为未来研究的预告。在接下来的十余年中，阿格里科拉将研究目标从具有地方性色彩并旨在描述特殊物的医药学转向了关注矿物普遍原因与性质的自然哲学。经过"更多时间"以及"更仔细的研究"，他在1544—1546年密集地创作了一系列关于地下之物的研究作品，用一种统一的观点解释了地下之物的起源和原因，并基于此为描述矿物性质确立了普遍的规则。这部作品集正是他在《贝尔曼篇》中所预告的"未来的严肃作品"。

第四章 放弃形式：
矿物生成的新自然哲学[①]

至迟在1530年秋天，阿格里科拉就已辞去约阿希姆斯塔尔的镇医，并于次年来到不远处的开姆尼茨市定居并担任镇医。早先的矿业投资为他带来了丰厚的回报，这使他得以跻身于开姆尼茨市的富豪之列。更由于他第一任妻子的家庭背景，阿格里科拉还得以享有不受开姆尼茨市议会管辖、房屋征税豁免等自由公民特权。[②] 而在其妻子去世后，为了保障阿格里科拉的自由研究，莫里茨公爵于1543年签署文件延续了阿格里科拉的特权，并将他终身置于公爵的庇护之下。[③] 因此之故，在开姆尼茨的十余年间，他能够全心投入哲学、医学和历史研究之中，直到1546年5月被莫里茨公爵委任为开姆尼茨市市长，开始担任公职。

1533年他在巴塞尔的弗洛本出版社出版了他第一部严肃的学术专著：五卷本的《论罗马和希腊的度量衡》。他在这项关于古

[①] 标题中的"放弃形式"，是指阿格里科拉不再通过形质论中的实体形式概念来理解矿物的本性，也不再使用亚里士多德四因说中的形式因来理解矿物的生成。这并不意味着他不再使用 form 这个词。事实上他改变了 form 这个词的用法，form 不再指矿物的实体形式，而仅仅是矿物的偶然外形。详见本章第五节的论述。

[②] G. Engewald, *Georgius Agricola*, pp.72-73.

[③] Wilsdorf H, *Georg Agricola und seine Zeit*, p.224.

第四章　放弃形式：矿物生成的新自然哲学　　217

代度量衡的研究中汇总了古代学者在尺寸和重量问题上的观点，同时也与当代学者的错误和肤浅言论进行了激烈的辩论。他在"尺寸与重量"一节的结尾处写道："这是我对尺寸和重量的看法，与他人有时有所不同。尽管有那么多如此重要的人物存在，我几乎不敢坚定地给出这些观点，但我深信不疑，没有哪个权威如此重要，以至于没有义务听取真相。正是出于这个原因，我常常强调，只是为了服务于真理，而不是为了指责他们中的任何人，我对问题的处理没有太多的保留。"① 这种反思古代权威，将自己观点建立于对权威的批判之上的治学理念，其实早在《贝尔曼篇》所确立的矿物研究新方法上就有所体现，他在对话中通过实地观察各种矿物来不断检验和纠正古代医学权威对矿物的描述。但《贝尔曼篇》终究是一本有着通俗外表的小册子，从中反映出的作者形象更像是一个在矿山中跟随矿工游历的矿物爱好者。只有形成《论度量衡》所展现的严肃治学风格，塑造出考据古今并积极参与同行辩论的学者形象，他才真正地确立起自己在科学领域的学术声誉。② 这种治学风格还将继续影响阿格里科拉之后的学术写作。此后，他于1534年开始着手调查梅森、莱比锡、图林根等地的历史地理，这一研究使他被任命为萨克森公国王室的编年史作者，并在1544年完成了王室年谱的编写。③

继1533年出版《论度量衡》之后，阿格里科拉下一次的公开出

---

① 参见阿格里科拉德译选集第五卷，G. Fraustadt, W. Weber, *Georgius Agricola Ausgewählte Werke Band V: Schriften uber Masse und Gewichte*, Berlin: VEB Deutscher Verlag der Wissenschaften, 1959, p. 183.
② G. Engewald, *Georgius Agricola*, pp. 76-78.
③ Ibid., p. 79.

版物,便是1546年在弗洛本出版"地下之物作品集"。这部体量庞大的作品集包含五部作品和一份题为《矿物德语释义》的拉丁文-德文矿冶术语词汇表,这五部作品依次是:《论起源和原因》《论从地流出之物的性质》《论矿物的性质》《论新旧矿藏》以及他16年前的旧作《贝尔曼篇》的第二版。① 阿格里科拉并没有为作品集单独命名,普雷舍等现代德文版选集译者通常将之称为"矿物学-地质学作品集"(Mineralogisch-geologischen Werke setzte)。② 由于在阿格里科拉的时代,还没有现代意义的矿物学与地质学的学科划分,因此这一称谓有可能窄化了这部作品集原本更为丰富的内涵。阿格里科拉创作这一系列作品的初衷与总体设想,可从《论新旧矿藏》的献言中窥见:他有一个被称作"论地下之物"(de re bus subterraneis)的宏大写作计划,除了作品集中的四部新作和《贝尔曼篇》的再版,该计划还包括尚未发表的两部作品——《论治疗之泉》(de medicatis fontibus)和《论地下动物》(de subterraneis animantibus)。③ 从该计划所涵盖的内容来看,阿格里科拉是在相当宽泛的意义上处理写作主题的,它几乎囊括了地下世界的一切现象。鉴于此,本书将这部作品集称为"地下之物作品集"。本章与下一章就将主要围绕这部作品集中的两部著作,来探讨阿格里科拉如何塑造一门关于矿物的新自然哲学,从而确立起关于矿物的全新观念。

---

① 参见阿格里科拉德译选集第三卷,G. Fraustadt, *Schriften zur Geologie und Mineralagie I*, p. 3. 各部作品的大致内容可参见本书导言第二节的介绍。

② G. Fraustadt, *Schriften zur Geologie und Mineralagie I*, p. 3.

③ G. Agricola, *De veteribus et novis metallis*, Basilea: Froben, 1546, p. 383. 其中《论地下之物》于1549年出版,而《论治疗之泉》则未见于阿格里科拉的存世作品中。

第四章　放弃形式：矿物生成的新自然哲学

一　自然哲学阶段的知识来源与生产

　　作品集中的前四部新作虽是在1544—1546年这短短两年间完成的，但阿格里科拉为构思和准备所投入的时间无疑十分漫长。相比于写作《贝尔曼篇》这一地方性医药学作品的时期——那时他只需处理约阿希姆斯塔尔矿区特定矿产的相关信息，当他志在完成一部普遍性地论述地下之物的作品时，就必须考虑来源更广泛的资料。他自述"在描述地下之物和现象方面花费了很多心血"，并且从以下三个方面广泛收集了所需资料：古代作品所载的不成体系的信息，从采矿专家那里了解到的知识，以及他在矿场和冶炼场亲眼看见的东西。[①] 此外，在作品集最后所附的致好友沃尔夫冈·穆勒的信中，阿格里科拉还感谢了众多为他的研究提供矿物标本和相关资讯的医生、哲学家以及采矿方面的专家。[②] 可以看出，作品集的资料来源既包括现成但零散的学术文本知识，也有在工匠中流传的关于采矿和冶炼的地方性实践知识，还有作者本人亲自观察获得的知识——其中既包括对矿物标本的感知认识，也包括对采矿和冶炼过程的亲身体验。这些知识不再局限于描述矿物的外在特征以及它们的医疗功用，而广泛涉及矿物的生成、转变、开采、冶炼、性质等多个方面。

　　如果说在医药学阶段的《贝尔曼篇》中，阿格里科拉还可以相

[①] G. Fraustadt, *Vermischte Schriften I*, p. 69.
[②] 作品集中那份拉丁文-德文矿冶术语词汇表就是致穆勒的信的附录，G. Fraustadt, *Schriften zur Geologie und Mineralagie I*, pp. 9-10.

对平衡和清晰地对勘两种不同来源和性质的知识,即古代医学作品中关于特定矿物性质和功能的记载(文本知识)与对特定矿区特定矿物的实际观察结果和采矿实践经验(实践知识),那么知识来源与性质的复杂性则使"地下之物作品集"的知识生产面貌迥异于前者。近二十年来有多位学者聚焦于阿格里科拉的矿冶知识来源与生产问题。帕梅拉·朗认为,矿场在现代早期欧洲发挥着知识"交易地带"的作用,围绕矿物开采的主题,接受大学教育的学者和工匠之间可以进行公开的讨论和有效的交流,不同形式的知识就在这个交易地带交织在一起。基于对《贝尔曼篇》和《矿冶全书》的分析,朗认为阿格里科拉的矿冶作品就是工匠的实践知识影响学术话语的典范。① 在同一个关于知识生产的"学者/工匠"框架下,帕梅拉·史密斯总结了矿冶领域所谓地方性实践知识的几大结构性特点,并进一步分析阿格里科拉如何利用这些与他们在古代语言和古典医学著作中所接受训练大相径庭的地方性实践知识,从而编纂出具有学术性的矿冶知识。史密斯认为,阿格里科拉作品中保留的矿工传说(如"矿山精灵"),他的矿物成因理论中所采纳的矿工俗语(如用"肥""瘦"来描述矿物性质,借鉴德意志矿工所谓的"汩尔"创造"矿浆"概念),以及参照工匠的冶炼及铸造实践来理解矿物生成过程等迹象,均表明地方性的实践知识深刻地影响了阿格里科拉的知识生产,进入其作品的内核中。② 巴顿和泰勒均

---

① P. O. Long,"Trading zones in early modern Europe", *Isis*, 2015, vol. 106, no. 4, p. 845.

② P. H. Smith,"The codification of vernacular theories of metallic generation in sixteenth-century European mining and metalworking".

以《矿冶全书》为例，讨论了阿格里科拉的知识生产策略与他塑造知识权威的方式，她们都强调与矿工的互动和对实践知识的理解是阿格里科拉塑造一门矿冶新知识的关键。①

上述研究主要关注学者对工匠实践活动的兴趣，以及这种兴趣对其知识生产的影响。与之不同的是，拉斐尔近三年来发表的论文却十分强调人文主义传统的持久性，她认为基于文本的学术研究手段依然是阿格里科拉矿冶知识生产的主要途径。通过分析比林古乔、阿格里科拉和巴尔巴（Álvaro Alonso Barba，1569—1662)的矿冶技术作品对水银精炼工艺的描述，并将之与16世纪西班牙阿尔马登（Almadén）汞矿开采的相关档案文件进行对比，拉斐尔表明这些作者对水银生产的描述，并非来源于个人实践经验或与从业者的知识交流，而是得自传统人文主义学术习见的手段，比如文本借用和引证。② 而对阿格里科拉《矿冶全书》和巴尔巴《金属技艺》(Arte de los metals, 1640)的对比分析，使拉斐尔进一步认识到，尽管《矿冶全书》中时常出现对劳动者、劳动工具和劳动过程的详细描述和视觉表现，这在以往被解释成他对工匠知识的欣赏和撷取，但阿格里科拉实际强调的仍是他作为观察者和局外人的学者角色。③ 通过重新强调人文主义传统和大学学术传统对阿格里科拉矿冶著作的塑造，拉斐尔将这种矿冶知识生产模式

---

① I. F. Barton, "Georgius Agricola's De Re Metallica in Early Modern Scholarship"; H. Taylor, "Mining Metals, Mining Minds", p. 228.

② R. Raphael, "Producing Knowledge about Mercury Mining".

③ R. Raphael, "Toward a Critical Transatlantic History of Early Modern Mining: Depiction, Reality, and Readers' Expectations in Álvaro Alonso Barba's 1640 El Arte de Los Metales", *Isis*, 2023, vol. 114, no. 2, pp. 341-358.

视为由学术传统和知识精英所主导,从而为帕梅拉·朗提出的"交易地带"模型提供了一种修正——后者在最中立的意义上也主张工匠与学者围绕采矿事业的平等交互。由此拉斐尔也表明,尽管当时的作者可能倾向于掩盖这一事实,但围绕文本知识的学术实践在16世纪的技术知识生产中确实依然重要,忽视文本工具的大量使用或将其错误地识别为技术实践经验,都具有一定的危险性。①

本书认为,将视野从《矿冶全书》转移至"地下之物作品集"的主要架构与知识生产形式,能够更有力地为拉斐尔对"交易地带"的修正提供支持。这主要是因为阿格里科拉在作品集中对不同来源知识的处理方式有别于之前的《贝尔曼篇》与之后的《矿冶全书》。在早期医药学阶段,阿格里科拉旨在重建特定矿区所产矿物与古代医书所载矿物药的关联,并重新揭示这些矿物的医药学功用。因此,《贝尔曼篇》着重强调当地矿工的地方性实践知识和一手观察,这些知识被直接用于校正古代文本知识。而《矿冶全书》是一本全面的采矿与冶炼技术手册,因此它必然包含大量矿工实践的经验。但需注意的是,《矿冶全书》所呈现的并不是与特定矿区绑定的具体的地方性知识,而是一种具有普遍意义的技术描述,它有着被移植到任何地方应用的潜力。② 这样一种普遍性的技术

---

① R. Raphael,"Producing Knowledge about Mercury Mining".

② 拉斐尔揭示出,工匠的身体和劳动固然在《矿冶全书》的叙述中十分突出,但阿格里科拉从未给出他们的姓名,他只是根据工匠的任务、性别或年龄,用一般性术语加以描述,如"男孩""男人""筛工"等。R. Raphael,"Toward a Critical Transatlantic History of Early Modern Mining".

描述是以普遍的矿物自然哲学为基础的。《矿冶全书》表面上收纳了大量来自工匠的实践知识乃至地方性文化,但实际上它重新配置了这些资源,通过隐蔽的转译(translation)[1]将之纳入特定的自然哲学架构。[2] 而为《矿冶全书》奠定基础的自然哲学,有着来源于文本知识的深厚思想背景,它形成于"地下之物作品集"。

作品集的主要目标便是为地下之物的形成和性质提供普遍的自然哲学说明,而其中的关键和基础在于解释地下之物的原因。正是出于自然哲学目标的内在要求,作品集相比于《贝尔曼篇》和《矿冶全书》,才更鲜明地秉承了基于文本知识的学术风格。这项写作任务之所以如此显现,主要不是出于矿冶实践对普遍性哲学解释的需求,而是有着鲜明且牢固的哲学背景——从亚里士多德到中世纪经院哲学所形成的自然哲学传统,无不将地下现象视作自然研究的一个合法部分,也无不将对原因和起源的探究视作自然研究的根基。因此,汇总古代学者关于地下现象的零散观点,通过与他们的对话和辩论确立一套系统性的自然哲学说明,就成为作品集的主要知识生产形式。诚然,矿工的实践知识、观察经验、地方性俗语乃至传说,这些不同来源与性质的知识都能够为阿格里科拉所攫取(salvage)[3]。但它们被转译为支持辩论的论据和有助说明的例证,从而脱离它们原初的知识氛围,被嵌入作品集所塑

---

[1] 转译一词的用法借鉴罗安清:《末日松茸》,张晓佳译,华东师范大学出版社 2020 年版,第 64、366 页。

[2] 关于《矿冶全书》中体现的自然哲学考量,可参见 H. Taylor, "Mining Metals, Mining Minds"。

[3] "攫取-转译"的概念来自罗安清的《末日松茸》,这一概念可以很好地描述阿格里科拉知识生产方式的特征,本书将在第五章第二节详细讨论。

造的自然哲学线索之中,构成关于地下之物普遍知识的一环。因此,对话的主要对象依然是自然哲学史上讨论矿物的学者而不是矿工,工匠的地方性实践知识只是冷眼旁观的学者所攫取的对象。阿格里科拉在这里延续了他在《论度量衡》中所展现出的严肃学术风格,借用拉斐尔的说法,那种"作为观察者和局外人的学者角色"正是在作品集中得到了最显著的体现。

或许是因为《贝尔曼篇》对矿工实践知识和观察经验的使用太过显见,《矿冶全书》转译地方性实践知识的自然哲学基础又过于隐蔽,而最依赖文本知识的"地下之物作品集"却长期不受重视,才使工匠实践知识对阿格里科拉知识生产的影响被过分关注。阿格里科拉与古代文本的对话,以及由之产生的构成普遍矿物知识基础的自然哲学架构受到了严重忽略,从而招致拉斐尔指出的当前考虑知识来源与生产问题常见模式所潜藏的"危险"。这一"危险",在本书看来就体现在无法将阿格里科拉的矿物观念,恰当放置于人类认识物质与自然的古今之变的线索中加以认识,而仅仅将其视为一位深受工匠传统影响的知识编纂者。[①] 因此,有必要聚焦于"地下之物作品集"中关于矿物的自然哲学架构,从而更好地理解阿格里科拉"自然哲学阶段"知识生产的目标、策略与结果。正如第三章所述,本书认为正是通过这一阶段的写作,阿格里科拉得以塑造一门关于矿物的普遍自然哲学,从而确立起关于矿物的全新观念。在下文我将首先考查阿格里科拉如何表述他的自然哲学目标,他的各部作品分别在自然哲学的整体架构中扮演什么角

---

① 可与本书导言第四节概述的近年来矿冶文化史的倾向相互参见。

第四章　放弃形式:矿物生成的新自然哲学　　225

色。接着将重点关注《论起源和原因》,考查他在此提出了一种怎样的关于矿物成因的新自然哲学,它有何特征,新在何处,如何为旧问题提供了不同的回答。

二　地下之物作品集的自然哲学架构

1. 阿格里科拉的自然哲学目标

表 4.1　地下之物作品集的整体结构

性质	作品名	卷数	完成时间
自然哲学	《论起源和原因》	5 卷	1544.03.01
	《论从地流出之物的性质》	4 卷	1545.10.25
	《论矿物的性质》	10 卷	1546.02.13
史志报告	《论新旧矿藏》	2 卷	1546.03.07
自然哲学	《贝尔曼篇》再版	—	1530
技术词表	《矿物德语释义》	—	1546.04.01

依据阿格里科拉的设想,地下之物作品集中的四部新作可以分成两组(表 4.1)。其中,《论起源和原因》《论从地流出之物的性质》《论矿物的性质》属于哲学的范畴,而《论新旧矿藏》则被列为与地球有关的史志类报告(historiae orbis terrae)。[1] 这些作品的献言,清楚地显示了阿格里科拉在这一阶段的自然哲学雄心——他计划为地下世界设立一门总体性科学,其任务是详细追究地下之

---

[1] G. Agricola, *De veteribus et novis metallis*, p.384. 阿格里科拉把再版的《贝尔曼篇》也归入了哲学范畴。

物的起源和原因,考察它们的各项特殊本性。

这是一项发古人所未发的研究工作,阿格里科拉充分意识到了这点。在作品集的第一份献言,即《论起源和原因》的献言中他这样写道:

> 最优秀的物体一直被认为是值得仔细思考的,特别是那些自然界的物体;因为人们相信,有了它们的知识,人类曾经得到过比明显给予凡人的东西更多的东西,然后他就有了可以让他高兴的东西,而且他可以用它来滋养自己。这些都是古代哲学家,特别是希腊人,发现并发展了自然界的所有区域和次区域的原因,这包括了一切事物的整体。当然有少数例外,其中包括隐藏在地底下的东西;哲学家把其中的很大一部分放在一边,或者根本没有充分地发展。[①]

古代哲学家已经考虑了自然界的大部分事物,然而地下之物却遭到了忽视,这使得关于它的知识没有得到充分发展。类似的自然哲学关切同样体现于《论矿物的性质》的献言中,他这样说道:

> 哲学探讨事物的起源、原因和本性,它已经被分为很多个领域,并且必须解释那些非常困难的事。例如,它要解释上帝的神性与实在性,解释诸天与繁星,解释元素、成因以及它们之间的相互关系,还要解释大气的变化、生物、地下之物及其

---

① G. Fraustadt, *Schriften zur Geologie und Mineralagie* I, p. 75.

起源。所有民族都产生了上帝的概念,但是只有犹太人、埃及人和希腊人最先考虑上帝的本性。经过长期观察和仔细研究,迦勒底人与希腊人了解了繁星并学会了测量天空。希腊人还研究元素,研究它们的成因以及自然物的相互关系,在这方面他们比其他任何人研究得都更透彻。亚里士多德仔细思考了大气中的运动和变化,以及有生命物的种类、本性和起源。特奥弗拉斯托则讨论了原始生命的原因和本性。然而,正是我们所最感兴趣的地下之物这一主题,还从未被恰当地探讨过。①

这就是阿格里科拉关注并立志探究地下之物的最初动机,他立志要将古人尚未完全触及的地下世界的真相揭示出来:

在这一努力中,我有时会对别人写的东西进行相当激烈的抨击,然而,这并不是说我乐意去反对那些在思考自然方面花费了最大努力的人——因为想要以不合理的方式攻击那些人是不公正的,而是因为将地下现象和过程从覆盖着它们的黑暗中解放并呈现出来,是我的最大努力。②

在他看来,古人对地下现象的论述既是零散的,同时也充满谬误。通过与他们辩论,阿格里科拉希望能够真正阐明地下现象和

---

① G. Agricola, *De natura fossilium*, trans. by M. C. Bandy & J. A. Bandy, p. 1.
② G. Fraustadt, *Schriften zur Geologie und Mineralagie I*, p. 75.

过程,从而将地下之物从黑暗中解放出来。然而,进行这项研究所面临的困难也是巨大的,阿格里科拉在作品集的最后一份献言中透露,他曾为此遭到多方面的指责:

> 正如我所注意到的,我们的这种学术活动遇到了多方面的指责。因为有很多人认为这些事情不值得处理。更有甚者,认为它们固然值得恢复,但不认为这样的调查对一个医生来说是光荣的。其他的人——我有把新旧联系起来的习惯——说他们宁愿从希腊和拉丁作家那里学习旧的东西,他们对新事物并不看重。[1]

人们或者不认为处于存在秩序之链底端的地下现象有研究价值,或者不认为这项研究与作为医生的阿格里科拉有关,又或者满足于古代学者已经做出的论述,不认为有必要进行新的研究。因此,阿格里科拉必须申明这项研究的合法性,并且再次重申自己的学术志向——探清地下现象的真相,是亚里士多德等哲学家以及迪奥斯科里德斯等医生所未竟的科学事业,而他现在要接续这项工作:

> 但我看到,亚里士多德、特奥弗拉斯托斯、兰普萨库斯的斯特拉顿(Straton of Lampsacus)和其他几位哲学家对这些事情付出了很多努力和兴趣;迪奥斯科里德斯、盖伦和其他几位医生也对它们进行了仔细的调查。因此,我认为古人所传

---

[1] G. Fraustadt, *Vermischte Schriften I*, p. 69.

下来的东西,不管是零散的还是没有充分解释的,都值得解释。而在讨论中探清真相,对我来说相当光荣,这对从事科学工作的人是有益的,对作者的理解也是必要的。①

从立下这个目标开始,阿格里科拉这位市政医生就将彻底完成他的身份转变,真正成为一位关于地下之物的自然哲学家。

2. 亚里士多德主义的自然研究纲领

(1) 亚里士多德对自然研究的阐述

尽管古人没有对地下之物做出系统详尽的解释,但对于如何开展自然哲学研究,他们却形成了一套既有的方案。尤其是亚里士多德,自中世纪盛期以来他就被视为最重要的自然研究者,他的自然研究纲领对 16 世纪的学者依然具有深刻的影响力。当阿格里科拉着手研究地下之物时,他首先需要考虑的就是亚里士多德如何研究自然。现存的一份图书邮寄清单表明,阿格里科拉曾于 1544 年,即开始写作作品集的那一年,订购了几乎全部亚氏自然研究著作的不同评注版。②

亚氏在《形而上学》第一卷提出,哲学对自然真理的求索应以对原因的认识为基础,只有在认清事物的基本原因后才能说认识了事物。继而,他将事物的原因表述为质料因、效力因、形式因和目的因四种,并表明早期的自然哲学家由于没有充分探求四因以

---

① G. Fraustadt, *Vermischte Schriften I*, p.70.
② Wilsdorf H, *Georg Agricola und seine Zeit*, p.232.

至于不足以阐明自然的真理。① 这样一套关于自然研究的理论在亚氏本人的动物学研究中得到了清晰的贯彻。在《论动物构造》的第一卷第一章,亚里士多德提出了关于如何恰当地研究动物的问题,并引出他对自然研究纲领的说明。② 他首先列举了几种需要抉择的研究方式:

> 或先考察共通的类属习性,而后论列各别的品种特质,抑或径以各别的品种为之开始,于这两途径必须有所抉择。(639b1—5)
>
> 是否应依循数学家们在他们的天文实证中所取的方式,于陈明各属动物所显现的诸征象和它们各个部分(构造)之后,继而推究其原因与事理,抑或该当遵从另些方法?(639b7—10)

对这些问题,亚氏给出了明确的回答:

> 最好的课程显然应该依循我们前曾提及的方式,先行叙述每一类属动物所具见的现象(形态),说明了这些现象之后,进而申论其原因并研究它们的生殖与发育。(640a15—17)

亚氏表明,研究动物必须从动物所具见的形态出发,对各类细

---

① 亚里士多德:《形而上学》,吴寿彭译,第4—7页。
② 亚里士多德:《动物四篇》,吴寿彭译,第12—13页。

节有所明了,然后才能进入对其原因的讨论。在《动物志》中,他也同样强调了这一顺序:"我们首先能够无所遗漏地明了其中各类差别和诸种偶性。在此之后,我们当进而揭示这些事物的原因。因为这样才是切合自然的考察方法,这又需要对各种细节已有了解。"①亚氏对直接可感的诸种偶性的强调,实际上是反对晚期先苏自然哲学家那种忽视具体自然现象,意图将其还原为普遍物理原则的倾向,这与他在《气象学》中挽救经验可感的具体自然世界的做法同出一辙。② 那么,对动物诸种原因的讨论,又该遵循怎样的次序呢? 亚氏指明:

> 自然产物有关创生的原因不止一个,这里有极因(目的),也有动因(运动本原)。现在我们必须论定这两因何者为先,何者为次。显然,第一原因该是那我们称之为目的的极因。因为这就是逻各斯,逻各斯是事物之始,这对于技艺的作品和自然的作品均属相似。(639b14)

亚里士多德将目的因视为事物的最终本性,它是使得事物是其所是的本原,具有比其他原因③更为根本的意义。他认为自然

---

① 亚里士多德:《动物志》,颜一译,苗力田主编:《亚里士多德全集》(第4卷),中国人民大学出版社1996年版,第17页。

② 参见本书第一章第一节第二小节。

③ 这里主要指质料因、效力因等物质方面的原因,因此亚氏原文将目的因与效力因对举。目的因与形式因的关系,有时被亚氏视为二者同一,因为存在的目的就是为了达成最完善的形式,而事物之形式又是服务于其目的。参见《论动物生殖》第一章715a4—10,亚里士多德:《动物四篇》,吴寿彭译,第365页。

万物无不各趋于自己的目的,正是这个自然活动所归趋的终极使得万物并不是凌乱和偶然的,而是被整饬于作为整体的自然秩序之中。① 亚氏持有此论同样是针对以德谟克利特为代表的先苏自然哲学家的做法。他们过于着意自然物的物质本原和物质原因,试图仅仅通过提出质料是什么、性能如何、事物如何从质料中产生、其效力因为何等物质意义上的追问,就能用普遍的物质本原解释宇宙和自然物的生成,仿佛"凡自然一切生物就是由这样的物质或相似的物质组合起来的"似的。② 如果自然仅仅是这样运作的话,那个整体的自然秩序便会分崩离析,万物就会陷于偶然之中。

既然自然运作有超出物质层面的本性,自然哲学就不应该满足于仅仅寻找物质方面的原因。亚氏首先指出形式因的重要性,他认为在讲到物质的时候,应该先阐明质料与形式的结合,因为形式本性比其物质本性更为优先,是它赋予质料以如此这般的形式构成事物。因此,对事物的叙述不能缺少它的形态和构造。但形状、构造、颜色等形式方面的外在表象并不就是事物是其所是的本性。亚氏认为德谟克利特就持有这样的错误看法,好像人之所以为人就是由于它具有形状、颜色和构造意义上的人形。之所以错误,是因为倘若真的如此,活人与尸体就没有区别了。故而在质料和形式之上,还有别的本性使具有人形的躯体真正成为人。这个本性是什么?

---

① 参见《论动物构造》641b10—30,亚里士多德:《动物四篇》,吴寿彭译,第21—22页。
② 参见《论动物构造》640b6—16,亚里士多德:《动物四篇》,吴寿彭译,第17页。

第四章　放弃形式:矿物生成的新自然哲学

> 我要问这手或身体所由形成其状态的能力究竟是什么？木工也许就说这是凭斧凿刻成的,自然学家也许就说这是气和土做成的。于这两个答案而论,木工之语固然较佳,但还是不充分的。因为他若仅讲到凭他的工具的削凿而把这一部分刻为凹陷,那一部分刻为平面,这是不够的。他必须说明自己何以要这样那样地运动他的斧凿,俾使之或凹或平的理由,他又必须说明他的终极目的是什么,这也就是说为什么他要雕弄那块木料并使之竟得有这样那样的形式。(641b7—13)

匠人塑造木雕如此,自然造物造人亦如此。亚里士多德在这里通过一个技艺类比(the craft analogy),表明这个真正的本性,就是终极目的。人的目的因蕴含于使人有别于躯体的灵魂之中,它将质料和形式统摄起来,使人是其所是。因此,德谟克利特等古代自然哲学家仅仅关注物质本原与外在形式的教义是不当的:

> 动物正因有灵魂的存在而物质得以赋予灵性,也正因物质的存在而灵魂得以赋予物性,然灵魂之为用于前者远较物质之作用于后者为重要,所以研究动物本性的人们,在各方面来讲,与其尚论物质,毋宁深求灵魂。(641a28—31)

正确的研究方式应该是:

> 说明一动物就其整体而论,具有哪些明确的本性之所以使之成为那一种动物,既详于物质,也详于形式,并于它各别

的器官也像论其整体那样——兼详其物质与形式。(641a15—17)

亚氏举了两个例子来说明他所秉承的动物研究方案：

> 于论述呼吸一事,我们必须阐释呼吸的作用是为了怎样的一个目的,我们又必须阐释呼吸过程的前一步骤必然引向下一步骤。关于"必需",有时我们以指假设必需,凭"假设必需"逐步抵达于终极目的,这必须具备——先行的物质条件；有时我们以指"绝对必需",这样的必需相关于本体诸禀赋与素质。(642a31—34)

> 于是,最适宜的方式应是说,一个人之所以具有如此如此的诸部分,就因为他既生而为人,如此如此的诸部分就包含在人的大义之中了……而且这些部分的存在又涵蕴着其他的先行条件。那么,我们就应该说因为人是具有如此本质的一个动物,所以他必须经历那样的一个发展(胚胎)过程,于是这一部分首先形成,跟着而又一部分,挨次发生——部分,终以完成为一个人。于其他一切自然的作品,我们也应该照样论列它们的发生程序。(640a33—640b5)

"人的大义"和"人的本质"都是指人的逻各斯和人的目的因,它统摄着人的各部分的形成。因此,一个合理的研究方案,应该是首先论述各部分的表象,进而探究使之如此这般的本质。而在亚氏看来,对一切自然造物的研究,都应该以同样的方式进行。

这样，亚里士多德主义自然哲学研究纲领的基本特征就明确了：它把揭示自然造物之目的当作自然研究最终的指向，但并不超越具体现象而直接到达。通过完全把握那些显现给感官的形态，自然哲学家需要进一步揭示事物的原因——从自然必需的物质层面的质料因和效力因，接着讨论为质料赋予形式的形式因，最后探讨统摄质料和形式，将事物整合于自然秩序中的目的因，从而达至事物存在的本性。在这个研究纲领中，旨在记录和描述外在形态的自然志是服务于揭示事物本性的自然哲学必不可少的第一步。这也正是亚里士多德动物研究的实际顺序——首先完成记录动物生活野外观察和室内解剖工作结果的实录《动物志》，然后依据实录于各门类间做相互比较，探讨诸部分和现象的原因，乃至阐释各部分的目的等，这些内容构成了"构造""运动""行进""生殖"诸篇。

然而，亚里士多德本人毕竟没有对地下事物，尤其是对矿物进行过系统研究，他只在《气象学》第三卷末尾简要地提到了矿石和金属两类矿物的部分成因。鉴于《气象学》偏重对具体气象现象在物质方面成因的揭示，因此亚氏在此处略过了对矿物形式因和目的因的讨论，此后在其他作品中也未再有更详尽的论述。[①] 阿格里科拉认为亚氏在《气象学》中的论述，只是非常浅表地触及了地下之物的形成原因："因为他对矿脉的起源一无所知，它是承纳形成矿物的质料的容器；他也没有发现固体混合物的所有原因，他根

---

① 详见本书第一章第一节的介绍。

本没有弄清特殊土、石头和金属的起源,更不用说其他了。"[1]因此,对于阿格里科拉而言,亚里士多德主义的自然研究纲领如何应用于对地下之物的研究,还需要一个更直接明确的范例。这来自大阿尔伯特的《论矿物》,他忠实地继承了亚氏的自然研究框架,并以《论矿物》一书填补了亚氏在《气象学》中遗留的矿物研究空白。

(2)大阿尔伯特《论矿物》的结构

对大阿尔伯特而言,矿物研究的对象是石头、金属和介于二者之间的中间物三类物质。这项自然哲学研究主要探究它们的质料因、效力因、产生的位置(位置因)、形式因、混合的方式,以及它们各种偶然特性的原因,并进一步从观察到的现象和效果出发理解每一种矿物的构造和本性。

虽然同为自然物,但大阿尔伯特意识到矿物有别于生物,这引起了矿物研究在整个自然哲学研究中有其特殊性,不能简单地比附亚氏的动物研究纲领。首先,矿物研究应该先于生物研究而进行:

> 本书在自然科学丛书中的地位,在我们的《气象学》一书的结尾处已经充分地表明了,我们在那里谈到了讨论这些课题的顺序:石头和金属比植物更均匀同质,因为植物有各种部分——根、叶、花和果实。而同质的东西自然排在非同质的东

---

[1] G. Fraustadt, *Schriften zur Geologie und Mineralogie I*, p. 75.

第四章 放弃形式：矿物生成的新自然哲学

西之前。因此，关于石头和其他矿物的论述应该放在关于生物的论述之前。①

同质实际上意味着矿物在存在等级上的简单和基础，这导致大阿尔伯特对矿物研究方案做出了更重要的一点调整——由于他认为矿物作为简单同质物缺乏灵魂和生命，因此他干脆取消了矿物的目的因，而将矿物的本性理解为规定矿物各自存在的实体形式。②他这样表述他的研究方案：

> 在通论石头时，我们要研究它们的质料和产生它们的直接原因，以及它们产生的地方；然后，研究它们混合的方式，以及它们的颜色多样性与其他偶然特性——如硬度大小、是否易裂、多孔抑或密实、质地轻重等的原因。因为石头似乎有不小的多样性，不仅在这些特性的具体性质和数量上，而且甚至在一般特征上。③
>
> 当我们根据《气象学》第四卷所概述的研究方法，理解了石头所特有的质料、产生它们的直接原因、它们的形态以及偶然的特殊性时，石头的本性和构造就会得到充分的理解。④
>
> 我们要说明它们是如何从元素中混合出来的，以及每一种矿物是如何以自己的特定形式构成的。⑤

---

① Albertus Magnus, *The Book of Minerals*, trans. by D. Wyckoff, p. 11.
② 参见本书第一章第三节第一小节对大阿尔伯特矿物成因理论的介绍。
③ Albertus Magnus, *The Book of Minerals*, trans. by D. Wyckoff, p. 9.
④ Ibid., p. 11.
⑤ Ibid., p. 36.

这一方案有三个特点:(1)从原因入手,以矿物本性为终点;(2)原因包括质料、效力①、产生位置等一般性原因和颜色、质地、味道等偶然属性的原因;(3)矿物本性被理解为矿物的构造或特定形式,因此需要各别地说明。他为《论矿物》安排的章节顺序更加充分地体现了他如何落实这一研究思路(表 4.2)。

表 4.2 　大阿尔伯特《论矿物》的篇章结构

主题	卷次	篇次	主要内容
石头	第一卷:论石头的原因	第一篇	石头的普遍原因:质料因、效力因、形式因、产生地点
		第二篇	石头诸偶性的原因
	第二卷:诸宝石	第一篇	宝石特殊能力的原因
		第二篇	诸宝石的本性:名称来由、外在特征、特殊能力、相关传言
		第三篇	有印记石头的原因和本性
金属	第三卷:论金属的原因	第一篇	金属的普遍原因:质料因、效力因、形式因、产生地点
		第二篇	金属诸偶性的原因
	第四卷:诸金属	第一篇	汞硫二本原的本性以及七种金属的本性
中间物	第五卷:中间物	第一篇	中间物的普遍原因;八类中间物的本性

该书第一卷和第二卷处理石头。第一卷首先讨论了质料因、效力因、形式因、位置因等石头的一般原因,接着分别讨论了石头

---

① 大阿尔伯特的方案中似乎没有对形式因做一般性的阐发,但是他所说的效力因中既包括冷热作用和元素的力量,也包括来自天界的"形成力",而后者已经蕴含了形式因的规范性力量,参见本书第一章第三节第四小节第三部分的讨论。

硬度、透明度、颜色等偶然属性的原因。在处理完石头的原因后，第二卷主要处理了各种特殊的石头。第一篇首先讨论了宝石具有特殊能力的原因，第二篇则是一份中世纪宝石书风格的宝石清单。在这里大阿尔伯特按照宝石名称的首字母排序，介绍了最重要的97种宝石的能力与本性，这通常包括它们的名称由来、外在特征、特殊能力、与之相关的传说事迹等，这些共同构成了每一种宝石的本性。① 而第三篇则介绍了一类特殊的石头，它们往往显示出特定的图像和印记，大阿尔伯特讨论了这类石头形成的原因，几种特殊图像的形式以及图像的含义等内容。与处理石头的方式相似，大阿尔伯特在第三卷和第四卷讨论了金属。他同样按照先说明一般性原因和偶性原因，后说明各种金属之本性的方式来组织这部分内容。在第五卷大阿尔伯特以同样的顺序处理了第三类矿物——中间物。

大阿尔伯特对矿物的自然哲学讨论以原因和本性为两大核心。他将对原因的讨论置于最首要的位置，矿物的自然哲学首先是对矿物普遍原因和偶性原因的追问。这主要需要阐释矿物在质料因、效力因、产生地点等物质方面的原因，并且通过这种物质原

---

① 福柯在《词与物——人文科学考古学》中将这种看待自然物本性的方式统称为古代知识型。在福柯看来，17世纪中叶以前，自然物被符号所直接指示。这里的符号，既可以是语词，也可以是其他自然物。这里的指示，依赖的是相似性原则。因此，某物就是所有指示着它的符号（词/物）的集合，而构建关于某物的知识，便是确立一个囊括所有关于这一被指示物的符号的语义学网络。在此，观察、文字资料、传说都是这个语义学网络的一部分，它们同等地构成了物，并无实在性的区别。参见福柯：《词与物——人文科学考古学》，第18—47页。亦可参本书第五章第二节第一小节的介绍。

因解释了矿物硬度、颜色、透明度、润滑度等各种偶性原因。[①] 在对原因的讨论中,大阿尔伯特论证了矿物形式因的必要性,但并没有像处理其他原因那样对形式因给出普遍的说明。矿物在大阿尔伯特看来没有目的因,因此形式因便是矿物是其所是的本性所在。形式因来源于天界力量、元素的特定混合以及特定的位置,因此它难以被理性直接把握,而需要通过"迂回的方式",结合具体矿物的偶然属性、外在表象、特殊能力乃至相关事迹才能够间接了解:

> 这些形式大多没有名称,尽管如此,正是它们之间的差异为石头的不同名称提供了基础……但是,当我们不知道这些时,我们就没有石头的适当定义。除非我们用迂回的方式,以它们偶然的属性和表象来代替定义……石头的形式将在后面讨论它们的偶然属性和硬度时说明。因为这些偶性是每一种石头所特有的。而一旦知道了这些,它们的本性也就充分明了了。[②]

因此,《论矿物》在解释矿物的普遍原因和偶性原因之后出现的那些看似自然志的部分,实际上就承担着具体说明每一种矿物

[①] 大阿尔伯特为了避免矿物成为一种纯粹物质意义上的偶然造物,增强矿物对于天界力量和神圣事物的依赖,他在矿物的效力因中引入了天球驱动者的力量。这种天界力量实际上扮演着形式因的角色,规范着单纯的物质力量。参见本书第一章第三节第四小节对形成力和天界影响的讨论。

[②] Albertus Magnus, *The Book of Minerals*, trans. by D. Wyckoff, p. 26. 亦可参见本书第一章第三节第一小节的讨论。

形式因的作用,矿物的本性也就由此而得到彰明。

亚氏对动物的研究以对动物野外生活的观察和动物解剖为基础(《动物志》),继而才发展出对动物各部分原因的追问,最终落脚于动物之目的这一关系动物本性的最终回答。大阿尔伯特的矿物研究,同样以对原因和本性的追问为核心,但却起始于对矿物普遍原因的探究。他取消了矿物的目的因,从而将矿物之本性理解为具体矿物的形式,并进一步用具体矿物的偶然属性、特殊能力乃至与其名称相关的一切语义学网络来替代难以被理性完全把握的矿物形式。因而,在亚氏动物研究中占据基础资料地位,旨在描述差异和偶性细节的自然志,被大阿尔伯特整合进对矿物本性这一终极原因的回答中。可以说,大阿尔伯特在亚里士多德主义的范畴中,针对矿物之存在的特殊性提出了一套有别于亚里士多德动物研究的研究纲领。

3. 阿格里科拉的自然哲学架构

阿格里科拉在《论起源和原因》的献言中轻描淡写地说,在亚氏之后千余年来的自然研究者,如特奥弗拉斯托斯、塞涅卡诸辈,要么没有留下对地下之物的论述,要么只是解释了亚氏或柏拉图的观点。至于大阿尔伯特,他固然讨论了地下之物的原因,却将哲学、占星术和炼金术的学说混为一谈。[1] 尽管阿格里科拉在此将大阿尔伯特的矿物研究评价为一个不纯正的大杂烩,仿佛没有什么参考价值似的,但大阿尔伯特《论矿物》对他的影响,尤其是在研

---

[1] G. Fraustadt, *Schriften zur Geologie und Mineralagie I*, pp. 75-76.

究的整体架构方面,恐怕远比他宣称得要多。

阿格里科拉的整个研究计划在《论起源和原因》开篇就已声明。他和大阿尔伯特一样将原因和本性视为这门自然哲学的两大任务,并且也同样从原因入手进入对地下之物的探究,并将"本性"视为研究的终点:

> 因为我决定去探究那些在地下产生的事物的本性,所以在开始研究前,先从它们的起源和原因入手,这是符合理性的。①

阿格里科拉将地下之物划分成有生命物和无生命物两类,"地下之物作品集"主要处理的是地下的无生命物。这主要包含从地流出之物和从地挖掘之物两类。前者主要包括水、气、火以及蒸气和烟气两种散发物,它们都是元素或接近元素的简单物质,能够凭借自身的力量从地下流出。而从这些简单物质和土之中又形成了更复杂的物质,包含特定的土、凝浆(succus concretus)、石头、金属和以上这些物质的混合物。这些物质自身缺乏运动的力量,需要靠采掘才能获得,故被统称为挖掘物(fossilia)或矿物。《论起源和原因》一书集中讨论了这两类地下之物的原因,它的篇章结构可参见表 4.3。它用前两卷的篇幅处理了流出之物的起源,它们的偶然属性的原因,以及与之相关的地下现象如地震和温泉的原因。后三卷则进一步讨论了山丘与矿脉的成因,特殊的土、石头、凝浆、金属以及混合矿物的普遍原因及其各种偶性的原因。

---

① G. Agricola, *De ortu et causis subterraneorum*, Basilea: Froben, 1546, p. 5.

表 4.3 《论起源和原因》的篇章结构

主题	卷次	主要内容
从地流出之物的起源和原因	第一卷	地下水的起源和原因(包括蒸汽的原因); 地下水的影响; 浆汁的起源和原因; 水的偶性的原因:温度、颜色、气味、味道
	第二卷	地下空气的来源(包括烟气的原因); 地震的原因; 地下空气偶性的原因:温度、气味; 地下火的原因
从地挖掘之物的起源和原因	第三卷	丘陵和山脉的来源和原因; 地下裂隙和矿脉的原因; 特殊土的起源和原因:质料因和效力因; 特殊土的偶性的原因: 颜色、味道、气味、温度、湿度、油润性、韧性、疏松度、密度、硬度、光滑度; 凝浆的原因; 凝浆的偶性原因:颜色、形状 石头的普遍原因:质料因和效力因;
	第四卷	石化现象的原因; 石头偶性的原因: 大小、颜色、透明度、味道、气味、密度、疏松度、硬度; 石头形式多样性的原因;
	第五卷	金属的普遍原因:质料因和效力因和产地; 金属各偶性的原因: 颜色、光泽、味道、气味、密度、强度、延展性; 混合矿物的形成原因

和大阿尔伯特一样,阿格里科拉也将原因分为一般性原因和各种偶然属性原因来分别讨论。而在石头、金属等矿物的普遍原因中,他也同样关注质料因、效力因和生成位置的作用。当结束对地下之物原因的说明后,阿格里科拉接着就在《论从地流出之物的性质》与《论矿物的性质》中分别处理这两类物质的本性。他在《论从地流出之物的性质》开头这样说道:

> 在上一本书中,我已经用五卷探讨了从地流出之物的起源和原因。现在我必须按照它们的特点去了解它们。①

在献给萨克森公爵的献言中阿格里科拉强调,所有人都需要研究从地流出之物的本性,以便他们能够选择有益的水源,避免有害物质。尽管古人写了不少关于地下水的书籍,但他们并没有发展出关于从地下自然涌出的水和其他物质的普遍理论,也没有能够全面地探索这些事物的本性。因此,他将部分追随古代作家的脚步,部分依靠经验,来更详细地探讨从地下涌出的一切的本性。他接着澄清,就水的本性而言,现在要讨论的不是它们的起源,而是它们的类型,也就是根据颜色、口味、气味、温度等特殊偶性,水源、河床、接承的容器等因素,以及对人类的各种用途,来各别地说明不同类型水的本性。② 请参见表 4.4 的篇章结构说明。

---

① G. Agricola, *De natura fossilium*, Basilea: Froben, 1546, p. 111.
② G. Fraustadt, *Schriften zur Geologie und Mineralagie I*, pp. 217-219.

表 4.4 《论从地流出之物的性质》的篇章结构

卷次	主要内容
第一卷	水和浆汁的颜色、味道、气味、寒冷、温度和其他性质；鉴别水的方式
第二卷	两种湿气的作用力；希腊人和拉丁人有关水和浆汁的各种知识
第三卷	不同类型水的源头、水流状况、河床及承接它们的容器
第四卷	地下空气、散发物、地下火的各种性质；可见和不可见的地震

与之类似,阿格里科拉在《论矿物的性质》的开头也同样说道:

> 此前我们已讨论过地下之物的起源与成因。它们有的从地下流出,有的则从地下挖掘出来。关于前者的本性,我们也已在之前的论述中讨论过。在接下来的这十卷中,我们将要讨论那些挖掘物的独特特征、物理属性和有用的性能。[1]

可以看出,阿格里科拉将矿物本性的问题转化为每一种矿物的独特特征、偶然属性、特殊能力及其用途的问题,分门别类地对每一种矿物进行说明(表 4.5)。因此,在这一点上,他似乎同样采纳了大阿尔伯特迂回说明矿物本性的做法。如此一来,他的研究方案便是从《论起源和原因》一书对地下之物的一般性原因和偶性原因入手,以两本具体讨论地下之物性质的书作为对本性的说明,

---

[1] G. Agricola, *De natura fossilium*, trans. by M. C. Bandy & J. A. Bandy, p. 1.

从而完成对地下之物的自然哲学研究。就其形式而言,这是一个相当亚里士多德主义的方案,大阿尔伯特矿物研究纲领的三个特点全部体现在阿格里科拉的自然哲学架构中。无怪乎奥尔德洛伊德仅仅将他视为一位文艺复兴时期的亚里士多德派学者,否认他在思想史上有什么开创性的贡献,认为他的矿物知识只是依据亚里士多德主义哲学所能整理出来的最全面的知识而已。[①]

表 4.5 《论矿物的性质》的篇章结构

卷次	主要内容
第一卷	概述矿物具有的各种偶然属性： 颜色、光泽、味道、形状、硬度； 提出一种矿物分类方法
第二卷	各种特殊土的特征、属性及性能功用： 黏土、红土、白垩等
第三卷	各种凝浆的特征、属性及性能功用： 盐、苏打、硝石、明矾、白矾、石膏、雄黄、硫黄等
第四卷	各种未完全凝结的浆汁的特征、属性及性能功用： 樟脑、沥青、煤、烟煤页岩、琥珀等
第五卷	各种普通石头的特征、属性及性能功用： 天然磁石、赤铁矿、晶洞玉石等
第六卷	各种宝石的特征、属性及性能功用： 钻石、祖母绿、红宝石等
第七卷	大理石和其他各种岩石的特征、属性及性能功用： 大理石、砂岩、石灰岩等

[①] 参见本书导言第三节第二小节的讨论。

续表

卷次	主要内容
第八卷	各种金属的特征、属性及性能功用： 金、银、铜、铅、锡、铁等金属以及各类合金
第九卷	人工冶炼操作与各种金属产品的特征、属性及性能功用： 炉渣、氧化锌、白铅、红铅等
第十卷	各种混合矿物的特征、属性及性能功用

然而,尽管阿格里科拉在形式架构上采纳了大阿尔伯特的亚里士多德主义矿物研究纲领,但他在实质上却发展出一套与之截然不同的对矿物生成与存在的理解。面貌相似却实质背离的根源在于,阿格里科拉就矿物成因这一旧问题给出了与前人全然不同的新回答。其回答之新意体现在很多方面,但最根本的一点是,他在大阿尔伯特放弃矿物目的因的基础上,进一步放弃了矿物的形式因。矿物的形成仅需质料和对质料的作用,不再需要实体形式。如此一来,阿格里科拉便做了一个形而上学决断,使得亚里士多德的四因说和形质论失去了在矿物方面的应用空间。矿物的生成不再被与天界力量和神意相关的形式因各别地决定;它被剥离出自然的内在秩序,成为在地下独立、自足、封闭的存在;其生成过程能够被一套普遍的矿物成因理论统一地说明,而这种说明方式是相当物质主义的。这些后果颠覆了大阿尔伯特为自然、人工和神意精心构建的平衡局面,因此阿格里科拉必须有一套整全的考量,使得三者能够以新的方式得到妥善安放。本章的余下部分就将基于对《论起源和原因》的文本解读,对以上判断进行详细说明。

三 《论起源和原因》的既往研究

巴顿在2015年发表的《阿格里科拉对水文学的贡献》一文中指出,学术界对《论起源和原因》这部作品的研究是远远不充分的:它从未被翻译成英文,甚至截至目前还没有超过两页的英文内容描述。[①] 巴顿在这篇文章中为《论起源和原因》做了逐卷的内容概述,她对涉及地下水相关内容的第一卷和第三卷介绍得尤为详尽。巴顿还对《论起源和原因》做出了两点评价:其一,她认为这部作品对于水文学的创新性贡献主要在于阿格里科拉对老问题的老答案进行了新的诠释;其二,《论起源和原因》并不仅仅是一部技术作品,它隐含着一些哲学设定,如否定地下世界与地上世界、矿物与有机体之间的类比推理,巴顿认为这代表了与过去哲学的重大决裂。巴顿此文是近年来少有的专门针对《论起源和原因》内容的研究,有助于唤起对这部作品乃至阿格里科拉哲学贡献的学术关注。本书完全认同巴顿所说的"哲学断裂",更认同她指出的《论起源和原因》在学术界所受的不当忽视。然而,她本人或许也忽视了一些对这部作品的重要介绍和讨论,尽管它们为数不多。

早在1906年胡佛开始翻译《矿冶全书》时,他就注意到《论起源和原因》的重要性并以不小的篇幅对之做了英文的介绍。这部分内容被安排在《矿冶全书》英译本第三卷开头的几个长篇脚注中——阿格里科拉从第三卷开始介绍不同类型的矿脉和寻找矿脉

[①] I. F. Barton,"Georgius Agricola's contributions to hydrology",pp. 839-849.

的方法,显然胡佛认为有必要在此预先介绍阿格里科拉关于矿脉和矿物如何形成的自然哲学论述。[①] 胡佛首先对矿物成因理论进行了历史说明,他主要介绍了三个流派对这一问题的看法:《创世纪》的地质学、亚里士多德主义的自然哲学以及炼金术与占星术士的"混乱思想"。胡佛指出,阿格里科拉完全拒绝了《创世纪》的观点,极力驳斥了炼金术和占星术的观点,但受到了亚里士多德主义哲学的极大影响。他接着将阿格里科拉的主要理论总结为以下三点:(1)地下的裂隙是由地下水的侵蚀形成的;(2)地下水来源于两方面,首先是地表水、雨水、河水和海水的渗透,其次是地下蒸汽的凝结,而蒸汽则来源于地下沥青燃烧所产生的地热对渗入深处的水的加热;(3)地下裂隙的填充物由土、凝浆、石头、金属和混合矿物组成,它们皆由裂隙中循环的水和浆汁沉积而成。之后胡佛便依次介绍了阿格里科拉对各类地下之物成因的观点,包括地下裂隙的起源、地下水的起源以及矿物(土、凝浆、石头、金属、混合矿物、浆汁)的起源。胡佛在结论中表示,如果将阿格里科拉的理论从他那个时代的知识背景和他自己深厚的古典学问中剥离出来,那么就能从他的论述中提取两个直到今日依然成立的基本命题:(1)地下裂隙的形成先于它们所含有的矿物[②];(2)矿物是由在矿道开口处循环的溶液沉积而成。在胡佛看来,正是这些决定了阿格里科拉矿物成因理论的开创性意义。

[①] G. Agricola, *De re metallica*, trans. by H. Hoover & L. H. Hoover, pp. 43-53.

[②] 早期作家通常认为地下裂隙的形成源于矿脉和矿物的入侵,因而裂隙后于矿物形成。J. A. Norris, "Early theories of aqueous mineral genesis in the sixteenth century", note. 18.

胡佛对《论起源和原因》的介绍就其全面性而言，几与巴顿的文章相当，只是由于它作为脚注隐藏在规模甚巨的《矿冶全书》英译本的一角，没有引起足够的关注。此外，胡佛的介绍带有以现代地质学眼光评价阿格里科拉科学贡献的辉格史意味，它完全忽略了阿格里科拉与前人的应答和辩论结构，有意将他从古代矿物知识背景剥离出来，这就为理解阿格里科拉如何处理古代矿物观念带来了困难。与之类似，诺里斯在一个世纪之后对阿格里科拉成矿理论的介绍尽管十分清晰，但也有失于此。诺里斯基于《论起源和原因》的表述，整体性地阐述了阿格里科拉所设想的矿物生成机制。他没有像胡佛那样对不同种类的矿物进行分别说明，而是更清晰直观地描述了一种普遍的矿物形成过程。这样做的基础是，他认为阿格里科拉假设了所有矿物都以同样的过程产生，成矿的细节内在一致，成矿的各阶段也都可以被观察到。诺里斯认为这是阿格里科拉成矿理论的最大优势。[1] 他十分注意构造阿格里科拉与前辈作家之间的差异，将亚里士多德、阿拉伯炼金术士、大阿尔伯特等前辈作家的矿物成因理论归纳为矿物散发物理论和汞硫理论，并认为这些理论构成了17世纪以前的主流成矿理论，而将阿格里科拉视为16世纪新兴的水成理论的最早阐发者。然而，诺里斯并没有努力追问技术细节背后的哲学观念变更，而是将新理论的出现主要归因于实践经验的积累。他认为16世纪大为发展的采矿实践，导致矿冶作者有条件获得更多关于采矿的经验观察，尤其是观察到水和矿液在采矿时的频繁出现，这使他们能够发展

---

[1] J. A. Norris, "Early theories of aqueous mineral genesis in the sixteenth century".

出更加接近真相的水成理论。对实践性知识来源的偏重，使他忽略了自然哲学观念的变革所造成的或许更为深远的影响。

在英语学术界以外，也有一些具有启发性的研究介绍并评价了《论起源和原因》的工作。普雷舍为《论起源和原因》德译本所作的德文导言载于1956年出版的阿格里科拉选集第三卷，这篇文章将阿格里科拉置于与前人的思想对话之中，鲜明地指出他对矿物成因问题的立场，既是自然科学问题，也是思想史方面的问题。[1]普雷舍认为阿格里科拉的价值对于今天而言，并不首先在于他自己对地质-矿物现象有怎样的原创性描述和解释，而在于他与古代作者的批判性对话。对物质现象的理解和描述从不单纯，总是有一些哲学上的考虑附加其上，而古代作者理解矿物现象的方式构成了阿格里科拉时代的基本思想框架。人们只有借助这些先在的概念工具和思想方式才能证明或拒绝对于自然的认识命题。因此，对这套基本思想框架的继承与批判是阿格里科拉的首要贡献。这与巴顿认为阿格里科拉的《论起源和原因》代表了与旧哲学的决裂实为异曲同工。普雷舍主要从三个问题着手展现了前人的观点以及阿格里科拉对前人的继承和批判：地震和火山的起源、山脉的起源以及矿物的成因。他介绍了古代地震理论的发展脉络，认为阿格里科拉在地震理论方面接受了亚里士多德主义的解释，同时他也接受了作为古代物质理论基础的四元素说；而在解释山脉成因方面，阿格里科拉拒绝了过于教条的神创论观点，认为山脉的形成并非一日之功，而是发生于长时间的缓慢风化现象；对于矿物的

---

[1] G. Fraustadt, *Schriften zur Geologie und Mineralogie I*, pp. 47-57.

成因,阿格里科拉则拒绝了炼金术士的汞硫理论以及星体力量对金属形成的影响,认为一般意义的矿物来自水和土在适宜冷热比例下的不同程度混合。相比于胡佛的叙事,普雷舍并不仅仅将古代哲学看待地下之物的思想背景当作有待更正的错误观念,而是注重辨析阿格里科拉从中获益和与之拮抗的部分。尽管限于导言的篇幅,他没能具体分析阿格里科拉如何针对每种地下现象与前人展开辩论,也没有提炼出阿格里科拉最根本的观念变革,但这份导言依然对于恰当阅读和理解《论起源和原因》起到了作用。而普雷舍没有做到的方面,在日本学者平井浩的法文专著《文艺复兴时期物质理论中的精种概念》(*Le concept de semence dans les théories de la matière à la Renaissance*,2005)中,得到了很大程度的发展。

这部专著主要研究了15—17世纪"精种"概念的演变和影响,这一概念被作者视为连接中世纪普遍存在的形质论和现代早期兴起的微粒论的重要环节。它的第五章以《论起源和原因》为主要材料,专门聚焦于阿格里科拉的矿物理论,其目的是验证阿格里科拉对矿物成因的理解是否受到生机论和精种概念的影响,并评估其物质理论的性质和影响。[1] 可以说,平井浩比此前的任何学者都要细致地梳理了阿格里科拉在石头和金属的质料因及效力因两方面对古代理论的继承和变革,从而确定了他的矿物成因理论在思想史上的位置。平井浩认为,阿格里科拉的中世纪前辈大阿尔伯特在他的金属形成理论中暗示了一种生物类比,从而留下了模棱

---

[1] H. Hiro,*Le Concept de Semence Dans Les Théories de La Matière à La Renaissance*,pp. 112-133.

两可的说法。阿格里科拉则明确拒绝这种理论,否定了矿物中任何具有精种意味的成因。他完全依靠亚里士多德物理学中更加物质主义的元素力量,从而在亚里士多德主义的矿物学中消除了精种概念的可能性。出于叙述的方便,平井浩选择了石头和金属这两种主要矿物来展现阿格里科拉的理论,因为"关于它们的论述比土和凝浆更完整"。尽管平井浩揭示了阿格里科拉矿物成因理论的一个重要特征,即消除了生物类比的精种概念,使矿物王国变得更加无机化和物质化,但他没有更进一步讨论这种对矿物成因的理解与形质论之间的关系。然而,这带给本书一个非常重要的启发。精种概念在某种程度上发挥着实体形式的功能,通过与生命现象的类比,它解释了形式的起源以及形式作用于质料上的方式。因而当阿格里科拉消除精种时,他很有可能同时放弃了矿物的形式,从而在矿物领域颠覆了根深蒂固的形质论思想。下文就将以此为考察目标,进一步讨论阿格里科拉的矿物成因理论如何处理这一更加根本的问题。

四 阿格里科拉论矿物成因

1. 论特殊土的成因:诸矿物之原型

阿格里科拉处理的第一类矿物是特殊的土,他在第三卷的中间部分开始讨论这个话题。所谓特殊土,根据《论矿物的性质》所列举,是指红土、白垩、黏土等有特殊性状的土。它们开采自特定的地点,有自己的矿床,并足以与周围的普通土壤区分开来。之所以强调这一点,是因为一般意义的土本就是四元素之一,它在地球上随处可见,是不需要追问其起源和原因的简单物。只有那些特殊的土才有必要分析其原因。

平井浩因为阿格里科拉对土的讨论不够完整和充分就略过了这一部分。诚然,阿格里科拉对特殊土的讨论最为简单,但正由于土是最接近简单元素的矿物,对土的讨论才最简洁明白地反映了阿格里科拉对矿物成因的核心看法。换言之,特殊土是所有矿物的最基本原型,阿格里科拉对土的原因的讨论,涵盖了几乎所有将应用于其他矿物的原则和要素。因此,本书首先处理这一部分。

(1) 特殊土的质料:浆汁

阿格里科拉首先列举了亚里士多德和特奥夫拉斯托对特殊土起源的观点。亚氏在《气象学》中指出,特殊的土起源于干性散发物;而特氏则在《论石》中指出,土由一些纯净均一的物质汇聚或渗滤而成。① 阿格里科拉对亚氏这句含义模糊之语的诠释近似于现代古典学家艾希霍尔茨,他否认了将干性散发物当作特殊土之质料的一般观念,而把它视为具有火的性质的散发物,影响并改造了土,从而使土产生新的外观。也就是说,亚氏所说的干性散发物实际上起到了效力因的作用。同时他接受并发挥了特氏的表述,在其中加入了水的作用。阿格里科拉认为特定矿床中的特殊土,是通过流动而聚集在一起的,并通过流动过程中的渗滤变得纯净和

---

① 前者可参见本书第一章第一节第三小节的介绍,后者参见《论石》英译本第二条,见 E. R. Caley, J. F. C. Richards, *Theophrastus on Stones*, p. 45.

均一,而这个过程中一定有水的参与。于是,阿格里科拉这样表述他自己对特殊土成因的看法:

浸透土的表面的雨水首先穿过土的内部,进一步渗透并与之混合。然后它从四面八方向裂隙和矿道汇集。在那里,这些水和其他来源的一些水从裂隙和矿道中分离出土的碎屑。如果裂隙和矿道周围都是土,那就会产生很多(土碎屑)。如果是岩石,那就只能产生很少(土碎屑)。但是,岩石本身越是柔软,就越是容易被不断的运动所侵蚀……雨会使石灰石、砂岩或其他岩石软化,并将小块的土一起带走。沉淀在地上的东西一旦浸透就会被聚集起来,成为泥土。然后它就变硬,成为一种土。同样水在地面上的冲刷使岩石变软,并溶解较厚的石块……这样混合的水在一些凹陷处流到一起,或者被带到一些狭窄的地方,在那里被渗滤。通过这种方式,纯净而均一的物质沉淀到地面,但水却流走了,消失了。在任何情况下,我们现在所说的土就是由这种质料形成的。[①]

阿格里科拉在此描述了一个关于流水侵蚀、搬运和沉积作用的过程。这一过程起始于流水侵蚀土和岩石产生土碎屑,水和土(碎屑)二者便构成了形成特殊土的原始质料。它们在混合后形成显然是液态的混合物,"这样混合的水"作为土的直接质料聚集在凹陷狭窄的特定地点,经过渗滤和蒸发而形成纯净均一的土。这

---

① G. Fraustadt, *Schriften zur Geologie und Mineralagie I*, pp. 131-132.

个过程侧重于解释特殊土何以能够沉积在某一特定矿床或者聚集于一处,并且阿格里科拉重点阐述了特殊土的质料因。

事实上,作为直接质料的"混合的水"在《论起源和原因》中有一个专有名称:浆汁。它是阿格里科拉矿物成因理论中的重要概念,是第一卷所讨论的主要对象,并且在之后还将作为其他矿物的普遍质料而多次出现。阿格里科拉在第一卷指出,水分两类,即水和浆汁:水通常是稀薄的纯净物,而浆汁则是更浓稠的混合物。[1]他认为浆汁有两种起源,它可能来源于热量使干燥的物质与湿润的物质直接混合,并将其加热到沸腾;也可能源于水冲刷并溶解土壤、金属或其他矿物而变得浓稠。[2] 在特殊土的形成过程中,正是第二种起源的浆汁成为了它的质料。

于是阿格里科拉对特殊土的形成过程进行了如下总结:

> 不在某一矿床中发现而是在地表发现的土,也以类似的方式形成。这点可以从这个事实看出,即溪流有时从这里有时又从那里汇集这种土。但是,由于大多数沉积物在许多世纪中都没有变化,在外行人看来,这种变化似乎根本没有发生。水的运动使土聚集在一起,它也使土变得纯净和均匀,而热量却改变了它,这将在后文得到证明。[3]

这段总结涉及两个问题,比较明显的一个问题在于,阿格里科

---

[1] G. Fraustadt, *Schriften zur Geologie und Mineralagie I*, p. 83.
[2] Ibid., p. 94.
[3] Ibid., p. 133.

拉至此并没有完全解释清楚特殊土的成因。特殊土之特殊，不仅在于它有特定的矿床和沉积位置，还在于特殊土本身有能够被识别的外观和性状，亦即它们的偶然属性（如红土和白垩的特殊颜色）。阿格里科拉已经通过浆汁的运动和沉积解释了前者，而这段总结表明他将在后文通过热量的作用来解释后者的来源。但他所说的"后文"却被一段突然插入的关于矿物本性的讨论打断了。这段讨论就与总结所涉及的另一个更根本的问题相关，它决定了阿格里科拉的矿物观念判然相别于当时流俗的意见与他的前辈，这将在本节第三部分细加讨论。在此之前，让我们先把目光投向阿格里科拉如何具体解释土特殊性状的原因。

（2）土之特殊性状的原因：热冷与质料的自然力量

关于土的特殊性状的原因，在前文的总结中阿格里科拉已经部分地回答了这个问题：土的特殊性状来自热量，是热量改变了土的质料，使它获得各种偶性。现在阿格里科拉需要各别地解释特殊土每种偶性的原因，他首先着眼于特殊土的颜色。他根据一系列对自然现象的观察，认为纯净的土本身是白色的，而特殊土的颜色首先来源于元素混合所导致的着色：

然而，由于即使白土也很少是纯净的，并且通常像其他泥土一样混合了许多元素，在其中存在许多等级差异，并且由于相互混合产生了各种变化。事实上，就是这种混合赋予了土如此多的特殊、可爱和令人愉悦的颜色，在其形成过程中通过发酵方式将一种（颜色）转化为另一种（颜色）。在此，自然界的运作以一种神奇的方式变得可见,或者说我们可以从观察中得出某些结论。①

阿格里科拉紧接着列举出大量观察现象,它们都是当土被水浸湿并重新干燥后改变颜色的例子。据此可以看出,导致着色的混合元素主要指的就是水:"因此,土的这种颜色是由水分发酵产生的。"②阿格里科拉的结论表明,仅仅是水与土的混合还不足以解释土的颜色,这里还需要水分的发酵。发酵是一种与热息息相关的过程,这一点通过与人工技艺的对比获得了确证:

> 当来自空气和大地的水分受到热力或热烟的猛烈攻击时,任何颜色的土都会变黑……白色的土会变成黄色和相近的颜色,如金黄色、红黄色、淡黄色等。更强的热量则使黄色变成红色……因此当红土或类似颜色的土由白土形成时,我们看到它首先变成红黄色。例如,当白铅变成红铅时,白铅的白色首先变成红黄色,接着再变成红色……有时候,通过观察手工艺,我们在一定程度上掌握了大自然令人钦佩的运作。③

由此可以看出,阿格里科拉认为土的颜色改变首先来源于着色过程,这产生于水与土混合后水分的发酵,水分和热是着色的必

---

① G. Fraustadt, *Schriften zur Geologie und Mineralagie I*, p. 133.
② Ibid., p. 133.
③ Ibid., pp. 133-134.

第四章 放弃形式:矿物生成的新自然哲学

要条件。

除了与水混合并在热量的作用下进行发酵而着色外,土的丰富颜色还可以来源于土与不同颜色物质的不同程度混合。例如,不同颜色的土可以混合产生更丰富的颜色:

> 在提到的所有颜色中,有些是饱和的,有些是比较柔和的。这些颜色的强化和削弱带来了丰富的颜色差异,造成这种情况的原因在于混合的不同。①

同样,土和不同颜色的液体混合,或者相反,从土中去除某种颜色的液体,也能产生新的颜色:

> 地球上并不只产生仅一种颜色的液体,这一点从漂浮在水面上的石油和通常从地下矿道中流出的石油就可以充分说明。这些石油有的是黑色,有的是白色,有的是黄色。因此,当土吸收这种液体时,它们原本的颜色会转化为它们吸收的液体的新颜色,或者两种颜色以这样的方式相互混合和平衡,产生第三种颜色。通常还有一种以相反方式进行的蒸发作用,即从它们之中带走一些东西,从而改变土的颜色。②

综上所述,阿格里科拉对土的颜色的最终结论是,土通过与水

---

① G. Fraustadt, *Schriften zur Geologie und Mineralagie I*, p. 134.
② Ibid., p. 135.

混合后受热发酵,或者与不同颜色的物质混合而着色,通过分离质料而脱色。因此,特殊土的颜色仅仅通过质料的混合与热作用这些物质层面的原因就得到了充分说明,而不需要诉诸形式因或者天界力量。在此之后,阿格里科拉继续讨论了特殊土的味道和气味:

> 当土变湿后,在热量使其发酵以前,寒冷的作用使其收缩,土就会变得苦涩。红土,以及许多其他对舌头有收敛作用的土的味道就是这样来的。而当一种土吸收了酸味的浆汁后,它又变得酸味十足。因此,凡是含有明矾的土都有特别的收敛作用,明矾也有同样的作用,同时还有辛辣味。但是既酸又冷的土在受热后会变甜。湿润的土,如果它的水分来自水,那么在中等温度下发酵它会变甜;如果它的水分来自空气,那么发酵则会使它变得肥腻。通常情况下,这是我们所能获得的最佳的土。但是在热量变得更强的地方,例如燃烧着暗火的地球内部,土就会失去其甜味而变咸。①

这里强调了不同程度的冷热作用于不同质料之上,会产生不同的味道。因此,各种丰富的味道和气味也可以通过与解释颜色的类似思路,被归因于冷热对以土水混合物(即浆汁)为主的质料的作用,以及质料间的混合。而对于被触觉感知的各种偶性,例如柔韧或脆性、密实或疏松、重或轻、硬或软、粗糙或光滑,阿格里科

---

① G. Fraustadt, *Schriften zur Geologie und Mineralagie I*, p. 135.

拉也都通过冷、热、干、湿四性质以及质料的混合或分布①等自然力量予以了清楚的解释。② 这样，他就将特殊土所有偶性的原因，全部归结为冷和热对土水混合物(即浆汁)的作用，以及质料的混合与分布状态。因此，阿格里科拉在总结中的那句话，确乎已经点出了土之成因的所有基本要素：水的运动使土聚集在一起，它也使土变得纯净和均匀，而热量却改变了它。

然而，这种对土的偶性的来源解释似乎完全是亚里士多德式的——无论是冷、热、干、湿四性质还是火、气、水、土四元素，都是亚里士多德主义解释物质的基本概念工具。难怪平井浩认为阿格里科拉完全是在亚氏物理学的框架内解释矿物，奥尔德洛伊德、劳丹等学者纷纷把阿格里科拉视为亚里士多德派的矿物学者。如果将这里对土之偶性的论述与大阿尔伯特《论矿物》第一卷第二篇论石头偶性的原因对照，阿格里科拉对亚里士多德主义矿物成因理论的借用似乎就更为明显。下面以大阿尔伯特对岩石颜色的解释为例说明：

> 在一些大理石中，从它们中分解出来的碎片会微微发光，就像与金属混合在一起一样。之所以如此，是因为它们的质料中混合了一些透明的东西，当这些东西被凝结时，其表面就会闪闪发光。这也是为什么大理石比其他石头更高贵的原因

---

① 质料的多孔分布状态被用于解释土的轻和松散易碎的特性，致密分布则是土重和硬的原因；质料的不均匀分布被用于解释土的粗糙性，因为其中包含了很多坚硬的土颗粒，而光滑的土则由于质料均匀分布所致。

② G. Fraustadt, *Schriften zur Geologie und Mineralagie I*, pp.136-137.

之一。这类石头中的黑色是由混合物中凝结的烟尘和泥土造成的。但白色是由非常精细的土和大量的水混合而成的；因为当它被煮沸时，就会变成白色，就像奶酪和牛奶中的凝固物。灰色是由不透明的土造成的，它已经稍微偏离了白色，因为它开始从地下土和大量的水中凝固。所有种类的绿色[石头]是由大量的水引起的，它与同时凝结的蒸汽混合在一起，因而凝固了。还有一种滴水石在[不同的]部位有几种或所有这些混合物，因为许多[不同种类的]材料汇集在一处。①

尽管土和岩石的偶性成因不尽相同，但可以看出，大阿尔伯特和阿格里科拉在基本解释模式上是极为相近的——他们都利用了四元素和四性质的概念工具，同样通过土与水元素的受热以及不同性质的质料混合来解释岩石的颜色多样性。至于石头的硬度、多孔性、重量以及裂解性等其他偶然属性，大阿尔伯特也都采取了类似的方式来加以说明，恰如阿格里科拉所做的那样。② 那么，这种相似性是否表明，阿格里科拉确实没有脱离亚里士多德主义的解释框架呢？理解这一问题的关键就在于那段在他总结特殊土之原因时突然插入的关于矿物本性的讨论，它显示了阿格里科拉如何在最关键的层面跳脱了亚里士多德主义的解释框架，尽管他如同大阿尔伯特那样使用了相当多的亚氏物理学的概念工具。让我们将目光再次回到他对特殊土之原因的总结吧。

---

① Albertus Magnus, *The Book of Minerals*, trans. by D. Wyckoff, pp. 44-45.
② Ibid., pp. 48-51.

（3）插曲：失去本性的矿物

阿格里科拉在总结[1]中特意指出矿物的形成是非常缓慢的过程，以至于外行人总以为矿物是静止不变的。这并不是随便的感慨，它隐含着深刻的神学和自然哲学后果，这些直到第五卷论述金属时才被完全挑明。在那里阿格里科拉发展了一个详细的论证，他用了很多证据表明矿物的形成不断发生于创世以后的时间和自然之中，以此来反对"大量群众完全荒谬的意见"：所有矿物都是上帝在创世之初创造的，在此之后就不再形成任何新的矿物——"最高的匠神没有为它们的永久创造启动任何一种自然力量"。[2]

我们已经在阿格里科拉对特殊土各种原因的分析中看到，他所追究的恰恰是水、土、运动、热量等自然力量的作用，而丝毫不涉及任何天界或神圣力量。因此，第五卷所说的"大量群众"其实早在第三卷解释特殊土的成因时就以"外行人"的身份登场了。阿格里科拉在此处的言下之意与第五卷一样，同样是指出矿物有其自身的形成过程，它不是被上帝的创世蓝图所预先注定的，它的形成为自然力量所推动。在这个意义上，阿格里科拉与大阿尔伯特的根本分歧也就显现了。尽管大阿尔伯特在论述石头的偶性时强调要通过自然力量，也就是冷、热、干、湿以及元素的混合来解释原

---

[1] 引文译文如下："不在某一矿床中发现而是在地表发现的土，也以类似的方式形成。这点可以从这个事实中看出，即溪流有时从这里有时又从那里汇集这种土。但是，由于大多数沉积物在许多世纪都没有变化，在外行人看来，这种变化似乎根本没有发生。水的运动使土聚集在一起，它也使土变得纯净和均匀，而热量却改变了它，这将在后文得到证明。"G. Fraustadt, *Schriften zur Geologie und Mineralagie* I, p. 133.

[2] G. Fraustadt, *Schriften zur Geologie und Mineralagie* I, p. 161.

因，但本书第一章第三节第三小节已经表明，这种元素的自然力量对于大阿尔伯特来说仅仅是矿物效力因的一部分而已。自然力量只是直接作用于矿物的工具，它还受制于作为手和工匠理性的天界力量与神圣力量，后者作为一种规范性的力量起到了塑造矿物形式的关键作用。而对阿格里科拉而言，物质的自然力量对于解释土的起源和成因已经足够了。换言之，他大胆地取消了一切扮演形式因角色的规范性力量。正是这一点，使他在根底处脱离了亚里士多德主义对自然物的解释框架。

因此，就不难理解为什么阿格里科拉紧接着要插入一段与特殊土成因看似不相关的关于矿物本性的声明：

> 但是，由于土和某些石头是以这样的方式形成的，土变成了土，石头变成了石头，有些人就认为，我们必须谈论矿物的本性，而不是谈论它们的形成和原因。因为他们说，即使是对于动物和植物，也是处理其本性而不是处理起源及其原因。但这种观点是一个巨大的错误，因为地下出现的任何事物都不会生产出与自己相似的东西。就好像人能生出人，柏树能生长出柏树，但红土生不出红土，钻石也生不出钻石。因为动物和植物都有其特殊的精种，其中有使它得以生成的本性。然而，矿物没有被赋予使它们能够生成的精种力量，它们只被提供了受热或冷的质料，从这些质料中通常形成的是一些完全不同的东西，它们很少与受水侵蚀的物质相似。但这就已经足够了。[①]

---

① G. Fraustadt, *Schriften zur Geologie und Mineralogie I*, p. 133.

这里最重要的一点是,阿格里科拉指出了矿物与动植物的根本区别。如果说在大阿尔伯特那里,矿物与生物的区别还只在于矿物没有灵魂和目的因,那么阿格里科拉在此迈出了更为激进的一步:矿物没有本性。大阿尔伯特在剥除矿物的目的因后,便将其本性寓于实体形式之中。但阿格里科拉看到,个体的矿物固然也有它的外形,但它没有那个能够确保把外形通过生殖在物种之中代代相传,使人和树(作为物种而非个体)之为人和树的本性。因此,他强调"红土生不出红土,钻石也生不出钻石"。对于动植物而言,这个本性蕴含于精种之中,因此对动植物原因的研究,最终落脚于生殖和精种的力量。但正如对特殊土的分析所显示的,特殊土形成于水对土或岩石的侵蚀、流水的搬运沉积作用以及热量对沉积物的改造,这个过程中只有"受热或冷的质料",没有任何精种力量来规范特殊土的形式,以确保生成的土与被水侵蚀的土依然是同一物种。恰恰相反,"通常形成的是一些完全不同的东西"。因此,通过这段声明,阿格里科拉给出了他对矿物研究的根本主张:矿物没有本性,就追问矿物的起源和原因而言,落脚于质料和冷热等自然力量便已足够。

平井浩通过考察阿格里科拉对石头和金属原因的论述,表明他拒绝了精种概念,将矿物生成理解为更加物质主义和更无机化的过程。事实上,这一点最先在他对特殊土原因的论述中就得到了声明。这一声明不仅意味着矿物成因问题要与生物类比和精种概念划清界限,它还导致了更具颠覆性的后果,即对形式因、实体形式和本性的抛弃。如果说阿格里科拉对矿物采取了什么新的理解,那么这在特殊土这里就已经奠定了全部基础。之后的两小节,我们就分别从质料和效力因两方面,来处理阿格里科拉如何在此基础上对其余各类矿物的成因建立普遍解释。

2. 浆汁概念与矿物的普遍质料

（1）凝浆的质料：浆汁

凝浆是继特殊土之后,阿格里科拉所讨论的第二类矿物,他把各种盐类、硝石、明矾、硫黄、沥青等纳入其中。这是他独创的一种矿物类别,他本人就曾指出,在亚里士多德、特奥夫拉斯托以及大阿尔伯特那里都找不到这种矿物分类。① 从字面含义看,凝浆与浆汁有直接的关联。因此,理解凝浆这类矿物的成因与性质,首先需要理解阿格里科拉的浆汁概念。

前文已经提到,浆汁是阿格里科拉矿物成因理论中的重要概念,他用这一概念来普遍地解释各种矿物的质料。平井浩的研究认为,阿格里科拉的浆汁概念很大程度上借鉴了阿维森纳和大阿尔伯特对矿物质料因的阐述。② 阿维森纳关于石头的生成发展出了一种冻结理论：土并不能直接转化成石头,它需要通过与水混合形成泥浆,继而冻结成石。大阿尔伯特同样认为石头不是由单纯的水或土直接转变而来的,它们仅仅是间接的质料因。而直接的质料因乃是土和水混合后经过热量的烹煮而形成的混合物。之所以强调水与土的混合,是因为单纯的土由于其干燥性无法凝聚成

---

① G. Agricola, *De ortu et causis subterraneorum*, p. 46.
② H. Hiro, *Le Concept de Semence Dans Les Théories de La Matière à La Renaissance*, pp. 116-117.

稳固均一的矿物，它必须依靠具有一定"黏性"的物质提供某种凝聚力，水就起到了这一作用。大阿尔伯特如此解释道：

> 很明显，在这些石头中，土不是唯一的质料，因为土不会凝聚成坚固的石头。因此我们说，连贯和混合的原因是水分，它是如此精细，以至于它能使（土的）每一部分都（凝聚）成为石头……必须有一种黏性的东西，使它与土质部分就像链条的各节那样连接起来。因此，土的干燥性会紧紧抓住水，而存在于干燥中水的湿则使它具有连贯性。①

在平井浩看来，阿格里科拉对这一思路的唯一修改就是为这种经过热量影响后的水土混合物赋予了"浆汁"这一专有名称。阿格里科拉确实指出，大阿尔伯特应和了阿拉伯人（即阿维森纳）的观点，他们都认为石头的质料是水和土的混合物，并承认这个观点是通过理性的考虑而得出的。而他自己就此问题的思考也与他们十分接近：

> 石头既不形成于纯土，也不形成于纯水。因为热量不能把纯土连接在一起，由于土的干燥它也不能黏结起来，热只能把土愈加消解成灰烬。而纯水在冷的时候固然会变得致密而成为固体，但适度的热量会使它再次成为液体。但是湿气存在于干燥之中，因为干燥能够限制并保留湿气。而反过来说，

---

① Albertus Magnus, *The Book of Minerals*, trans. by D. Wyckoff, pp. 12-13.

湿气又是使干燥事物的各部分能够聚合和凝结起来的某种纽带。但为了让这件事变得更清楚,我必须对它进行更详细的说明:如果混合物含有丰富的土,那么它被称为泥浆;如果含有更丰富的水,则被称为浆汁。①

从这里可以看出,阿格里科拉借用了阿维森纳的"泥浆",并创造了"浆汁"这一概念。二者的差别仅仅是水和土相对含量的多寡,但其内核是一致的,都在于为干燥的土的凝聚和黏合提供解释,而这一点是通过"湿气"概念得以完成的。湿气是使干燥事物的各部分能够凝结的纽带,矿物的质料之所以是泥浆或浆汁而不是单纯的土或水,皆因只有前者才能含有湿气。

平井浩认为这里对"湿气"概念的使用,明显体现了阿格里科拉对某些思想资源的借用。一方面,湿气使各部分具有凝聚力的观点显然与大阿尔伯特和阿维森纳一脉相承,而这可以追溯到斯多亚派的学说,该学说用特殊的精气来解释自然体各部分的内在凝聚力。大阿尔伯特将这种精气分派给矿物内部的一种内在稳固的湿气,它"使得事物的各部分牢固,使事物生成和增长"②。这种湿气被视为具有油脂般的性质,但不能被火去除,大阿尔伯特及追随他的炼金术士将之称为"黏腻的湿气"(humor pinguis)。③ 阿格

---

① G. Agricola, *De ortu et causis subterraneorum*, p. 50.
② Albertus Magnus, *The Book of Minerals*, trans. by D. Wyckoff, pp. 197, 219. 亦可参见本书第一章第三节第三小节对大阿尔伯特三重湿性理论的介绍。
③ H. Hiro, *Le Concept de Semence Dans Les Théories de La Matière à La Renaissance*, p. 117.

第四章　放弃形式:矿物生成的新自然哲学　　269

里科拉则使用了"浓厚黏稠的湿气"(humor crassus et lentus)这种意义相似但并不完全一样的词语,以显示与炼金术理论的距离。而另一方面,湿气又很容易让人联想到盖伦的体液学说。这不仅仅是因为阿格里科拉采用了同一个词,更因为他直接以一个体液在生物体内形成结石的例子,来类比地说明浆汁如何能够转化成矿物:

> 此外,浓厚黏稠的浆汁能够轻易地转化成石头,这一点在生物中可以获得明证。肾脏或膀胱中形成的结石,是由浓厚黏稠的体液形成的,这一事实就能够证明这一点。①

阿格里科拉在地下的浆汁与生物体内的体液之间建立类比,意味着它们对他而言具有类似的性质。这在他于第一卷阐述浆汁的来源时就已说明:"正如生物体内产生不同种类的体液一样,大地也产生不同性质的浆汁。"②基于这种生物学类比,平井浩认为,杰罗拉莫·卡尔达诺(Gerolamo Cardano,1501—1576)得以在16世纪发展出一种极其"泛生命主义"的解释,他完全将矿物浆汁和生物的体液同等看待。③

然而,无论是关于湿气的炼金术理论还是盖伦的体液学说,阿格里科拉在借用这些理论的同时,消除了它们原本的特定含义,并将之纳入自己对矿物的纯粹物质主义的解释框架中。本书第一章

---

① G. Agricola,*De ortu et causis subterraneorum*,p. 50.
② G. Fraustadt,*Schriften zur Geologie und Mineralagie I*,p. 94.
③ H. Hiro,Le Concept de Semence Dans Les Théories de La Matière à La Renaissance,p. 120.

第三节第三小节已经介绍过大阿尔伯特的三重湿性理论有着不可忽视的形质论背景,那个被视为矿物内在稳固的"黏腻的湿气",近似于一种不能在生成过程中清除的体性形式或准实体形式,它使得矿物的质料(硫和汞)在形成新矿物后依然能够维系其自身的存在。但是阿格里科拉浆汁概念中的湿气,不再包含这层意义,它仅仅是一种在物理意义上黏结矿物各部分,使之在物理上稳固的纽带。浆汁的产生是个完全机械式的物理过程,那里只有物质与物质的相互作用。[①] 因此,浆汁与体液的生物学类比,对阿格里科拉而言非但没有"泛生命主义"的意义,反而暗示了一种"泛机械主义"的对生命过程的理解。因此,阿格里科拉为浆汁保留了解释矿物自身内聚力的功能(通过湿气这个传统概念),但却没有诉诸形式因和生物类比,而是仅仅通过元素的自然力量与物质的相互作用,就完成了这一解释。正如他仅仅以物质主义的方式就解释了特殊土的成因一样。

既然浆汁的形成与性质已经清楚,那么由浆汁凝结而成的凝浆在质料方面就十分清楚了。唯一需要解释的一点是,同样产生自浆汁,凝浆与石头与金属的区别是什么?阿格里科拉如此区分道:

[①] 引文译文如下:"正如我所说,这些浆汁因其浓稠而与水不同,它们以各种方式产生。要么是当热量将干的物质与湿的物质混合在一起,并对其进行烹煮——地球内部与外部的大部分浆汁就是通过这一过程产生的;要么是水冲洗大地而变得稍微浓稠,当然以这种方式,通常会形成一种咸而苦的浆汁;又或者是,当一种封闭的湿气包围金属物质,特别是铜矿,并将其溶解时,就会形成孔雀石的浆汁;同样,当湿气溶解易碎的黄铁矿或黄铜矿时,就产生了一种苦涩的浆汁,它能生成铜矾和明矾;最后,热的力量本身也能从大地中产出浆汁。如果这种力量很大,浆汁就会从地里流出来,就像沥青从烧焦的松树上流出一样。如果它不是很强,浆汁就会从地里一滴一滴地流出,就像落叶松、冷杉和类似的树木一滴一滴地滴下树脂那样。"G. Fraustadt, *Schriften zur Geologie und Mineralogie I*, p.94.

凝浆是我对那些容易被水溶解的矿物的称呼。事实上，一些石头和金属也是由浆汁形成的，但由于寒冷使它们牢固地结合在一起，以至于它们难以或永远不能被水溶解。①

由此可知，凝浆和其他类别矿物的差异在于能否被水溶解。造成这一差异的原因并非质料的差别，而是形成过程的不同。

(2) 石头的质料：浆汁与石化浆

关于石头的质料，阿格里科拉首先回顾了前人的种种看法。亚里士多德断言，不易燃的石头来自干性散发物——阿格里科拉据此推断，易燃的石头来自湿性散发物。特奥夫拉斯托认为，石头和土一样，都是由一些纯净均一的物质汇聚或渗滤而成。阿维森纳认为，石头的质料是黏稠的泥浆。大阿尔伯特则指出，石头的质料是水和土的混合物。② 正如前文所说，阿格里科拉接受了阿维森纳和大阿尔伯特的部分观点，认为是泥浆和浆汁，而不是单纯的水或土，作为质料形成了石头。此外，石头碎片也是形成新石头的质料。和特殊土的形成方式类似，通过流水的侵蚀和沉积，石头的碎片形成了石头。③

值得格外关注的是，阿格里科拉还为一类特殊石头的形成引

---

① G. Fraustadt, *Schriften zur Geologie und Mineralagie I*, p. 138.
② Ibid., pp. 142-144.
③ 引文译文如下："此外，岩石碎片也是新石头的质料，以这种方式，石头生成石头。运河中的一些暖水产生了黄白色的石头，其白色来自石灰石，黄色则是由水的热量造成的。流水的力量侵蚀岩石，当它(岩石碎片)沉淀在底部，就会变成石头。这样的石头，由于是由小石块组成，通常不是很硬但很脆。"G. Fraustadt, *Schriften zur Geologie und Mineralagie I*, pp. 145-146.

入了一个颇有新意的概念：石化浆（succus lapidescens）。[1] 这类特殊的石头主要指的是珊瑚以及具有树木、动物、骨骼等生物外形的化石。对此，阿格里科拉这样描述道：

> 但是，石化浆与侵蚀岩石后流出来的水不一样，这可能是因为它含有更多的沉淀物，或者是由于热量通过发酵使它变得更加浓稠，又或者是其中含有一些具有很强收缩作用的成分。海中的珊瑚以及黑珊瑚就是由这种石化浆形成的。此外，在离锡比什（Cepusio）不远处有一眼泉水，那里的一块石头也是以同样的物质形成的。居民在筑墙时，通常使用这种浆汁来代替石灰制作灰浆。总而言之，任何含有能够吸收石化浆的孔隙（meatus）的质料，都能被石化，无论它是否位于地下或是与水混合流出。因此，灌木、像树木那样的事物、动物、骨骼以及其他都可以被转化为石头。[2]

就此看来，石化浆当属浆汁的一种，它也是水和土的混合物，但又比普通的浆汁更加容易石化，以至于阿格里科拉后来描述它一旦暴露在空气中就会变成石头。而当用石化浆来解释珊瑚以及动植物化石的形成时，阿格里科拉再次展现了其矿物成因理论十分物质主义的一面，这一点在比较他与前人对同样对象的不同解

---

[1] 平井浩对阿格里科拉的石化浆的概念进行过细致分析，本书这一部分从中获益良多。参见 H. Hiro, *Le Concept de Semence Dans Les Théories de La Matière à La Renaissance*, pp. 120-122.

[2] G. Agricola, *De ortu et causis subterraneorum*, pp. 51-52.

第四章　放弃形式:矿物生成的新自然哲学

释时显得尤为清楚。

无论是珊瑚还是化石,对它们成因的解释自古希腊以来就早已形成传统。特奥夫拉斯托、迪奥斯科里德斯以及普林尼都将珊瑚视为一种海洋植物,认为它暴露在空气中时就会逐渐硬化成为石头。奥维德(Publius Ovidius Naso,43BC—AD17/18)则将珊瑚石化的原因归于蛇发女妖美杜莎的力量:美杜莎被珀尔修斯斩杀后,从她头颅流出的精气被从海里捞出的多孔的海藻吸收,海藻便逐渐变硬石化,并随着繁殖将这一特性延续到如今的珊瑚。[1] 而保持动植物外形的化石,同样被视为是由动植物石化而成。

阿维森纳尽管没有诉诸美杜莎所拥有的石化力量,但依然采用某种神秘的"矿化力量"来解释化石的形成。据他说,这种在某些特定地点呼出的力量会使接触到它的一切都被石化。[2] 大阿尔伯特基本采纳了阿维森纳的观点,他进一步将这种"矿化力量"赋予特定的地点,使得矿物的形成位置也成为一种矿物成因,以解释何以矿物形成于特定的位置。大阿尔伯特认为,矿化力的来源是三种力量的组合,分别是推动者的力量、被推动的天球的力量以及

---

[1] 美杜莎是古希腊神话中的蛇发女妖,戈尔贡三姐妹之一,凡看到她的眼睛者都会被石化,被宙斯之子珀尔修斯斩杀,参见《变形记》第四卷的描述:"刚从海里捞出来的海藻还是活的,毛孔很多,吸进了妖怪头颅的精气就变硬了,枝干也都僵死了。海仙又取了些海藻来试验,也变为僵硬,她们很高兴,就把这些枝干撒在海里,好让它们繁殖。因此,直到今天珊瑚还保有这种性能:当它在海里的时候,它的枝干是柔软的,一着风就会硬化,变得像石头一样。"奥维德:《变形记》,杨周翰译,人民文学出版社2000年版,第96页。

[2] 转引自 H. Hiro, *Le Concept de Semence Dans Les Théories de La Matière à La Renaissance*, p. 122。

元素的自然力量。① 而矿化力的具体表现形式被大阿尔伯特设想为一种精气或者更为物质化的蒸气，它能够被水吸收形成具有矿物能力的液体，从而使其流经的物质变成石头（如果矿化力足够强，它甚至可以将水转变为石头）：

> 有一些水流经具有非常强的矿化力量的材料时，它们本身就会被这些矿物所浸渍。于是，水和浸泡在其中的一切东西都会根据矿化力量的强弱，或多或少地转化为石头……矿化力与石质物质一起以蒸气的形式被水提取出来，水完全被这种精气和蒸气所浸染。而矿化蒸气如果能够克服水，它就会把水也转化为石头。它甚至能更迅速地转化土质的东西，如木头、植物和动物的身体等。因为如果这些东西浸泡在水里，就会被这种矿化力抓住，并被转化为土质的东西，这是适合成石的质料，而这些土质的东西被以蒸气形式溶解于水中的矿化力干燥、凝固，并发展为石头的具体形态。②

比较这些关于化石形成的不同解释方案，可以看到，阿格里科拉一方面从传统思路中借用了一些便利的解释工具，但另一方面消除了附于其上的超出自然本身的神秘力量。大阿尔伯特构想的吸收了成矿力量（蒸气）的水，被阿格里科拉替换成石化浆概念。这一替换保留了成矿作用的流动性和浸润性，以便解释化石整体

---

① Albertus Magnus, *The Book of Minerals*, trans. by D. Wyckoff, pp. 29-32. 亦可参见本书第一章第三节第四小节对矿化力三种来源的介绍。

② Albertus Magnus, *The Book of Minerals*, trans. by D. Wyckoff, pp. 31-32.

在原先外形不变的情况下仅仅发生质料变换的现象。但阿格里科拉将其中最关键的矿化能力的来由,解释为石化浆含有更多沉淀物,因而更加黏稠更加容易收缩成矿。他不再诉诸大阿尔伯特所谓的矿物精气或蒸气,更取消了推动者与天球力量在其中可能发挥的功能。阿格里科拉将石化浆得以全面浸润生物体归因于生物体本身具有孔隙,这有助于石化浆与生物体的全面结合。尽管这一思路早已出现在奥维德对珊瑚石化的解释中,但阿格里科拉对孔隙的挪用显然是物质主义的,他完全排除了美杜莎式的超自然的石化精气。

(3)金属的质料:汞硫理论的清除与亚氏理论的再阐释

阿格里科拉对金属质料的论证有两个核心目标:第一,驳斥流行千余年的汞硫理论,消除不同形式的汞硫理论的影响,炼金术士和大阿尔伯特在此意义上是他的主要理论对手;第二,重新阐释亚里士多德在《气象学》中对金属生成的表述,证明是浆汁而不是湿性散发物构成了金属的质料。①

阿格里科拉充分了解汞硫理论的强大影响,"这种观点在几个世纪以来一直被所有致力于科学研究的人所遵循,而且它如此普

---

① 引文译文如下:"前人对其质料的定义有不同看法。亚里士多德认为它是湿润的蒸气。炼金术士有不同的观点,在他们中间基本有两种意见:一种主张硫和汞是金属的质料,另一种,其主要代表是毛里塔尼亚的吉尔吉,认为质料是被水润湿的灰。大阿尔伯特坚信黏腻的湿气是金属的质料,他与这一大批炼金术士没有什么实质的区别,差别仅仅在字面上。但我还是要回到亚里士多德。他正确地指出,金属的质料不是纯水,而是发生了一些变化的水。因此他说,它们部分是水,部分又不是水。这种质料很可能曾是水,但它不再是水,因为产生了一种影响,就与凝浆的情况一样。但如果他认为金属产生于潮湿的蒸气,这种观点就不正确了。"G. Fraustadt, *Schriften zur Geologie und Mineralagie I*, p.162.

遍,甚至使矿工们对他们(炼金术士)令人眼花缭乱的工作感到困惑"①。他对这种流行观点的驳斥便开始于对炼金术士主张的重述,他不具名地引用了一段实际可以追溯到贾比尔的话,它阐述了金、银、锡、铅、铜、铁等不同金属都是由不同纯度和比例的汞与硫混合而成。② 阿格里科拉对之的第一点评论是:

> 他们巧妙地用火和其他方法制备这两种物质,即硫黄和水银,并在金属制备完成后将其倾倒在金属上,从而改变其颜色。

这是一个源自阿维森纳的炼金术批评策略,即将炼金术士声称的金属嬗变仅仅视为颜色的改变而不是生成了一种新金属。③ 接着,阿格里科拉设想了炼金术士对于"着色而非生成"的可能反驳,并进一步对之提出反驳:

> 但炼金术士可能会说:"当用技艺制备的一定数量的水银被倒到金属之上时,它们就变得能承受火,这是黄金的特点。"如果他们能向我们提供这些,我们就会倾情赞叹炼金术技艺的伟大,但我们却不会向他们承认自然界会如此制备水银的事实……
> 如果他们说:"我们的黄金既不被火破坏,也不增加任何火的灰烬。"那么就让他们把他们的作品从炉子中拿出来展示

---

① G. Fraustadt, *Schriften zur Geologie und Mineralagie I*, p. 165.
② Ibid., p. 166.
③ 参见本书第二章第二节第三小节对伊本·西那炼金术批判的介绍。

吧。如果他们被发现是诚实和正确的,我们不仅会钦佩他们的技艺,而且会最高度地赞美它。但即便如此,黄金也不必由汞和硫组成。因为这样一来,石棉、钻石以及其他能抵御火的石头也都是由同样的质料制成的。

阿格里科拉这里的回应,包含着两层含义。首先,他对"黄金由它的诸偶性所定义"这一点[1]持暧昧的态度,他通过有限地怀疑这一点发展出对炼金术士现有主张的一种较弱批驳。从表面上看,阿格里科拉声称,金属的颜色变黄,并不代表金属变成了黄金,因为这仅仅是偶性的变化;同样,金属变得能够承受火,也并不代表金属就是黄金,因为石棉、钻石等其他物质也同样抗火,这同样只是偶性的变化。但这种回应本身是偶然而不根本的,因为炼金术士还可以进一步列举出更多偶性的变化,使他们生成的金属逐渐逼近黄金:如果它既是黄色,又耐火,同时还具有其他黄金的偶性呢?我们看到,阿格里科拉其实承认这种逐步逼近是有效的。因为当炼金术士在使金属颜色变黄外还使之耐火后,阿格里科拉就更加赞叹这项技艺之伟大。可见,如果炼金术士使得金属能够拥有黄金的全部偶性,那么阿格里科拉将不得不承认,炼金术制成了黄金。

但他对炼金术技艺以及汞硫理论的另一条更强硬的批驳也由此而来:即便技艺真的凭借汞和硫制成了黄金,也不代表自然本身

---

[1] 这是炼金术理论背后的终极主张,被保罗的微粒炼金术彻底揭示出来。参见本书第二章第二节第五小节的介绍。

是这样运作的,技艺与自然并不等同。自然不会像炼金术士那样制备汞,自然也不用汞和硫来生成黄金,因为"他们主要用这两种物质润湿金属并给它们着色,并不意味着自然用同样的物质制造金属"[①]。"即便玻璃和硫融在一起会变成石头,就像普林尼写的那样,也没有人会声称自然界形成石头是用了这两种质料。"[②]在这里,阿格里科拉挑战的是自亚里士多德以来就被自然哲学论证频繁使用的技艺类比——技艺模仿自然,因此从技艺中可以窥见自然的运作。但自然并不非得以与技艺相同的质料和方式产生任何东西,阿格里科拉试图改变技艺与自然的关系,而支持他这样做的是对自然的观察经验:

> 自然界不生产汞和硫的矿石,这一点从其他金属的矿床中很少发现这些矿石这一事实可以看出。因为汞有自己的矿床,而在银的矿床中,它未被发现(有人写道,它只在极少数的矿床中被发现)。至少我们知道在德国的银矿床中没有发现它。同样,硫在某些矿脉中产生,但不是在所有矿脉中生成。
> ……
> 如果金属是由上述两种物质形成的,那么在每一处发现汞和硫的地方,首先应该发现完全没有变化的汞和硫,然后(发现)其中一些物质应该已经改变并转化成它们所要生成的金属,然后(发现)大部分已经变成了那种金属。因为大自然

---

① G. Fraustadt, *Schriften zur Geologie und Mineralagie I*, p. 166.
② Ibid., p. 167.

在一系列的阶段中上升到她作品的完善。①

....

让他们搜寻大地内部,并向我们展示汞和硫吧,展示在矿脉中尚未转化的汞和硫吧——他们不能!因为1000尺深乃至更深的矿道都没有显示出这种情况。而在其他地方,汞和硫自己的产生地,它们就像藏在草皮下面那样被找到。因此,形成金属的质料必然会在地球的其他地方被发现。炼金术士的那种观点是不正确的,尽管大量的学者和矿工都赞同这种观点。②

由于在形成金属的矿脉中无法实际观察到类似于硫和汞的物质,而在硫和汞各自的矿床中又没有观察到它们逐渐转化成金属,通过这种观察经验,汞硫理论受到质疑。这一倚重实践经验的批驳思路或许是在16世纪早期采矿业繁盛的背景下逐渐成熟的,稍早于阿格里科拉的比林古乔在《火法技艺》中同样诉诸经验表达了对汞硫理论的不满:"从未在任何金属矿中发现过硫,也没有在任何硫或汞矿附近发现过金属。"③尽管这种批驳实际上扭曲了汞硫理论的本意,至少在一些版本的汞硫理论看来,汞和硫是构成金属形式的精神本原,而不是现实存在的作为矿物的汞和硫。因此,矿脉中没有找到物质汞和物质硫,并不能真正否定汞硫理论的主张。但是,阿格里科拉理解矿物生成的物质主义框架显然无法容纳那

---

① G. Fraustadt, *Schriften zur Geologie und Mineralagie I*, p. 167.
② Ibid., p. 168.
③ J. A. Norris, "Early theories of aqueous mineral genesis in the sixteenth century".

种精神性的本原,因此观察经验的否定就构成了他拒绝汞硫理论的最强硬证据。这种拒绝并非发生于汞硫理论自身所处的思想图景中,而完全是由于阿格里科拉抛弃了旧范式,确立了理解矿物的物质主义新框架。

将一切精神性的本原作一种物质主义的理解,从而借助实践和观察经验来反对它,这种只有完成范式切换后才得以生效的策略,在阿格里科拉对大阿尔伯特的批评中也得到了鲜明的体现。大阿尔伯特对金属质料的论述,被阿格里科拉视为是混杂的:其中既包含符合亚里士多德主义的部分(这些被阿格里科拉所接受),也包含受炼金术汞硫理论污染的部分。后者主要指的是大阿尔伯特的"三重湿性"理论,阿格里科拉对他的批驳主要就是针对这一理论。

大阿尔伯特认为,金属的质料是被其他元素影响后的水。为了解释金属的内在凝聚力,他赋予这种水分以油脂般黏腻的性质。但无论是油脂还是水分,都容易被火和热量去除,而金属显然难以被火全然消耗。因此,大阿尔伯特将金属的质料区分为三种不同的湿性:其中两种是外在、不稳固和能够被火去除的湿性,它们解释了金属能部分被火消耗的现象;只有一种是内在、精细、稳固、不能被火去除的湿性,它具有黏腻的油脂性质,使得事物的各部分牢固并维系其形式。大阿尔伯特通过葡萄酒的例子来支持他的论断:酿造葡萄酒时浮在表面的那层容易被勺子撇清的油脂,就相当于金属质料中外在的湿气,而与葡萄酒液整体基本性质相关的,难以与之分离,使酒液是其所是的那个东西,就相当于金属质料中内在的湿气。可以看出,大阿尔伯特的内在湿性实际上承担了部分实体形式的作用,并不完全是物质性的存在。① 但阿格里科拉是以十分物质主义的方式理解这里所说的油脂和湿性的,他以经验的证据来反对之。首先,任何黏腻的油脂,无论是内部的还是外部的,都会被火消耗,因为从经验中就可看见,油、沥青或其他油性物质都很容易着火而被烧毁。因此,既然金永远不被火消耗,银几乎不被消耗,其他金属也不易被火烧蚀,那么金属就不是由油脂性的物质组成的。其次,当金属熔融流动时,它们不会弄湿它所流经的东西,也不会像油脂一样散布和黏附在物体表面,它只会边流动边凝固,因此金属的质料也不是油脂。在阿格里科拉看来,大阿尔伯特的理论与经验相抵触,因而就称不上是确凿的推理:

> 大阿尔伯特自己也清楚地注意到,他的推理并不十分确凿,因此他就像在祭坛上一样,受庇佑于阿维森纳、赫尔墨斯和其他人的权威之下。由于这些人的观点都与炼金术士相同,因此大阿尔伯特与炼金术的差异也是字面上多于实质上。②

尽管大阿尔伯特试图解释何以熔融的金属不会像油脂那样黏附于它所流经的物体表面③,但很快他承认他的金属质料理论与

---

① 参见本书第一章第三节第三小节第二部分对三重湿性理论与形质论关系的介绍。
② G. Fraustadt, *Schriften zur Geologie und Mineralogie I*, p. 162.
③ 引文译文如下:"一种精细的、不坚固的湿气不可能是它们唯一的质料,它必须与精细的土完全混合,这就使它不能黏附在任何接触它的东西上,也不能完全流动,而是[使它]像球状物一样粘在一起。因为其中处处都有精细的土抓住了湿气,并通过把它粘在一起而将之牢牢抓住,为它提供边界,以防止它黏附在除自身以外的任何东西上。"Albertus Magnus, *The Book of Minerals*, trans. by D. Wyckoff, p. 158.

汞硫理论本质相同①。因此,阿格里科拉就可以忽略他的辩护,而将所有前面已经建立的对汞硫理论的批驳,径直应用到大阿尔伯特那里:"既然他这样写,那么我们在上面已经削弱并使炼金术士的观点无效的论证也适用于反对他。"②

在拒绝汞硫理论后,阿格里科拉对金属质料的看法转向了亚里士多德的观点。在他看来,亚氏在《气象学》中正确地理解了什么是金属的质料。亚氏含混地表示,湿性散发物形成了金属,但金属的质料不是纯的湿性散发物,而是混杂了一些干性散发物,它在某些意义上是水,某些意义上又不是,它是发生了一些变化的水。③ 阿格里科拉认为,大阿尔伯特对之的某些解释基本符合亚里士多德主义的观点,因而是可信的。大阿尔伯特的基本思路是,金属的可熔性和流动性表明它由水构成,但加热并不能去除金属的水,因而金属的质料不是简单的水,而是被其他元素以某种方式作用过的水。④ 由于大阿尔伯特的进一步解释方案是将那种作用归于"内在湿性""黏腻的湿气"乃至汞硫理论中的硫本原,这被阿格里科拉判定为炼金术的污染因而拒绝。因此,阿格里科拉需要解释究竟是什么作用于水,构成了金属的质料。他再一次转向他的浆汁概念:

---

① 引文译文如下:"(阿维森纳)在那两本书中说,汞和硫是一切金属的质料。而我们所说的水与土混合在一起的物质,正是汞的直接质料;而我们所描述的黏腻的物质正是硫的质料。"Albertus Magnus, *The Book of Minerals*, trans. by D. Wyckoff, p. 161.

② G. Fraustadt, *Schriften zur Geologie und Mineralagie I*, p. 174.

③ 亚氏在《气象学》第三卷末尾对金属质料的论述参见本书第一章第一节第三小节的介绍。

④ G. Fraustadt, *Schriften zur Geologie und Mineralagie I*, p. 172.

其他观点被驳斥后,现在必须阐明的是,产生金属的质料是什么。它们含有水分的最强有力的证据,是它们可以通过火焰的高温熔化并变成流体,在空气或水的冷却下凝固。但这应该理解为:其中含有较多的水和较少的土壤。事实上它们的质料不是纯水,而是与土混合的水。混合物中含土的量刚好足以消除水的透明度,而不会消除(混合物的)光泽。事实上,混合物的质料越纯,从中产生的金属就越有价值,也越能抗火。但是土与形成金属的湿性物质的比例是多少,没有一个凡人能够在其脑海中理解,更不用说表述了。只有上帝知道,他为自然界中的物质混合制定了特定的法则。因此,浆汁就是形成金属的质料。它们是通过多种运动产生的。其中需要考虑的是,水的流动,它软化或带走土;土与水的混合;以及使它们产生这种混合的热。[①]

只要从亚氏含混指出的干性与湿性散发物的混合物再迈一步,金属的质料就能够与阿格里科拉已经用于解释特殊土、凝浆和石头质料的浆汁相应合。浆汁中成分可变的水土混合物取代了汞硫理论主张的汞硫二本原的平衡系统,前者不但能够通过水与土的比例解释不同金属的特征,并且在经验上也是可靠的。[②] 至于某一种特定的金属具体对应土与水的何种比例,阿格

[①] G. Fraustadt, *Schriften zur Geologie und Mineralagie I*, pp.174-175.
[②] 水往往与矿物共存的经验在 16 世纪被越来越广泛地接受了,如比林古乔在《火法技艺》中提到,凡是有丰富水源的山都有丰富的矿物,这是一条普遍的规律。参见 J. A. Norris, "Early theories of aqueous mineral genesis in the sixteenth century"。

里科拉并不试图像炼金术士那样去破解它,而是将之交付给了上帝的权能。

至此,阿格里科拉使用同一个浆汁概念,解释了特殊土、凝浆、石头以及金属等所有类型矿物的质料因。他以纯粹物质主义的方式使用了水、土、混合、发酵、孔隙等在亚里士多德主义乃至炼金术传统中都已被应用的概念,却消除了第一推动者、天界力量、神秘力量、实体形式等隐含其中的超自然力量,塑造了新的浆汁概念作为矿物的普遍质料。

3. 物质的力量作为普遍效力因

(1)冷、热、干、湿:凝浆和石头的效力因

正如阿格里科拉通过冷和热以及质料的自然力量来解释特殊土的效力因,对于其他类型的矿物,他也同样使用这些物质力量来普遍地解释其成因。

说清凝浆的形成过程相对简单,因为这是一个阿格里科拉独创的概念,他无须面对太多前人的不同理论。阿格里科拉认为,"凝浆是由热或冷汇集并凝固的浆汁产生的。"[1]也就是说,热和冷都能够作用于浆汁从而产生凝浆。他举例道,当流经黄铁矿的水(黄铁矿的浆汁)因寒冷而凝固或因高温而蒸发,都会产生矾。[2]考虑到他对凝浆的定义是"容易被水分溶解的矿物",那么这里描述的过程,就等同于被现代化学称为"冷却饱和溶液法"和"蒸发溶

---

[1] G. Agricola, *De ortu et causis subterraneorum*, p. 46.
[2] Ibid., p. 46.

剂法"的两种结晶方法。这两种方法都能获得作为溶质的矿物质，也就是被阿格里科拉称为凝浆的矿物。因此对他而言，热和冷都能够在凝浆的生成过程中扮演效力因的角色。

石头的情况就复杂得多。对于形成石头的效力因，阿格里科拉总结前人观点道：

> 亚里士多德认为是火的热量。一些炼金术士同意他的观点，以免他们偏离自己的技艺，因为他们完成大量工作是用了火的力量，而很少或根本没有使用冷的力量。特奥夫拉斯托认为，一些石头因热而凝结，一些则是因冷。集哲学家和医学家于一身的阿维森纳，认为大自然有热和另一种特殊的力量来形成石头。大阿尔伯特与他接近，断言热和冷不是形成石头的原因，他断言一种植入于自然的力量形成和塑造了物质。这些是关于形成石头的因果力量的观点，而那些把一切都归因于星体（力量）的迦勒底人，我暂且不讨论。[1]

阿格里科拉试图确立的观点是，仅仅依靠热和冷对质料（浆汁或石化浆）的作用，以及质料本身的干燥性，石头就能够形成。因此，亚里士多德和一些炼金术士的错误在于，他们只关注热的作用，却明显忽略了还有一些石头是在冷的力量下凝结而成的。而特奥夫拉斯托的说法最接近真相，但他依然忽略了那些有着动植物外形的化石的成因。至于阿维森纳、大阿尔伯特乃至占星术的

---

[1] G. Fraustadt, *Schriften zur Geologie und Mineralagie I*, p.147.

信奉者,他们的谬误在于元素力量以外,引入了其他超自然的力量来解释石头的成因。[①] 对他们的批驳占据了阿格里科拉论证的主要部分,本书将在本小节第三部分专门讨论。现在不妨直接给出阿格里科拉自己对于石头效力因的最终观点。

阿格里科拉指出了三种石头形成的途径,这对应于三种效力因。前两者就是热和冷:

> 能够通过湿润而被水蚀解(dissoluit)[②]的石头,是通过干燥而被热结合在一起的;相反,那些在火的热量中被融化的石头,就如卵石,是被冷压实(形成)的。压缩与它的相反效应,即蚀解和融化,是由相反的原因产生的。热将水分从质料中吸出,从而使它变硬;冷将水分紧紧缩聚在一起,从而使空气被大部分排除(以紧实质料)。[③]

这段论证的核心依据是"相反的效应由相反的原因产生",它是亚里士多德物理学解释自然变化的重要原则,亚氏在《气象学》中就频繁使用这一原则来解释自然现象的产生原因。阿格里科拉在此采纳了这一亚里士多德主义中相当物质主义的原则,用以解

[①] G. Fraustadt, *Schriften zur Geologie und Mineralagie I*, pp. 147-148.

[②] dissoluit 的通常含义是溶解,但如果译成"溶解",石头作为溶质溶化在水中的意义就太强了。根据阿格里科拉的定义,石头是那种难以或不能被水溶解的矿物(容易被水溶解的矿物是凝浆)。因此,这里的 dissoluit 最好被理解成水侵蚀岩石那般的机械作用,石头在水的作用下被一点点软化和剥离。这一过程在论述浆汁的成因时曾被阿格里科拉描述过,可参见前一节第二小节第一部分的介绍。

[③] G. Agricola, *De ortu et causis subterraneorum*, p. 56; G. Fraustadt, *Schriften zur Geologie und Mineralagie I*, p. 152.

释两类不同石头的不同成因。一类石头容易被湿和水（代表了冷与湿）蚀解，因此它的成形或凝结便来源于与湿和水相反的原因，即干与火（代表热与干）。这类石头对应于亚氏本人和炼金术士通过技艺类比说明的那类，它就像用火烧制砖块那样，通过热量和干燥烧结而成。另一类石头则容易被热融化，因此它的成形或凝结便来源于与热相反的原因，即冷。被亚氏和炼金术士忽视的就是这种被冷压实而成的石头。

而第三种情况涉及化石的形成，化石的效力因既非热也非冷，而是它的质料即石化浆本身：

> 但是当石化浆被植物或生物的纤维吸收时，无论是单独的还是与水混合的，它除了是一种质料，还具有效力因的作用。它以这样的方式渗透到它们的身体中，连同它自己一起，将之转化成石头。①

阿格里科拉让一种质料同时成为它自身的效力因，这在某种程度上是对亚里士多德四因说框架的突破。亚氏可以将效力因、形式因和目的因视为同一者，但质料因与其他三因却有根本区别——质料因代表着受动者和被作用者，而其他三因则源于施动者或作用者。对于作用者和被作用者的区分，可能根植于古希腊哲学中常见的技艺类比——自然物，如同工匠创造人造物一般，也

---

① G. Fraustadt, *Schriften zur Geologie und Mineralagie* I, p. 152.

源自创造者的创制。① 前文讨论过阿格里科拉对化石成因的解释与前人的最大区别在于,他消除了任何超自然力量的作用。前人之所以需要超自然力量,无论是来自天界的矿化力还是美杜莎的石化力量,来解释生物的石化,是因为只有诉诸外在的作用,才容易解释生物这种本来非石质的"质料"何以成为石头。阿格里科拉让石化浆同时扮演质料因和效力因的角色,毋宁说是消除了作用者和被作用者的区别——石化浆能够不假外力,自己创制自己(使自己成石)。除非消除所有原因属于物质自身还是源于外在的区别,将它们都完全还原为物质本身的力量,这一点才是可能的。阿格里科拉所做的突破正在于此。②

而结合他在前文对石化浆自身性质的描述,这里作为效力因的"石化浆"还能够被还原成更加基本的物质力量:冷、热、干、湿。正是这些物质力量真正起到了效力因的作用:

> 它(石化浆)含有更多沉淀物,或者是由于热量通过发酵使它变得更加浓稠,又或者是其中含有一些具有很强收缩作

---

① 无论在柏拉图的《蒂迈欧篇》中,还是在亚里士多德的《物理学》中,技艺类比论证都是一种基本论证模式。宋继杰援引伯恩耶特的阐释,指出《蒂迈欧篇》的核心在于技艺类比在论述匠神造世活动时的运用。并且,目的论和理念论能够进入柏拉图的哲学体系,关键就在于用技艺所蕴含的思维模式取代自然蕴含的模式。参见柏拉图:《蒂迈欧篇》,宋继杰译,云南出版集团2023年版,第36、57—58页。而在亚里士多德《物理学》钟爱的那些例子中,一方面自然物与技艺产品的区别并不妨碍二者之间的高度类比,另一方面具体存在物也经常被比喻成技艺的制品。依照海德格尔的追溯,四因说源自对手工制作活动的存在领悟,传统哲学有一个"手工业的形而上学"的源头。参见丁耘:《道体学引论》,华东师范大学出版社2019年版,第17页。

② 本小节第三部分将主要讨论这一点。

第四章　放弃形式:矿物生成的新自然哲学

用的成分。①

一旦它被吸收到木材或任何其他物体的空隙中扩散并停留下来,它就会在寒冷的逼迫下压实,把这些物体变成石头。②

因此,当阿格里科拉总结这几种形成石头的不同过程时,他将效力因归于冷、热、干、湿这四种物质力量。他断言除此以外,便无须设想任何其他力量,仅凭物质与物质的相互作用,就能够解释物质的产生:

确实,石头在这些方式下都能产生。在四种性质本身或归属于它们的力量之外,不必再发明或想象任何其他力量来产生相同的效果,这种力量产生于物质之间的相互作用和反应。③

这句断言实则概括了阿格里科拉关于矿物生成的新自然哲学的全部内容。对于金属的效力因,他也以同样的原则进行论证。

(2)金属的效力因:热与冷的共同作用

阿格里科拉将前人对金属形成的看法概括如下:

占星术士坚持认为行星是产生金属的原因。毛里塔尼亚的吉尔吉则认为(金属的效力因)是地球的热量,一些炼金术

---

① G. Agricola, *De ortu et causis subterraneorum*, p. 51.
② G. Fraustadt, *Schriften zur Geologie und Mineralagie I*, p. 153.
③ G. Agricola, *De ortu et causis subterraneorum*, p. 57.

士也同意他的观点。然而,大阿尔伯特又发明了一种金属形成的能力,热量只是它的工具。但亚里士多德认为(金属的效力因)是冷。①

针对吉尔吉、大阿尔伯特、亚里士多德等人的物质主义解释,阿格里科拉通过逻辑分析以及寻求经验证据和文本支持来纠正他们的错漏,并且部分吸收他们的成果;而针对占星术士和大阿尔伯特诉诸除物质自然力量以外因素的解释方案,他断然拒绝。在他看来,金属是在热和冷的共同作用下形成的,而那些非自然的力量他一概不予承认。关于后者,本书将在第三部分进行讨论,此处主要关注阿格里科拉如何应对前人对金属效力因的物质主义解释。

吉尔吉通过一种技艺类比来说明热是金属生成的效力因。他认为自然形成的金属与人工生成的玻璃是相似的——他们都在高温下融化,在低温中凝固。因此,如同玻璃形成于火焰烧制灰,金属也应是由热作用于质料而产生的。吉尔吉还提供了一些经验证据支持自己的观点,如寒冷地区的金属矿石产量往往多于温暖地区,因为寒冷地区的热量集中于地球内部而不断发挥作用;又如一些金属矿脉的温度通常很高,这是因为生成金属所需的热量还在生效。②

阿格里科拉对他的反驳同样基于经验。阿格里科拉承认地下热现象的存在,但是他指出地下很少有像人类制造玻璃时使用的

---

① G. Agricola, *De ortu et causis subterraneorum*, p. 72.
② G. Fraustadt, *Schriften zur Geologie und Mineralagie I*, pp. 176-177.

第四章　放弃形式：矿物生成的新自然哲学

如此猛烈的热，除了少数火山，地下热总是温和的。这种温和的地下热无法像吉尔吉设想的那样将金属从质料中熔化出来。因此，阿格里科拉认为吉尔吉对采矿现象一无所知，他对于"热是金属的效力因"的论述也是站不住脚的。①

就金属生成的物质原因而言，大阿尔伯特也持有"金属生成于热而不是冷"的观点。阿格里科拉对之的反驳不再是诉诸经验证据，而是主要依靠亚里士多德主义的基本原则以及分析大阿尔伯特论证中的矛盾。亚里士多德主义的通常观点认为，冷是金属的成因，因为热使金属熔化从而破坏其形式，而冷使金属凝固、硬化并成形。② 针对这种观点，大阿尔伯特认为，冷只是改变了金属的偶然属性（从液体变为固体），并没有带来新的形式。而自然界中生物的形式（即生命）是由热赋予的，对于金属也同样如此：热使得金属的质料（土和水）混合发酵，并使之转化从而获得金属的形式。因此，金属的效力因是热而非冷。③ 阿格里科拉首先重申了亚里士多德本人的说法，他指出亚氏一方面认为冷使散发物变干，从而产生金属这一无生命体的形式，另一方面又认为生物体的形式则是由热赋予的，这两方面并行不悖。因此，大阿尔伯特不能用后者否定前者的可能。其二，大阿尔伯特本人犯有前后矛盾之误——当他论及石头的成因时，他断言石头的质料是受冷之压迫而成形的，而对金属他却说冷不能赋予形式。最后，阿格里科拉再次批判大阿尔伯特的判断受到了炼金术汞硫理论的影响。正因为汞硫理

---

① G. Fraustadt, *Schriften zur Geologie und Mineralagie I*, p. 177.
② Ibid., p. 177.
③ Ibid., pp. 178-179.

论认为硫是所有金属的本原,而硫是在热的作用下生成并提纯的,大阿尔伯特才坚持热是金属的成因。而汞硫理论早已被阿格里科拉通过经验充分证明是错误的。①

阿格里科拉本人对金属效力因的解释实际上综合了大阿尔伯特与亚里士多德的观点,他为热和冷在金属生成的过程中分配了不同作用。首先是热的作用,它使得元素混合发酵为适合生成金属的浆汁:

> 我们不否认,水和土的混合物在地下热量的作用下发酵到一定程度……我们确实承认,热会导致元素的良好混合,也会将它们压实为一种浆汁。②

这与大阿尔伯特的观点相差不大,只是后者认为金属的形式在这一步便已生成。而阿格里科拉却援引亚里士多德的观点指出,这样的浆汁尚未成为金属,冷才是形成金属的关键原因:

> 这样形成的浆汁后来被冷所压缩,这才成为金属……但它在被冷凝固以前还不是金属,也不是亚里士多德认为的湿润的散发物……亚里士多德认为冷创造了金属。③

接着阿格里科拉再次诉诸"相反的效应由相反的原因产生"这

---

① G. Fraustadt, *Schriften zur Geologie und Mineralagie I*, p. 178.
② Ibid., p. 179.
③ G. Agricola, *De ortu et causis subterraneorum*, p. 77.

一原则,来支持亚里士多德主义对金属效力因的看法:

> 当金属通过火焰的灼热融化时,它在某种程度上被溶解了。但是被热溶解的东西,能被冷干燥并结合,反之,被湿冷所溶解的东西,被热所凝结。因此,在形成金属的原因方面,我与亚里士多德学派达成一致,至于质料方面,则另当别论。长时间的寒冷使水分凝结,直到大部分空气被排出,在此过程中它被完全压缩,原本存在的浆汁就变成了金属。[①]

因此,金属生成的完整过程,在阿格里科拉看来应该始于热对水和土元素的充分发酵,在热的作用下它们以一定比例结合形成潜在金属的浆汁,然后经过冷的干燥和压缩,才能最终成为固态的金属。

(3)对超自然力量的拒绝

无论对于石头还是金属,阿格里科拉都将效力因仅仅归于冷、热、干、湿这四种物质力量,并鲜明地拒绝任何超自然力量的介入。对各种形式的超自然因素的激烈辩驳,在他的论证中占据相当大的篇幅。尤其是大阿尔伯特的相关观点,被阿格里科拉不惜笔墨地仔细驳斥。平井浩曾指出,阿格里科拉的主要目标是反驳阿维森纳和大阿尔伯特声称的具有神秘色彩的"矿化力",其中大阿尔伯特的理论对他尤其具有威胁,因而受到了阿格里科拉的格外批判。[②] 大

[①] G. Fraustadt, *Schriften zur Geologie und Mineralagie I*, p. 77.

[②] H. Hiro, *Le Concept de Semence Dans Les Théories de La Matière à La Renaissance*, p. 123.

阿尔伯特的矿物理论通过手和工具的类比，调和了超自然力量与物质力量的关系，使二者能够在矿物生成的过程中各司其职。[①]对这一理论的着重辩驳从反面表明，阿格里科拉意图构造的关于矿物生成的新自然哲学，其根本的革新之处就在于重新把握超自然力量与物质力量的关系——他将超自然力量从矿物的效力因中完全清除了。

阿格里科拉将大阿尔伯特对石头效力因的阐述总结如下：

> 大阿尔伯特认为，石头的效力因是形成它们的矿化力，它存在于适合形成石头的质料中，就像形成有生命的人的力量存在于产生他们的精种中一样。他认为这种力量通过星体和位置的力量植入质料中，就像睾丸的力量通常会产生繁殖动物的力量。因为根据物种的不同，睾丸独特的力量将植入每种质料中。大阿尔伯特还认为，这种根据质料的差异形成石头的力量有两种工具，矿化力指导并组织这两种工具，使它们在职能和任务上不发生偏差。一个工具是热……另一个工具是冷……大阿尔伯特认为，通过这两种工具，矿化力形成了石头。[②]

根据本书第一章第二节第三小节对大阿尔伯特《论矿物》的分析，阿格里科拉这段归纳的确反映了大阿尔伯特矿物理论的基本

[①] 参见本书第一章第三节第四小节的介绍。
[②] G. Fraustadt, *Schriften zur Geologie und Mineralagie I*, p.149.

第四章　放弃形式：矿物生成的新自然哲学　　　　　　　　295

特征。他继而指出了这套理论三个方面的问题。首先,是矿化力的效果过于宽泛,不符合某一具体物种的效力因的定义。如果说人的效力因是寓于精种中的形成力,这是因为人的精种只能产生人而不能产生其他物种。因此,当"矿化力"被大阿尔伯特赋予生成土、凝浆、石头、金属等任何矿物物种的功能时,它就绝不能是石头的效力因。① 其次,是精种的类比根本不能适用于矿物。早在论述特殊土的成因时,阿格里科拉就已经明确指出,动物和植物都有自己的种子,其中蕴含着自我生长的力量,但矿物并没有被赋予能够生殖的精种力量。尽管大阿尔伯特否认了矿物具有灵魂,似乎在生物与矿物之间划定了清晰的界限,但他却依然通过生物精种的类比来解释石头的效力因。他认为形成石头的矿化力被植入石头自身的质料中,就像睾丸把精种的力量植入动物的质料,使之能够自行生长成形。针对这一论点,阿格里科拉再次申明:"没有石头能够产生精种,因此也就没有任何石头的质料,本身就可以具有一种力量,使自身成为石头的生产者,因为它不是精种。"② 第三,则是大阿尔伯特对矿化力所在位置的说法有前后矛盾之处。精种类比表明大阿尔伯特将矿化力设想为存在于石头的质料之中,但同一个大阿尔伯特却又指出,矿化力由三种力量组成,包括天球驱动者的力量、天球本身的力量,以及冷、热、干、湿等元素的力量。③ 矿化力究其根本而言并不是处在质料之中,而是来自上帝或第一因,经由驱动灵智、天球和星辰的层层流溢才下达地下并

---

① G. Fraustadt, *Schriften zur Geologie und Mineralagie I*, p. 149.
② Ibid., p. 150.
③ Ibid., p. 150. 亦可参见本书第一章第三节第四小节。

作用于元素。这就意味着形成石头的矿化力来自质料的外部。

既然存在这三方面的问题,大阿尔伯特通过包含着超自然力量的矿化力来解释石头效力因的方案就受到了严重削弱。阿格里科拉指出,大阿尔伯特的方案之所以行不通,是因为这是一个包含各种哲学学说的怪诞混合,"他用不纯的概念污染了科学的教义"①。这一方案既混杂着斯多亚派和柏拉图主义通过外在的神圣天意来解释物质形成的倾向,还包含了自然占星术强调星体因果影响的内容,最后还结合了亚里士多德主义的四元素理论。②而阿格里科拉用以取代这种混合理论的,是一种"经验和理性的思维",他将神圣天意、星体作用等超自然力量全部排除,只留下惰性的质料和热量的作用:

> 如果结石在生物的肾脏、膀胱或直肠中形成时,谁会如此愚蠢和没有教养地声称黏滞的体液中有形成石头的能力,而不是说体液本身是适合形成石头的质料呢?或者说,谁会对迦勒底人的迷信教义如此执着,宁愿相信石头的形成能力是由星体植入肠道的,而不更多地相信医生的经验和理性的思维呢?让他们来说,肠道中的热量太大,就一定会导致结石的形成。热量使它们具有硬度,正如窑炉的火对陶瓷品的作用一样。③

---

① G. Fraustadt, *Schriften zur Geologie und Mineralagie I*, p. 151.
② H. Hiro, *Le Concept de Semence Dans Les Théories de La Matière à La Renaissance*, p. 127.
③ G. Fraustadt, *Schriften zur Geologie und Mineralagie I*, pp. 151-152.

同样，大阿尔伯特声称形成金属的效力因也是从星体流入质料的矿化力，它引导着热量，使之赋予质料以金属的形式。阿格里科拉照样不厌其烦地予以回击："他又一次谈到了自然界的第一精神，但实际上，金属的质料中没有任何力量会被星体植入，就像石头的质料一样。"①对于金属形成而言，还有一种来自占星术和炼金术传统的影响深远的观点，它宣称七大行星与七种金属一一对应，每种金属的生成源于对应星体的决定性影响：

> 一些占星家认为，金属不仅由一个行星产生，而是由不同的行星对应不同种的金属形成，即太阳对应金、月亮对应银、木星对应锡、土星对应铅、金星对应铜、火星对应铁、水星对应汞。一些炼金术士接近这种观点，以至于今天都用行星的名字来指代金属。占星术士的观点是，行星通过它们的影响，不断作用于地球深处适合它们的质料，由此产生了金属。恒星则产生了宝石。这个童话故事在一些人看来是如此美妙，以至于他们说，星体的力量在地球上产生了金属，就好像它们是第二类行星，而宝石就好像是第二类恒星……任何金属都与它对应的行星具有很大的相似性，就像后代与父亲有关一般。

福柯把这种基于相似性的关联视作文艺复兴及以前知识型的典型特征。大阿尔伯特在《论矿物》中也采纳了这一流行观点，并将之作为矿化力包含星体力量的论据。但在阿格里科拉看来，只

---

① G. Fraustadt, *Schriften zur Geologie und Mineralagie I*, p. 180.

用一个经验证据就可以推翻这一整套说法。他将占星术士宣称的星体的超自然力量视为"无意义的自负"和"错觉",因为它没有任何证据。但他有十足的证据认为金属的种类超过常见的七种,早在写作《贝尔曼篇》时期,阿格里科拉就已经在约阿希姆斯塔尔矿区发现了第八种金属——铋。正是铋的发现使得七大行星对应七种金属的说法难再融贯。[①]

通过仔细辨析大阿尔伯特论述中的内在矛盾,分析其矿物理论驳杂的思想渊源,并援引可靠的经验证据与之对质,阿格里科拉拒绝了大阿尔伯特矿物理论中的超自然因素,而只保留了被大阿尔伯特视为工具的物质力量。

五 新自然哲学的特征

上一节主要基于《论起源和原因》的文本,详细介绍了阿格里科拉本人对矿物成因的论述。其中第一小节首先介绍了特殊土的成因,虽然阿格里科拉对此着墨不多,但特殊土的生成方式已经体现了阿格里科拉解释所有矿物的基本思路——他将浆汁确认为矿物的质料因,将冷、热、干、湿等物质力量作为矿物的效力因,并消除了作为矿物本性的实体形式。换言之,他意图构建的关于矿物

[①] 引文译文如下:"这种错觉似乎是由那些把一切都归于星体的闲散而疯狂的魔法师首先发明的——可以称之为错觉,因为它没有任何证据。可以肯定的是,金属的种类比一般已知的七种更多。但由于只有七颗行星,那么他们会把谁称作铋的生产者呢⋯⋯从这一切我们只能看到,相信星体有一种固有的力量来生成石头和金属是一种无意义的自负。"G. Fraustadt, *Schriften zur Geologie und Mineralogie I*, pp. 175-176.

的新自然哲学，在解释特殊土的成因时已经初现端倪。第二和第三小节则分别介绍了阿格里科拉如何用浆汁普遍地解释所有矿物的质料，以及如何用冷、热、干、湿等物质力量普遍地解释效力因。此二小节详细分析了阿格里科拉对前人各种矿物理论的吸收与驳斥。大体而言，他吸纳了亚里士多德主义矿物理论中物质主义的一面，拒绝了任何超自然力量在成矿过程中的介入。在此基础上，一门关于矿物的新自然哲学逐渐成形，它在多个方面迥然有别于以往的矿物理论，本节将之总结为三个特征：放弃形式因；使地下世界成为一个独立自足的领域；提出一套基于物质偶然作用、具有普遍性的液相成矿理论。

1. 对形式因的放弃

亚里士多德在《气象学》第三卷末尾仅为矿物指定了质料、效力等物质方面的成因，而没有提及形式因和目的因。由于这一原初缺失，使后人既能向上诉诸天界以求矿物的形式因，从而强化天界对矿物的影响；也能完全放弃对形式和目的的追寻，只在地下世界为矿物寻求直接的物质原因，使之彻底从亚氏气象学乃至自然哲学的完整结构中脱离出来。阿维森纳和大阿尔伯特选择了前一条路径，而阿格里科拉为矿物构造的新自然哲学则处于后一路径。

无论是类比于精种的创生力量还是矿化力中来自天球驱动者和天球本身的规范性力量，这些超自然力量都扮演着赋予矿物实体形式的角色。大阿尔伯特把确认矿物具有形式这一点当作讨论矿物成因的基础，他坚持认为矿物虽然没有灵魂和目的因，但形式因就是矿物的终极原因,它来源于作为第一因的上帝或太一,并通过光照的流溢经由驱动灵智、天球与星辰,最终下达矿物产生地的诸元素。① 在确立了这一点后,大阿尔伯特才能够将矿物成因的讨论纳入形质论的基本框架中,将矿物的生成看作一个实体形式与质料相结合的过程。形式在此过程中起到了规范和整理质料的作用,它使得矿物不是质料偶然排布和自然作用的结果,而是有着一定之规的存在。因此,大阿尔伯特必须让形式因的力量凌驾于冷和热这样的物质力量之上,以便规范后者对质料的作用:

> 这种热量在其操作中受形成力的控制,就像消化和转化动物种胚的热量受种胚中的形成力控制一样。因为否则如果热量过大,就会把质料烧成灰烬;如果热量不足,质料就不会发酵,就不会产生适合于石头的形式。②

而阿格里科拉对超自然力量的拒绝,也就意味着他在根本上放弃了形式因的规范作用。热作用的多样性可能导致质料的不同状态,面对这同一种可能,大阿尔伯特构造了一个源于上帝的先在形式,它限制热量的随机作用,使质料能够按照该形式所需地受作用。而阿格里科拉却完全接受热量以及质料的多样性和随机性,他不再设想先在的实体形式,反而把矿物的形态视为物质力量对质料偶然作用的结果。因此,矿物形态的多样不是因为预先存在

---

① 参见第一章第三节第三小节第一部分的讨论。
② Albertus Magnus, *The Book of Minerals*, trans. by D. Wyckoff, p. 23.

多样的形式,而仅仅来源于多样的热量对多样的质料的随机作用:

> 如果大阿尔伯特认为这种力量引导着热量,使它不偏离自己的职能,那就没什么可说的了。因为根据热量的多样性,所产生的产品也是不同的。有时候,热量能把质料烧成灰烬;而在另一些时候,热量又不足或太弱,以至于不能使质料发酵;还有的时候,热量能够赋予质料一个固体的外在形态,其中又包含很大的多样性,由此产生了石头的不同形式。但造成这种情况的原因还有质料的多样性,而不仅仅是热量。①

尽管阿格里科拉在这里依然使用"形式"一词,但它已经不再意味着能够在物种内稳定地遗传内在本性,而只代表矿物质料受热作用后呈现的偶然的外在表象。早在讨论特殊土的成因时,阿格里科拉就已经明确指出矿物的形式不能在物种内遗传,从而放弃了作为本性的形式。② 这一放弃就意味着矿物只是一些惰性但自足的质料——它无须从自身中诱导出形式,也不是有待被形式之光照亮的匮乏之物,而是只受热或冷的自然力量之偶然作用的自足的物-质料。矿物的生成也就不再涉及形式与质料的结合,而仅仅关系到自然力量对物质的作用。

在对比帕拉塞尔苏斯和阿格里科拉二者不同的矿物理论时,巴顿强调了后者的机械论特征,她将阿格里科拉的矿物学称为"机

---

① G. Fraustadt, *Schriften zur Geologie und Mineralogie* I, p. 152.
② 见上一节第一小节第三部分。

械矿物学"①。在巴顿看来,阿格里科拉的机械论主要体现在精神或有机概念及类比的缺乏,而这正是帕拉塞尔苏斯所看重的内容。巴顿认为,阿格里科拉回避了诸如矿物的生命、矿物与精神以及大宇宙和小宇宙的关系等问题,摒弃了矿物和人类生殖之间、地球和子宫之间的比较。如此一来,对矿物形成的任何必要关注就都集中于溶解、沉淀、凝固等机械过程。巴顿的解释表明,尽管阿格里科拉的矿物理论并不具备 17 世纪以后典型的机械论哲学的所有特征,但在摒弃生命原则或目的论解释,将自然世界的变化还原为物质与物质的相互作用,这一新的自然哲学确已具备了机械论意味。

然而,巴顿把这种机械矿物学的提出和流行归因于冶金学传统对实用性的偏重。她通过引用 17 世纪冶金学家的表述,指出这一传统专注于矿物的可观察特性以及如何从中获取金属,而不关心在哲学和精神的层面理解矿物。② 这里她恰恰忽视了拒绝精神或有机类比的哲学含义,并且还颠倒了原因与结果。阿格里科拉对矿物成因的论述,已经充分表明他对自亚里士多德以来的自然哲学传统的认真考虑。在精神或有机类比的背后,是形式对实体的挥之不去的统治。因此,回避精神要素和有机类比,不是为了冶金工业的实用目的,而是阿格里科拉所完成的思想变革的关键决断——放弃形式因,突破在传统自然哲学中占据基础地位的形质

---

① 与之相对的则是帕拉塞尔苏斯的"有机矿物学",见 I. F. Barton,"Mining, alchemy, and the changing concept of minerals from antiquity to early modernity"。

② I. F. Barton,"Mining, alchemy, and the changing concept of minerals from antiquity to early modernity"。

论框架——正是这场在矿物领域中的思想变革使那种冶金工业的实用态度得以可能。① 大阿尔伯特在亚里士多德主义形质论的框架内,将矿物理解成质料和形式的复合体,将矿物成因理解为实体生成问题。阿格里科拉要挑战的真正对手正是大阿尔伯特而不是巴顿认为的帕拉塞尔苏斯。通过将矿物理解为缺乏本性、惰性但自足的质料,将矿物生成视作冷热等自然力量作用于物质的机械过程,阿格里科拉的新自然哲学最终摆脱了这一框架。一种全新的看待自然物的方式,隐然蕴含其中。

2. 自足独立的地下世界

当矿物本身成为惰性但自足的物-质料时,矿物所处的地下世界也就能够脱离与地上以及天界的关联,成为一个自足独立的领域。

亚里士多德在《气象学》中精心构建了月下界诸气象现象的整体结构,他对矿物成因的解释,将矿石和金属这两类地下之物与地上诸象一同编织进通天彻地的自然阶梯之中。然而,对地下之物而言,这一连续性结构中始终隐含着难以消弭的张力。一方面,处于自然阶梯末端的地下之物受天界的影响十分有限;另一方面,矿物的形式因和目的因在亚氏本人那里也是缺失的。正是这种原初张力为后世的研究者留下了广阔的解释空间,使得亚氏对地下之物的解释能够被根本性地改变,将矿物的成因从天界完全转移到大地自身。

---

① 详见本章第六节第三小节和第五章第三节的论述。

阿拉伯炼金术从亚氏的矿物成因理论中发展出重视矿物质料成分的汞硫理论，从而逐渐以一种物质主义的观点看待矿物的形成。这种思路到了13世纪的微粒炼金术那里，就仅仅将矿物视为特定物质在特殊条件下的合成结果。伊本·西那则通过形式因强化了矿物与天界的关联。他的矿物成因理论声称每一种均一混合的矿物都有其自身的实体形式，它来自无法被人类理智企及的作为形式赋予者的天界力量。与之类似，大阿尔伯特也通过"形成力"的概念，为气象学中仅仅为矿物生成间接提供热量的太阳、天球和星体赋予了一种近似于形式因的作用，使上帝和灵智能够决定性地参与自然运作，从而调和了亚里士多德主义与神学的紧张关系。

大阿尔伯特工匠与工具的类比，一方面强调了天界的力量如同工匠般的规范性作用，缺失了这种规范性，热、冷、干、湿等自然力量就不能恰如其分地产出矿物。[1] 但这一理解同时也意味着，只有借助合适的工具，工匠才能真正影响质料，实现预想的形式。因此，大阿尔伯特在强调天界决定性影响的同时，并没有抹杀为矿物生成探寻物质原因的合法性。他宣称："在此我们不是在寻找负责行动和运动的第一原因，这些原因也许是星体及其力量和位置，因为这是另一门科学的任务。我们要寻找的是直接的、有效的原因，是那些存在于物质中并使之转化的原因。"[2] 阿格里科拉尽管拒绝了大阿尔伯特矿物理论中的超自然力量和形式因，但却保留

---

[1] Albertus Magnus, *The Book of Minerals*, trans. by D. Wyckoff, p. 30.
[2] Ibid., p. 19.

和发扬了其中物质主义的一面。他彻底放弃了对人类理性难以把握的天界力量的追寻，认为矿物生成仅由地下世界的冷热作用和浆汁的流动、沉淀、凝固等就足以机械地解释。

在阿格里科拉看来，除了矿物生成之处的基本属性外，没有任何其他力量需要被考虑——第一原因、星体的作用等都需放在一边，只用地下世界的物质和物质受到的作用来解释矿物的形成。阿格里科拉在《论起源和原因》中依次讨论了各类地下水、凝浆的原因和分布，地热的起源以及地下的蒸气、散发物、风、地震以及诸矿物的起源和原因，可以说几乎囊括了所有亚氏《气象学》中涉及的地下现象，俨然是一本地下世界版的《气象学》。非但如此，这部作品还与《论地下流出之物的性质》《论矿物的性质》《论新旧矿藏》《论地下动物》等一道组成一个自成系统、完整论述地下世界自然物的作品集。地下世界不再是亚氏气象学中被安排在气象秩序末端的结构性附属，而成为一个具有独立地位的学术领域。

3. 物质、偶然且普遍的液相成矿理论

阿格里科拉将浆汁视为矿物的普遍质料，将冷、热、干、湿等物质力量视为矿物的普遍效力因。那么，在同样的质料因和效力因的普遍作用下，各种不同类型的矿物如何生成呢？这个问题曾经是通过形式因来回答的，源于天界的预先存在的不同矿物形式，决定了地下矿物实际生成的不同种类。而当阿格里科拉消除了矿物的本性与形式，将之视为纯然惰性的物-质料，与此同时又将地下世界从气象秩序中分离出来，使之成为独立自足的领域后，他如何处理这一问题呢？

阿格里科拉构造出一个纯粹基于物质的偶然作用并且自成体系的地下过程来解释矿物的具体形成，诺里斯将之视为液相成矿理论的最早版本之一。[1] 这一过程源于地下水对大地的侵蚀。地下水一方面侵蚀出大量地下裂隙，同时又产生了作为矿物质料的浆汁。浆汁在地下热和冷的作用下发酵并沉积，最终填充于地下裂隙并形成各类矿物。这一过程完全依据地下物质和物质所受的冷热作用来解释矿物成因，并且与大量观察经验相契合，例如地下裂隙的存在、采矿时经常遇见的大量地下水，以及形成钟乳石等矿物沉积过程。

基于这样一种纯粹物质化的过程，所生成矿物的种类便完全偶然地取决于质料、热量等因素的多样性。首先，作为质料的浆汁具有成分的多样性。浆汁产生于地下水对土或岩石的侵蚀，被水冲刷携带的物质颗粒以不同的方式组合成各种不同的成分。根据其性质和浓度的不同，浆汁的形态从几乎与纯水无异到黏稠状液体都有可能。不同成分的浆汁就能生成不同种类的矿物。其次，地下世界的热量分布具有不均匀性。诺里斯认为，阿格里科拉推测了一个热驱动的过程，浆汁在热作用下经历了增稠和成分精炼，并且他已认识到地下热的可变分布。这样一来，浆汁在不同程度的浓缩、混合和精炼过程中便有机会产生多种多样的矿物。[2] 宽泛地说，矿物的形成取决于浆汁本身的成分和地下环境的热条件，如矾和盐类矿物产生自浆汁受热浓缩，而金属及化石等矿物则产

---

[1] J. A. Norris,"Early theories of aqueous mineral genesis in the sixteenth century".
[2] Ibid.

生自浆汁的遇冷凝固。但是物质作用的偶然性意味着某一种特定矿物的形成仅仅是"碰巧"遭遇了某些特定条件的组合，因此人类理性只能就产生结果而言认识特定的矿物，而难以预先确定形成某种矿物所需要的确切条件。故而阿格里科拉说道："但是土与形成金属的湿性物质的比例是多少，没有一个凡人能够在其脑海中理解，更不用说表述了。"①普雷舍语带遗憾地认为，阿格里科拉没有进一步从事实践工作，没有像帕拉塞尔苏斯那样对矿物简单的化学成分进行定性分析，以至于他不甘心地止步于在成分上彻底破解矿物成因之前。②但实际上，阿格里科拉承认人类理性的有限，并不是因为实践工作的缺乏③，而在于更根本的哲学理由——它是阿格里科拉放弃预先规定矿物本性的形式因的必然后果。一切寻求矿物之必然性条件的努力，都预设了矿物具有先在的形式，并且它能够被人类的理性所触及。而一种放弃形式因，纯粹基于物质偶然作用的矿物成因理论，最终导向了具有经验主义特征的认识态度。④

正是以上理论为阿格里科拉赢得了科学进步者的声誉。胡佛认为该理论的两个基本命题直到今日依然成立，并且它得自实际观察而非毫无依据的推测，这代表了比以往任何矿物理论大得多

---

① G. Fraustadt, *Schriften zur Geologie und Mineralogie I*, p. 175.
② Ibid., p. 57.
③ 从《矿冶全书》的第七卷可以看出，阿格里科拉掌握了大量有关试矿和验金的信息，他对各种矿物的成分有相当的了解，这些信息即便不是他亲自实践所得，也来自实际操作的矿工。参见严弼宸："试验与冶炼之辩"。
④ 这种认识态度并非彻底的经验主义。在下一章我们将看到，阿格里科拉重新确立起人类理性的有效运作范围。在这个范围，理性为认识矿物预先确定了一套规则。

的进步。① 诺里斯则强调该理论的普遍性特征——它假设所有的矿物都由一个普遍的过程而产生,其技术细节是内在一致的,成矿的各个阶段也都可以被观察到。② 但事实上,阿格里科拉并不能真正观察到成矿的每一个阶段③,因而该理论的建立究其根本而言也并非直接源自观察经验。恰恰相反,它更多地来自对以往矿物理论的哲学反思。亚里士多德、阿拉伯与拉丁欧洲的炼金术士、大阿尔伯特等人的矿物理论,无不包含丰富的观察经验。但正是因为阿格里科拉做出了放弃形式因的形而上学决断,他才能够以不同于先前理论的方式去选取和组织经验,从而支持他的关于矿物的新自然哲学。作为独立自足领域的地下世界的形成,以及一种普遍的液相成矿理论的提出,固然都是这门新自然哲学的特征,但它们同时也是放弃形式因这一根本特征所引发的后果。

六　自然、人工和神意的新位置

第一章的观念史梳理表明,自然、人工和神意是历代学者解释矿物成因时都需要考虑的因素,而自然秩序的人化与神圣化,则构成了从古代到中世纪矿物成因观念变迁背后的主要脉络。大阿尔

---

① (1)矿道在围岩之后形成;(2)矿物由在矿道循环的矿液沉积而来。见 G. Agricola, *De re metallica*, trans. by H. Hoover & L. H. Hoover, p. 52.

② J. A. Norris,"Early theories of aqueous mineral genesis in the sixteenth century".

③ 诺里斯自己就意识到,"阿格里科拉却没有发现任何逻辑的或观察的理由来质疑它所依据的亚里士多德学派物理学","阿格里科拉甚至将矿物生成的连续性扩展到他无法直接观察到的过程"。见 J. A. Norris,"Early theories of aqueous mineral genesis in the sixteenth century".

伯特的矿物理论完成了自然与人工、自然哲学与基督教神学的双重调和，使自然秩序、人的认识秩序与天界的神圣秩序合而为一，塑造了中世纪典型的矿物观念。当阿格里科拉提出一种关于矿物的新自然哲学时，尤其是他做出了放弃形式因的决断后，他就改变了中世纪经院哲学赋予自然、人工和神意的位置，因而也就必须为之塑造一种新的平衡。在这门新的自然哲学中，矿物的自然本性与人对它的认识相分离，人再也无法直接触及自然的本性；而神意则超越于自然与认识、事物与表象、物与词的二元结构以外，无法再被理性所直接把握。位于理性认识与自然本性之间的是表象的空间，矿物只以其表象为人所认识，人工技艺也只能在表象空间运作；而通达人与上帝神意之间的，要么是一条超理性的信仰之路，要么就是一条致力于探知矿物功用的功利主义路径。

1. 自然的分离：技艺类比的失效与自然对象化

在解释矿物成因时，由于阿格里科拉取消了亚里士多德主义中规定实体本性的核心概念，亦即矿物的实体形式，他也就重塑了矿物领域自然与人工的关系。人对矿物生成所依据原则的认识不再与矿物的本性相一致，自然的本性（事物本身）与人的认识（表象）发生了分离。这导致了两个后果。首先，通过技艺类比来解释矿物的自然生成变得不再可行，人工的合法功能只限于对自然现象进行观察和描述；与此同时，自然就其本性而言不再能够被人真正理解，它更多地成为了被人观察和表象的隐默不语的对象。

这一点需要回到其与亚里士多德主义的对峙关系中才容易

理解。亚里士多德的认识理论建立在认识秩序和存在秩序相符的观念上，这是因为使存在者是其所是的本性，同时也是它得以被认识的基础——认识一个事物就是要认识其本性。事物的本性既是认识的原则也是其存在的原则，这一点对于由自然产生的事物与技艺制造的产物并无区别。① 此前本书已经论证，在形质论的框架下，矿物的自然生成与人工合成并没有本质差异——它们都能够被解释为匮乏的质料被诱导出实体形式的实体变化过程，遵循同样的实体生成法则。② 因此，自然物的存在秩序就可以通过认识人工技艺生产人造物的运作原则而被理解，而后者由于处于被人创造的范围，因而对人的理性具有明证性。技艺类比正是在这样的形而上学预设下才对矿物的自然本性和成因具有解释力。③

当阿格里科拉取消了矿物的本性，并且突破了形质论的解释框架，将矿物理解为在物质力量的偶然作用下生成的纯然之物以后，他便也瓦解了自然存在秩序与人类认识秩序的对应关系。简而言之，自然与人类认识相分离，自然的内在秩序不再可被认识，

---

① 扎卡:《霍布斯的形而上学决断》，董皓、谢清露、王茜茜译，生活·读书·新知三联书店 2020 年版，第 9—11 页。

② 参见本书第一章第三节第三小节第一部分。

③ 丁耘则从反面论证了技艺类比对于亚里士多德证成对自然的四因式探究的重要作用。丁耘指出，尽管《物理学》第二卷一开始，亚氏就区分了自然和技艺，但由于整个《物理学》第二卷的唯一任务是揭示四因——尤其是对自然物而言并不明显的形式因和目的因——适用于自然研究，因此他立刻又在自然和技艺之间恢复了一系列决定性的类比关系，以便在自然研究中可以按照形式和目的去发问。简而言之，由于自然物明显具有质料因和效力因，亚里士多德最需要论证的只是自然物也有形式和目的，因此他不得不建立自然和技艺的相似性。参见丁耘:《道体学引论》，第 28—30 页。

尤其是不再可被人工技艺所类比。[1] 这解释了何以他总是排斥前人论证矿物原因时经常使用的技艺类比，尤其是善于通过技艺论证矿物自然成因的炼金术士，被阿格里科拉视为滥用技艺类比的代表。在后者看来，人类制作砖块的技艺并不能说明自然中的石头也都是由热烧制而成的[2]；制作玻璃的经验不能用来说明金属的质料是被水浸湿的灰烬[3]；炼金术士在实验室中通过汞和硫来制造金属也不能用来说明自然以同样的方式生成金属[4]。人类理性能够认识的只是人工技艺的创造过程而已，矿物的自然成因已经因为自然的分离而不再能被技艺说明。因此，阿格里科拉强调凡人不能理解形成金属所需的土与湿性物质的比例是多少[5]，人只能对自然的创造过程进行观察，并基于此做出推测。

就人还能够做些什么而言，阿格里科拉在否认人工技艺能够类比地说明自然秩序的同时，也为它确立了新的任务。技艺固然不再能类比于自然，但它能为观察自然现象而效力。代表这种合法技艺的不再是实验室中的炼金术，而是必须深入地下与自然直接打交道的采矿技艺。阿格里科拉屡屡引用矿工对地下世界的观

---

[1] 扎卡指出，霍布斯在《论物体》中做出的形而上学决断，根本上分离了认识秩序和存在秩序，这使得事物的本质和认识与语言之间产生了永远的断裂，同时也使通过综合或生成的方法来重建事物生成的真实秩序不再可行。阿格里科拉在矿物领域完成的正是与霍布斯类似的工作，技艺类比正是一种试图重建事物真实生成秩序的综合或生成的方法。与霍布斯在认识方法上引发的后果类似，技艺类比对于阿格里科拉而言同样不再可行。参见扎卡：《霍布斯的形而上学决断》，第 10—11 页。

[2] G. Fraustadt, *Schriften zur Geologie und Mineralagie I*, p. 148.

[3] Ibid., p. 169.

[4] Ibid., p. 166.

[5] Ibid., p. 175.

察经验,为他对地下之物起源的解释提供佐证。在《论起源和原因》第一卷论证地下水的来源时,阿格里科拉反对广为流传的地下湖泊理论的关键证据就是,那些挖掘过许多山体的矿工从没有在自然中发现这样的地下湖或能够容纳地下水的地下盆地。[1] 在反对炼金术士的汞硫理论时,矿工很少在金属矿脉附近发现汞矿脉或硫黄矿脉这一经验,也被当作决定性的证据使用。[2] 这两个案例表明矿工对自然的观察经验在排除一些错误断言时的作用,这种观察对于阿格里科拉构建矿物成因理论发挥了作用。诺里斯指出,浆汁作为矿物普遍质料的信念,乃至一种普遍的液相成矿理论,很可能就建立在16世纪的深层采矿作业总是伴随着地下水的这一经验之上。[3] 可见,尽管自然的本性不再向人类理性开放,但人依然可以作为自然运作的观察者,并基于观察经验对自然的可能秩序进行认识论意义上的描述和推测。

采矿技艺被确立为一种能够合法观察自然现象的"好技艺",与之相对应的是,自然也被放置在一个新的位置,成为了被人观察的对象。这一转变在阿格里科拉写作《贝尔曼篇》时就已发生。当《贝尔曼篇》确立一种基于个人观察和实践经验对特殊矿物进行细致描述的新方法时,书面文本以外的现实自然对象被纳入研究的范围,个别的自然物成为了被观察的对象。[4] 而在《论起源和成

---

[1] G. Fraustadt, *Schriften zur Geologie und Mineralagie I*, p. 85.
[2] Ibid., pp. 167-168,并参见本章第四节第二小节第三部分关于阿格里科拉如何拒绝汞硫理论的讨论。
[3] J. A. Norris, "Early theories of aqueous mineral genesis in the sixteenth century".
[4] 参见本书第三章第二节,尤其是其中第三小节的论述。

因》中,非但个别矿物,矿物领域的自然全体都成了这种沉默的对象。矿物被剥离出古代文本知识所构建的关于其本性的语义学网络,除了被观察和表象其外表,矿物没有其他办法显现其内在——阿格里科拉已经取消了它的本性。因此,在概述古代自然哲学家、炼金术士、占星家以及信奉神创论的庸众对金属起源的错误观点之后,阿格里科拉对他们的唯一建议是:"这些人不应该试图更彻底地研究这个问题,他们应该去矿井下的矿道看看。"[1]对自然具有直接观察经验的矿工,在矿物成因这一问题上骤然具有了比其他任何学派的学者更高的权威。这一方面是因为对自然之书的阅读在16世纪人文主义运动的背景下日益取代研读古代书面文本的工作[2],同时这也是自然成为只能被观察和表象的对象这一认识论转变的结果。

2. 为人工设限:炼金技艺批判

炼金术作为人工介入矿物之自然秩序的代表,其名声在16世纪早期几乎已经跌到了谷底——当时的文化人士普遍流行将炼金术士描绘成傻瓜、骗子和欺诈者。[3] 阿格里科拉同样对炼金术抱有显而易见的反感,这种态度贯穿于他整个学术生涯的多部作品中。《贝尔曼篇》将大阿尔伯特在《论矿物》中犯的错误归咎于炼金

---

[1] G. Fraustadt, *Schriften zur Geologie und Mineralagie* I, p.161.
[2] 哈里森:《圣经、新教与自然科学的兴起》,张卜天译,商务印书馆2020年版,第90—127页.
[3] G. Fraustadt, *Schriften zur Geologie und Mineralagie* I, p.56.

术士对他的不良影响①,否认了炼金术生成的人造天青石具有任何药用价值②,并借奈维乌斯之口嘲笑炼金术是一门可疑的科学③。而在《论起源和原因》中,他几乎否认了炼金术士对矿物质料因和效力因的大部分见解,并重点批驳了炼金术所秉承的汞硫理论。④ 在晚期作品《矿冶全书》的献词中,阿格里科拉更是罗列出数十位有名的炼金术士,指责他们使用晦涩难懂的、不规范的语言表述观点,抱怨炼金术并不能如其声称的那样带来真正的财富,并抨击他们假借柏拉图、亚里士多德等先哲之名行欺诈之实。⑤

可以为阿格里科拉的反感归纳出几点具体的理由。首先,炼金术词汇的晦涩和不规范引发了阿格里科拉的反感。正如帕梅拉·朗所指出的,炼金术士受到指责的主要原因是他们的写作违背了阿格里科拉关于知识公开和术语统一清晰的学术理想和核心价值。⑥ 其次,炼金术士对超自然力量的滥用也与阿格里科拉偏向物质主义的学术范式不合。本章第四节第二小节已经表明,阿格里科拉对炼金术汞硫理论的拒斥从根本上源自他对超自然的精神性本原做了物质性解释,从而他能够借助对物质世界的观察经验来证明汞硫理论的不合理。第三,炼金术通过技艺类比解释自然造物的做法,在经过阿格里科拉重塑的自然与人工关系中不再有

---

① H. Wilsdorf, *Bermannus*, p. 106.
② Ibid., p. 136.
③ Ibid., p. 121.
④ 参见本章第四节第二小节第三部分和第三小节第三部分。
⑤ G. Agricola, *De re metallica*, trans. by H. Hoover & L. H. Hoover, pp. xxvii-xxix.
⑥ P. O. Long, "The Openness of Knowledge".

效。炼金术坚持技艺能够通达、模仿甚至超越自然的理想,其基础仍在于预设人工技艺与自然生成具有同一性。而这一点已经被阿格里科拉通过取消矿物本性,将矿物理解为偶然造就的纯然之物而瓦解,自然存在秩序与人类认识秩序不再对应。因此,阿格里科拉更看重对自然进程采取观察和描述姿态的采矿技艺,而不是妄言能够重现自然的炼金术。

然而,除了这些明显的批评外,也有学者发现了阿格里科拉对炼金技艺的暧昧乃至认同态度。泰勒指出,尽管阿格里科拉有所抱怨,但炼金术的用语并没有隐晦到让他无法观察和记录的程度,《矿冶全书》实际上挪用了大量炼金术实践的经验——通过将这些经验用于详细说明化验、冶炼、焙烧等冶金工业的具体过程,他让原本隐秘的炼金工艺在冶金技艺的名目下得以公开。[1] 泰勒继而认为,历史学家往往将炼金术和化验技艺界限分明地划为不同实践领域,而阿格里科拉却热衷于将二者一同纳入冶金学的范畴,因为它们都涉及分析矿物和金属成分的技术。[2]

阿格里科拉确实在一定程度上吸纳了炼金技艺,但这种吸纳更体现出他的炼金术批判的根本意图,即为人工技艺设限。通过将炼金术的部分内容改造成矿物学和冶金学,他为人工技艺的应用领域确定了新的界限。一方面,他在《论起源和原因》中否认了炼金术对于矿物成因与本性的带有神秘色彩的自然哲学解释,并将这部分任务转托给一种基于感官经验观察和描述矿物偶性的矿

---

[1] H. Taylor, "Mining Metals, Mining Minds", pp. 70-76.
[2] Ibid., pp. 81.

物学技艺——这门技艺将对矿物本性的追问转换成对偶性的描述。一个像贝尔曼那样的好矿工，相比炼金术士更擅长这门技艺①，而《论矿物的性质》则是这门观察和描述的技艺的最终体现。② 另一方面，正如泰勒所注意到的，炼金术隐秘话语之下的对金属和矿物的具体操作经验，被注重记录冶金技术细节的《矿冶全书》接纳下来，并被一种清晰明白的语言重新表述。这两方面的改造都体现了典型的攫取-转译式的书写结构。炼金术对矿物的观察和实践经验被阿格里科拉从它原本所处的完整语境中攫取出来，并被分别转译为仅仅专注于描述矿物偶性的矿物学技艺，以及仅仅专注于操持物质原料的冶金学技艺。这两门新的技艺都只在人类能够认识的物质表象的领域发挥作用，绝不像炼金术那样使用模糊的语言对自然本性妄作猜测。

　　事实上，在炼金术自身的发展脉络中，早已有人对传统炼金术做出了类似的限制和改造。本书第一章第二节提到，保罗的微粒炼金术在面对由伊本·西那所阐明的人工与自然间不可跨越的鸿沟时，便做出了认识论上的放弃。他放弃了传统炼金术试图认识自然全部运作的理想，将人类理智无法企及的自然原则彻底悬置起来。这种放弃使得微粒炼金术将对矿物生成的理解限制在经验事实的基础上，并最终满足于一种易于自身理解的物质主义的自然运作模型。简而言之，矿物被视为单纯的物质，它的本性只是由彻底的感觉经验所组成，它的形成仅由微粒、分散、聚合、热量等概

---

① 参见本书第三章第二节第三小节的论述。
② 参见本书第五章第一节第三小节的论述。

念就足以机械地解释。① 这种思路似乎与阿格里科拉对矿物成因的理解如出一辙。通过否认矿物的本性和形式因,并将一切超自然力量清除出矿物成因理论,阿格里科拉几乎也使自己置身于与保罗相同的处境。因此,当有炼金术士声称自己能够凭借汞和硫制造出既能承受火又具有黄金色彩的人造黄金时,即便阿格里科拉不认同汞硫理论,他也不得不承认这种人造金属十分接近黄金并赞美其技艺的伟大。② 这是因为在矿物的本性和形式因被取消后,矿物就只能是其偶性的集合——黄金就是那种能够承受火的、金黄色的、符合所有黄金偶性的东西。阿格里科拉暗中与微粒炼金术共享着十分类似的物质观和自然观,双方一同承认,一门追问矿物本性的技艺,只能是描述其所有偶性的技艺,一门处理矿物的技艺,也只能是操控其能够被表象的物质偶性的技艺——它们都与矿物的自然本性无涉。

目前没有证据表明阿格里科拉了解保罗的微粒炼金术理论。类似的理论倾向可能来源于面对同一思想处境的不约而同的反应。13世纪晚期基督教思想家对上帝无限性的神学反思,强调了上帝意志的绝对超越以及有限的人类理性与无限的上帝之间的绝对鸿沟,这导致了一种对认知的放弃。这种放弃的一个后果是,人的想象力从亚里士多德主义的遗产中解放出来,人们不得不满足于心灵能够为自己提供的清晰可靠的数学/机械论模型,而这被认为是使自然哲学朝向现代自然科学发展的必要一步。③ 无论是保

---

① 晋世翔:《近代实验科学的中世纪起源》。
② G. Fraustadt, *Schriften zur Geologie und Mineralagie I*, pp. 166-167.
③ 哈里斯:《无限与视角》,张卜天译,湖南科学技术出版社 2014 年版,第 136、148—150 页。

罗放弃理解自然的全部运作,还是阿格里科拉放弃矿物的本性和形式因,都与唯名论运动背景下的认识论内转趋势相契合,这一转向直到笛卡尔和霍布斯的时代才算彻底完成——人能够认识的不再是外部事物的本性而仅仅是内在心灵对世界的表象。[①] 而自然与心灵相分离并成为表象对象的同时,人工技艺所能应用的领域也被限制在那个完全被人类理性表象的世界。这既是阿格里科拉炼金术技艺批判的核心,也是他所要构建的矿物学和冶金学技艺的基础。

3. 维系神意的两条路径:超理性与功利主义

阿格里科拉将自然推远至人类心灵的对面,使之成为受理性表象的对象,又将人工技艺限定在由理性表象的认识世界,使之只能作用于纯然的物质偶性(而非存在自身)。因此,自然和人的认识被分割开来,表象成为分离二者的屏障。那么,在自然与人相分离的二元结构中,上帝被赋予了什么样的位置?这个问题对于阿格里科拉而言十分重要——微粒炼金术理论所秉持的那种物质主义的自然观便因其潜在的无神论倾向,而在 14 世纪面临宗教和政治的多重压力。阿格里科拉的矿物理论,既然已经打破了大阿尔伯特在亚里士多德主义自然哲学、炼金术物质理论和基督教神学之间构造的微妙平衡,就必须为上帝的神意找到新的位置并努力与之维系。

阿格里科拉生活在一个宗教剧烈动荡的时代。当其 23 岁时,

---

① 扎卡:《霍布斯的形而上学决断》,第 462—463 页。

马丁·路德正在他所居住的萨克森州开启了宗教改革运动。此后他的一生都与宗教改革所引发的浪潮息息相关。直到他去世,这位信奉天主教的开姆尼茨市市长还被拒绝下葬在已经改信新教的市镇教堂中。尽管如此,他的矿冶著作却很少公开提及信仰和神学问题,这为讨论阿格里科拉如何处理神学与自然哲学的关系带来了难度。

有赖于泰勒新近的研究,阿格里科拉在《矿冶全书》中对矿业合理性的辩护,他关于金属如何能带来社会进步的一系列讨论,被揭示为对其自身宗教信念的悄然表达。[①] 泰勒认为,阿格里科拉在《矿冶全书》中以一种微妙的方式调和了他的虔诚信仰与自然哲学。阿格里科拉认为上帝无疑是自然的创造者,人类应该以敬畏之心对待自然,但他并不同意那些认为采矿冒犯了大地从而与神意相冲突的批评。他从两个方面为之提供了辩护。一方面阿格里科拉认为,矿工在采矿过程中所遭遇的那些理性无法解释的机运事件以及超自然事件,彰显了上帝的存在,这使他们能够更加接近上帝。[②] 另一方面,矿物被认为是上帝创造以滋养人类的礼物,因此人类应该竭力发挥上帝所造之物的功用,而非拒绝使用技术开采和利用矿物。只有那些运用自己的理性努力认识矿物,通过自己的勤奋努力利用矿物,从而在繁荣的自然界中创造美好生活的人,才真正发扬了神的旨意。[③]

彼得·哈里森(Peter Harrison)对现代早期科学与宗教互动

[①] H. Taylor,"Mining Metals, Mining Minds",pp. 105-128.
[②] Ibid.,p. 126.
[③] Ibid.,pp. 127-128.

关系的研究为理解阿格里科拉的神学观点提供了更清晰宏大的思想史脉络,它使得泰勒所揭示的《矿冶全书》中的文本材料能够获得更加融贯的理解。哈里森指出 16 世纪以来基督教理解自然的方式发生了断裂——自然界中的事物不再按照它们所象征的永恒真理或所教导的道德训诫来理解,而是按照其内在结构和潜在的对人类的功用来理解。这种倾向最终导致 17 世纪的物理神学将对自然的理性探究和以技术控制自然视为一种宗教义务。① 本书认为,阿格里科拉便处于哈里森所揭示的这条思想脉络的早期,他对科学研究与神学关系的理解是 17 世纪物理神学的先声。

基于泰勒和哈里森的研究,本节尝试理解阿格里科拉如何在他对矿物的自然哲学构想中努力维系与上帝的关联。首先需要理解的是上帝在阿格里科拉学术中的超越位置,这是他颠覆大阿尔伯特矿物理论所带来的结果。吉莱斯皮指出,亚里士多德主义的日益壮大在中世纪晚期打破了经院哲学在基督教信仰与异教理性主义之间努力维系的平衡,这导致了一场影响深远的神学危机。② 唯名论运动在这一背景下应运而生,它以提升上帝超越性的方式克服理性主义的威胁,从而导致曾经与人亲近的上帝形象变得日益高远和模糊,以至于隐匿在人类理智之外。③ 阿格里科拉对大阿尔伯特的颠覆也需要放在这个思想脉络之中理解。大阿尔伯特塑造的自然、人工与神意合为一体的矿物成因学说,是平衡理性主

---

① 哈里森:《圣经、新教与自然科学的兴起》,第 vi—vii、220—221、280—281 页。
② 吉莱斯皮:《现代性的神学起源》,张卜天译,湖南科学技术出版社 2012 年版,第 27—30 页。
③ 雷思温:《敉平与破裂》,第 3 页。

义与信仰的中世纪经院学术传统的一部分。其中,矿物的自然本性既是神意流溢的产物,同时也能被人类经验类比从而为理智所把握。因此,自然物被理解为指示神圣意图的符号,通过相似性原则而与它们象征的神圣真理相关联。把握物的自然秩序和理解神意便成了同一回事,神寓于自然之中。福柯的《词与物——人文科学考古学》指出了这一点[1],而哈里森则在福柯的基础上将12世纪以来理解自然和神圣真理的方式把握为一种"圣事自然观"——自然物通过充当神意的记号和象征从而获得它们在自然中的目的与位置。[2] 阿格里科拉通过清除矿物的形式因,将矿物的生成理解为自然物质的偶然运作。偶然形成的矿物就不再在寓意层面与神意相关联,它的自然本性也与理性的认识相隔绝。如此一来,阿格里科拉便在颠覆大阿尔伯特矿物理论的同时,瓦解了通过把握自然秩序以寓意解读的方式理解神意的道路。上帝的神意不再与自然和理性相同一,而被推向了超越的位置。在这个意义上,阿格里科拉对矿物本性和形式因的清除,与唯名论运动背景下提升上帝超越性的倾向相契合。

面对一个超越认知结构以外的上帝,阿格里科拉的矿物理论发展出了两条维系神意的路径。从消极的意义而言,当上帝不再能够通过理性认识时,它便在理性所不能解释之处显现自身,从而成为信仰的对象。如本章数次引用的《论起源和原因》中的这段话,便体现了上帝存在的超理性特征:

---

[1] 福柯:《词与物——人文科学考古学》,第18—47页,另可参见本书第五章第二节第一小节的介绍。

[2] 哈里森:《圣经、新教与自然科学的兴起》,第48—78页。

但是土与形成金属的湿性物质的比例是多少,没有一个凡人能够在其脑海中理解,更不用说表述了。只有上帝知道,他为自然界中的物质混合制定了特定的法则。①

矿物的自然生成是偶然的,因而人们对矿物成因的理性认识,并不能完全把握其运行规律。但上帝作为造物主知道每一种矿物的生成法则,这种法则不是理性认识的对象,只为超越的上帝所拥有。正是由于其超越于理性之外,因而对"只有上帝知道"这一点本身的确知,只是信仰的结果。

《矿冶全书》中机运和偶然的概念则体现了另一种超理性的信仰路径。阿格里科拉在《矿冶全书》第二卷介绍了成为一个优秀的采矿者所应具备的条件。阿格里科拉首先便强调信仰的作用:

> 首先,他们必须怀着敬畏之心敬拜上帝,必须了解我接下来要讲的事情,必须注意让每个人都高效、勤勉地履行自己的职责。神意注定那些知道自己应该做什么,然后认真做好的人,在他们所做的一切事情中,大部分都会有好机运;相反,懒惰的人和粗心大意的人,则会遭遇不幸。②

之所以要信仰上帝,是因为理性的规律并不足以对未来结果做出确定性的预判,认真做好每一件该做的事并不一定能获得好

---

① G. Fraustadt, *Schriften zur Geologie und Mineralagie I*, p. 175.
② G. Agricola, *De re metallica*, trans. by H. Hoover & L. H. Hoover, p. 25.

第四章 放弃形式:矿物生成的新自然哲学

结果。神意只是注定为大部分做好准备的人提供好的机运,这里的机运本身就是一种带有偶然性的结果。上帝就在这种超出理性把握的偶然之处显现自身。阿格里科拉清楚在采矿领域理性难以预料机运的存在。在细致讲述了矿工如何寻找矿脉的知识和技巧后,阿格里科拉再次指出了机运的作用。有时候揭示矿脉的并不是理性和技巧,而恰恰是超出理性把握的机运:

> 矿工从众多地方中挑选出一个适合采矿的特定地点后,就会花费大量的精力和注意力在矿脉上。这些矿脉要么是偶然被剥去了覆盖层,从而暴露在我们的视线中,要么是深藏不露,经过仔细搜寻才被发现。后者比较常见,前者比较罕见。[①]

尽管罕见,但凭借机运而偶然发现矿脉的情况依然存在,这种机运与人的技能和理性无关,只能解释为神意的馈赠。例如,他接下来举例说:

> 最后,其他一些力量也可能偶然发现矿脉。如果这个故事可信的话,戈斯拉尔的铅矿脉被发现就是因为一匹马用蹄子踢了一下。通过这些方法,机运向我们揭示了矿脉。[②]

通过这种信仰路径的设置,阿格里科拉在理性之外彰显了

[①] G. Agricola, *De re metallica*, trans. by H. Hoover & L. H. Hoover, p. 35.
[②] Ibid., p. 36.

上帝的存在。上帝不再是理性认识的对象,而成为虔信的对象。与这种通过在理性以外重归信仰的消极方式相对应,阿格里科拉还以一种更加积极的人类中心主义的态度,试图重建与上帝的关联。

哈里森指出,中世纪的圣事自然观在16世纪瓦解之后,自然物失去了原本通过象征指示神圣真理的意义。由于基督教的创世教义一直主张受造的自然有其目的,因此当世界不再能按照其精神方面的象征意义来解释时,人们就将注意力集中在自然物对人类福祉所能发挥的物质功用上。在这一背景下,17世纪的自然研究具有了鲜明的人类中心主义和功利主义倾向,这种倾向为重新寻找自然造物之神学目的的宗教情怀所激励。为了人类福祉追求对自然物的认识、积极开发和利用世界,成为了一项宗教命令。① 阿格里科拉重建与上帝关联的积极路径,便是该思想脉络中的一部分。从他在《矿冶全书》中为矿业的辩护可以看出,这种倾向在16世纪中叶便已经出现。通过将受造矿物的自然目的理解为上帝对人类福祉的物质关照,阿格里科拉在完成对矿业正当性辩护的同时,也以一种功利主义的路径重新建立起自然研究与上帝的关联。

在《矿冶全书》第一卷,阿格里科拉详细列举了采矿反对者的种种理由,并一一予以回应。② 面对金属是否对人有益的质疑,阿格里科拉首先就明确地诉诸上帝不会无缘无故地创造恶的目的论

---

① 哈里森:《圣经、新教与自然科学的兴起》,第279—281页。
② 张卜天:《阿格里科拉的〈矿冶全书〉及其对采矿反对者的回应》,《中国科技史杂志》2017年第3期。

原则来予以驳斥：

> 首先，那些说金属坏话、拒绝使用金属的人并没有看到，他们是在指控和谴责造物主本身也同样的恶，因为他们断言，造物主徒劳且无缘无故地创造了某些东西，从而是恶的创造者，这种观点当然是虔敬而明智的人所不认同的。①

接着阿格里科拉阐述了金属这一自然造物对于人类福祉的种种功用，并以这段话总结了它的重要意义：

> 如果我们将金属从对人类的关照中移除，那么就没有任何办法来维护健康和保存生命。如果没有金属，人就会可怕而悲惨地与野兽同群，靠在森林中徒手采摘水果、浆果、植物根茎为生，晚上挖洞睡下，白天像野兽一样在树林和平原上漫游。既然这种状况完全不符合人类灿烂辉煌的自然禀赋，难道还有人会愚蠢地或顽固地否认金属是衣食所需、维持生命的必需品吗？②

阿格里科拉认为，金属是上帝的造物，它满足了人类的必要需求，因此不应该贬低金属的地位。至于有人利用金属来行恶事，因为金属代表的财富而发动战乱，那并不是金属本身的罪恶：

---

① G. Agricola, *De re metallica*, trans. by H. Hoover & L. H. Hoover, p. 12.
② Ibid., p. 14.

无论如何，金属是大自然的创造物，它们满足了人类多样的必要需求。更不用说金属在装饰方面的用途，它与实用性完美地结合在一起。因此，贬低金属作为美好事物的地位是不对的。事实上，如果对金属有不好的使用，它们就应该被称为邪恶吗？因为对任何好东西，我们都能同样地以好或不好的方式使用它。①

金属是上帝对人的赐福，它本身自然是善好的。但它可以被以恶的方式使用，这时真正的恶并不是金属，而是使用它的人，他辜负了上帝寄予金属的滋养人类的目的。没有正确地认识和发挥金属的功用，将之用于邪道，就像一个天才的年轻人把他的才能用于欺诈和行骗一样，是对上帝的亵渎：

现在，如果有人因为酒、力量、美貌或天才被滥用，就否认它们是善的，那么这就是对至高无上的上帝，对这位创世者的不公和亵渎。同样，如果有人想把金属从神的赐福之列中剔除，那么这也是对上帝的不公和亵渎。②

最后，阿格里科拉总结了金属对人类的五种功用，并以这句话作为对矿物研究和矿冶工业正当性的最终辩护：

除非采矿学和冶金学被发现，然后传承给我们，否则就根

---

① Ibid.，p. 18.
② G. Agricola, *De re metallica*, trans. by H. Hoover & L. H. Hoover, p. 19.

本不会有这些金属。总之,人不能离开采矿业,神意也不会这样安排。[1]

通过把矿物(金属)视为上帝对人类福祉的物质关照,阿格里科拉将研究和开发矿物的科学与工业目标,同认识与弘扬上帝的神圣旨意深刻地联系起来。一门对矿物的理性探究,固然不再能在发现矿物本性的意义上探知神意,但可以通过清楚地辨别矿物对人的功用,重新认识神在他所造世界中赋予的意图。这条联系神意的积极路径,奠基于对矿物功利主义的自然研究之上,矿物究其根本而言是被认为对人类有用之物。事实上,早在《矿冶全书》以前,阿格里科拉就已经以这种方式来看待矿物了。下一章将会表明,阿格里科拉如何在《论矿物的性质》中,通过外在特征、物理属性和对人类的功用这三类表象,重新充实丧失本性的矿物的含义。矿物性质的重建最终完成了对矿物观念的变革,《矿冶全书》对矿物的功利主义态度,正是这一变革的结果。

---

[1] Ibid., p. 20.

第五章　重建性质：表象矿物的普遍话语

《论矿物的性质》是阿格里科拉第二阶段所有作品中最具影响的一本，它被誉为第一本矿物学教科书，使作者获得了"矿物学之父"的名声。① 本章将围绕这部作品来阐发阿格里科拉放弃矿物的实体形式概念所引发的一系列后果，他的矿物观念变革最终便完成于此。

上一章第二节第三小节对阿格里科拉自然哲学架构的讨论表明，他似乎采取了一个相当亚里士多德主义的矿物研究方案——从《论起源和原因》一书对地下之物的一般性原因和偶性原因入手，以《论从地流出之物的性质》《论矿物的性质》这两本具体讨论地下之物性质的书作为对本性的说明，从而完成对地下之物的自然哲学研究。然而，当他对矿物成因的解释完全放弃了形式因这一点得以澄清之后，他所塑造的这门关于矿物的新自然哲学对亚里士多德主义的背离也就十分清楚了。放弃形式因引发的后果是，矿物的自然本性与人的认识开始分离，人类感官和理性所能把握到的仅剩下矿物的表象，矿物存在的本性隐匿了。在这个表象世界，矿物的性质取代了其本性，成为认识矿物的唯一基础。《论矿物的性质》

---

① F. D. Adams, *The Birth and Development of the Geological Sciences*, pp. 183-195.

第五章 重建性质：表象矿物的普遍话语

便清楚地展现了失去本性的矿物如何在表象世界中被重新认识。

中世纪的矿物研究原本依赖一套囊括所有关于被指示物的符号的语义学网络来刻画矿物的本性，其中包括对矿物的观察、与矿物相关的文字资料以及神话传说等。本性的丧失使得这个语义学网络被弃置不顾，取而代之的则是一套基于事先就被视为简明、中性、可靠的表象的新语言。《论矿物的性质》究其根本而言就是依据这套新话语而写就的。阿格里科拉从不同来源攫取信息，并依照新话语的规则将它们转译成一门新的矿物学。判断这门矿物学性质的关键，并不在于追究它所攫取的信息来源何处或者是否正确可靠，而在于使其如此这般组织信息得以可能的话语规则。正是这套话语规则，使得《论矿物的性质》对矿物的描述既不同于以往的矿物研究作品，也不同于阿格里科拉本人在16年前出版的《贝尔曼篇》。尽管全书并未出现任何图表，但一种按照矿物各表象预先筹划并有待任何尚未发现的矿物不断填充的图表架构却清楚地蕴含其中。这是处于特定矿区、关注特殊矿物医药学价值、仅仅描述登山沿途所遇矿物的《贝尔曼篇》所不具备的普遍性特征。基于此，阿格里科拉最终完成了对矿物观念的转变。

一 本性的丧失与性质的重建[①]

1.《论矿物的性质》中的 natura

《论矿物的性质》是阿格里科拉紧接着矿物成因理论而创作的

[①] 本节第一和第二小节中的大部分内容已撰文发表，见严弼宸：《矿物作为现代隐喻与形而上学的完成》，《自然辩证法研究》2023年第11期，第33—38页。

两部探讨地下之物"本性"(natura)的作品之一。根据他对地下无生命之物的划分,《论从地流出之物的性质》讨论了地下水、火、空气等简单流体的"本性",而所有矿物则被归以挖掘物(fossilia)之名,被放在《论矿物的性质》中处理。① 前文已指出,这一自然哲学架构与大阿尔伯特的亚里士多德主义矿物研究纲领面貌相似而实质背离。其根源在于,阿格里科拉关于矿物的新自然哲学取消了形式因和本性的位置。这便关涉到两本论地下之物"本性"作品的写作目标——标题中的 natura 究竟指向什么?

考察阿格里科拉在《论矿物的性质》中的表述,不难发现,他完全没有在"使存在者是其所是的依据"的意义上使用 natura 这个词——natura 并不是亚里士多德哲学中的内在本性,而成为了矿物经验可感的外在性质。尽管阿格里科拉总是声称哲学探讨事物的起源、原因和本性,但在《论矿物的性质》的献词中,阿格里科拉却把 natura 阐述为矿物的独特特征、物理属性及其有用的性能。② 而所谓的独特特征,阿格里科拉在第一卷解释道:

> 各种矿物在颜色、透明度、光泽度、闪耀度、气味、味道,以及其他通过强度、形状和结构表现出来的属性上,有很大的差异……因此,有必要从矿物偶然发现的东西中了解它们的差异和性质。③

由于阿格里科拉已经在矿物的自然哲学中取消了形式因,因

---

① 参见上一章第二节第三小节对阿格里科拉自然哲学架构的论述。
② G. Agricola, *De natura fossilium*, p. 167.
③ G. Agricola, *De natura fossilium*, trans. by M. C. Bandy & J. A. Bandy, p. 5.

此将 natura 转换成矿物的各种偶性与外在差异,就不能被解释为"以迂回的方式"间接阐明矿物的形式和本性。后者是大阿尔伯特在《论矿物》中采取的策略——由于每种矿物各有其形式,难以做普遍的归纳,也因为形式因来源于天界力量、元素的特定混合和特定的位置,难以被理性直接把握,因此大阿尔伯特通过"迂回的方式",结合具体矿物的偶然属性、外在表象、特殊能力乃至相关事迹来间接了解矿物的形式或本性。而阿格里科拉所描绘的"矿物偶然发现的东西"以及从中反映出的"它们的差异和性质",更接近于亚里士多德在《动物志》中指明的自然研究的第一步——必须要从动物之间的各种差异、直接可感的偶性出发,对各类细节有所明了。德国地质学史家 B. 弗里彻最先注意到《论矿物的性质》与亚氏《动物志》在描述性主题上的相似,他指出阿格里科拉对矿物性质的研究在方法论上要从亚里士多德《动物志》的意义去理解,《论矿物的性质》应被视为阿格里科拉按照亚里士多德动物志(historia animalium)的模式设计的一部矿物志(historia fossilium)。[①] 尽管本书下一节将要阐明阿格里科拉描述矿物外在性质的方式与古代自然志大不相同,但从主要目标而言,阿格里科拉这部被冠以 natura 之名的作品,确实只是一部旨在记录和描述各种矿物颜色、味道、气味、产生位置、强度、形状、结构和尺寸等偶性和差异的志书。他对《论矿物的性质》主要内容的说明,进一步证实了这一点:

> 矿物的颜色、味道、气味等能够通过接触而被感知到的性

[①] B. Fritscher, "Wissenschaft vom Akzidentellen".

质,是最为人所知的,因为这些相比于强度这类性质,更容易被感官辨识……为了展示矿物的差异,我将首先根据颜色对其进行分类,然后再描述每一类(矿物)的性质。①

因此,矿物具有诸多差异,如我们所观察到的颜色、味道、气味、产生位置、自然强度、形状、结构和尺寸。为了使这些知识更清晰显见,我将在以下各卷对那些最为重要和显著的矿物进行解释,这基本已涵盖所有矿物。②

因此,阿格里科拉根本性地改变了 natura 一词的用法,它不再是事物内在涌现的自然本质,而成为亚里士多德意义上的各种具体可感的偶性与差异。与之对应的是,旨在描述外在差异和偶性细节的自然志,原本只是服务于揭示事物本性的自然哲学必不可少的第一步,在阿格里科拉的矿物研究中却顺理成章地取代了后者的位置,成为了研究矿物的最终目标。换言之,阿格里科拉从根本上颠倒了亚里士多德的自然研究方案。在阿格里科拉研究史上,同样是弗里彻最先注意到这一关键的倒转。当他强调阿格里科拉的矿物自然哲学首先论述了地下之物的起源和原因,之后才论述它们的性质时,他想要指出的绝不只是一种偶然的安排,而是阿格里科拉对"描述"与"因果研究"之关系的重塑:对矿物的描述不再是自然哲学的出发点而成了它的最终目标,一门矿物科学的中心任务不再是解释矿物的起源和原因,而成了对矿物外在特征

---

① G. Agricola, *De natura fossilium*, trans. by M. C. Bandy & J. A. Bandy, p. 5.
② Ibid., p. 15.

以及功用的描述。①

矿物研究方式的倒转源于对矿物自然本性的理解首先发生了转变——在阿格里科拉看来,矿物"是其所是"的依据不再是某种难以认识的先天实体形式,而仅仅是它呈现出来的诸多偶性的集合。矿物的自然本性,曾经需要在理解其质料因、动力因、形式因以及诸偶性的原因后,才能充分认识,现在却只由它的外在性质来决定,而这些性质都是可以被感官经验所把握的。除此之外,矿物别无所有。以此之故,阿格里科拉才能够设计一套以外在性质差异为基础的矿物分类方案;矿工拥有的关于矿物性质和用途的经验,才能成为合法的矿物学知识,取代权威基于古代文本对矿物本性做出的各种论述;以后的现代矿物学家才能够以对矿物诸性质做直接或间接数学化的方式,更精确地把握矿物的存在。阿格里科拉被称为"矿物学之父"、被认为开创了一门新的矿物学的所有理由,都建立于他改变了对矿物自然本性的理解这一条件上。

2. 必要的匮乏:"石头无世界"

何以矿物之自然本性能够被阿格里科拉改变,基于对《论起源和原因》中的矿物自然哲学的解读,本章从形而上学的角度给出了一个回答:因为阿格里科拉取消了矿物的形式因,瓦解了对矿物的形质论理解,自然与人、存在与认识的秩序便随之互相分离,矿物的本性因而就隐匿于表象的背后,成为不可通达的领域。但如果追问何以自然的分离与表象的出现率先发生于矿物领域,那么阿

---

① B. Fritscher,"Wissenschaft vom Akzidentellen".

格里科拉在《论矿物的性质》中,基于矿物独特的匮乏特性给出了另一种回答。

在《论矿物的性质》第一卷,阿格里科拉颇为无奈地写道:

> 矿物在起源上并无多样性,这种多样性在生物,甚至在原初物质那里我们都能发现。对矿物也不能像生物那样,凭其度过一生的位置就能进行分类,因为矿物没有生命,并且鲜少有例外不处于地下。此外,矿物也没有性格和行为上的差异,大自然只将这些单独赋予了有生命之物。不像生物与原初物质,矿物的基本特征就不存在很大差异。至于矿物的各部分也并无不同,它们是由相似的物质组成的。[1]

与丰富多彩的生命世界相比,地下矿物世界实在过于匮乏,以至于难以通过位置、运动、身体的不同部分、生殖等觉知它自身的内在涌现。除了通过颜色、味道、气味、强度、形状等外在的偶然属性,人们无法把握如此死寂的矿物的存在。但这对于将表象作为认识与自然之中介而言,却是一种必要的匮乏。这一点,通过对比阿格里科拉的矿物分类描述方案和他对地下动物的处理方案之不同,能够得到说明。

《论地下动物》完成于1548年,是阿格里科拉第二阶段关于地下世界的整体研究计划的最后一部作品。在此书中,他首先按照动物的不同活动位置与方式来组织对动物的讨论。他将地下动物

---

[1] G. Agricola, *De natura fossilium*, trans. by M. C. Bandy & J. A. Bandy, p. 5.

分为仅在白天或晚上藏在地下的动物、一年中部分时间生活在地下或至少在树洞等掩蔽物下避暑或避寒的动物,以及始终生活在地下的动物。这呼应了他在《论矿物的性质》中所说的,"对矿物也不能像生物那样,凭其度过一生的位置就能进行分类"。其次,他往往依据动物的行为如捕食与被捕食的关系,将相关的动物排列成松散联系的群体加以讨论。在描述单个动物时,阿格里科拉记录了对其行为的观察,包括猎食、冬眠、迁徙、繁殖、栖息地的选择和变化等。当然他也处理了动物的形态学,对于某些器官形态的形状、大小和颜色做了描述。而在《论地下动物》的两个索引中,阿格里科拉又按照运动方式为动物进行了分组,包括行走者、飞行者、游泳或爬行者,以及被单独列出的蠕虫类和龙类。[1]

这些特点显示出动物在行为、栖息位置、生殖等诸多方面的多样性和差异性,阿格里科拉能够利用这种多样性来灵活地组织对地下动物的论述,而不必仅仅依赖对动物外在形态的描述。动物的丰富行为是动物研究能够从所具见的现象上升至原因、目的乃至本性的必要的阶梯,而这恰恰是矿物之所匮乏的。这种匮乏使得矿物研究不得不依赖于对其偶然的外在形态的认识,它成了把握矿物物种的唯一特征。正是在面对矿物之匮乏时,古代和中世纪理解自然的核心问题,即追问事物不可改变的内在本性,退居其次,而对事物的可变、偶然且感性可感知的特性的认识,成为了认识的全部。对矿物的表象便源于这种必要的匮乏。

---

[1] M. L. Aldrich, et al, "Georgius Agricola, De Animantibus Subterraneis, 1549 and 1556: A translation of a Renaissance essay in zoology and natural history".

当芒福德宣称16世纪的矿物观念和采矿方法是现代工业文明的先导时,他已经意识到正是矿物之匮乏开启了自然分离与表象出现的道路。他对地下矿道的如下描写,充分反映了矿物的不可通达:"地下矿道是一个黑暗、无色无味、没有任何香气和形状的世界,永远是一副冬天的沉闷景象。放眼都是大块大块的矿石,形状也没有任何规则可言。"①因此,除非把矿物的"外观"摆置在"我思"面前照亮,"我"没有任何办法去贴近矿物自身的世界,坚实地把握矿物的存在,矿物自身一无所有。"石头无世界,动物缺乏世界,人形成着世界。"②海德格尔这句话告诉我们的正是,石头的存在本质乃是对于其他存在者的不可通达。也是基于这种自然的不可通达,表象的认知方式乃至物质性的自然规律才能牢靠地建立其上。

在自柏拉图以降的形而上学中,相(形式)是最无蔽和实在的东西,而质料则最不实在和最受遮蔽。③矿物作为存在之链中最接近于质料的纯然之物,因而也能最为轻易地消除亚里士多德主义为自然设定的实体形式,最为彻底地遮蔽自身,从而接受存在论的转变,首先成为被人的认识所表象的对象。而当伽利略和笛卡尔把整个现代世界都重新构建为摆置到主体面前的对象性结构时,矿物就因其与世界的同构性最为深入地潜进现代思想的基底,并且最为顽强地躲避追问与沉思。本书在导言第一节所关注到的那个问题——矿物何以能够作为一种隐喻渗透入现代语言的方方

---

① 芒福德:《技术与文明》,第66页。
② 海德格尔:《形而上学的基本概念》,赵卫国译,商务印书馆2017年版,第288—290页。
③ 丁耘:《是与易:道之现象学导引》,第279页。

面面——终于在即将完成对阿格里科拉的观念史考察之际,获得了回答。矿物正因其必要的匮乏,才率先完成了形式因的放弃与自然的分离,从而成为对一切事物的现代表象的原型,最终作为隐喻在习以为常的流行语言中浮现出来。

3. 在表象中重建矿物

在消除了矿物的本性之后,如何在表象世界中重新构建对矿物的认识,这便是《论矿物的性质》一书的主要任务。一般的科学史叙事,通常认为《论矿物的性质》尝试基于溶解性、均质性以及颜色、硬度等外部特征对矿物进行系统描述,并采纳了一个全新的基于矿物物理特性的系统分类方案,但却很少实际分析并展示这个"系统分类方案"是如何处理矿物的。[①] 本节将基于文本,通过分析阿格里科拉对矿物描述和分类方法的阐述以及他对特定矿物的处理,来具体展示他在放弃矿物本性之后,如何通过表象重新充实矿物的性质。

阿格里科拉在开始处理具体矿物前,以第一章整章的篇幅交代了他在方法论上的两方面考虑。首先,他建立了一套对矿物性质的描述方法。阿格里科拉概述了将要用来区分并描述矿物的每一种差异,通过"了解这些差异,我们能够研究它们的性质"[②]。他在此列出了五组需要考虑的性质,包括一组最广为人知、最容易被感官察觉到的偶性:颜色、透明性、光泽性、味道、气味、温度和湿度;一组通过触觉感知的偶性,这组偶性中的每一个都可以有程度

[①] 参见本书导言第三节第一小节对胡佛、亚当斯等人观点的介绍。
[②] G. Agricola, *De natura fossilium*, trans. by M. C. Bandy & J. A. Bandy, p. 5.

上的区别：黏腻度、致密度、硬度和粗糙度；一组关于抵御破坏能力的偶性：可熔性、可溶性、柔韧性、可碎性、解理性、压缩性、延展性、可燃性和耐腐蚀性；一组关于形态的偶性：形状、拟态与大小；以及一组关于功用的偶性：食用特性、药用特性以及其他功能等。① 除此之外，阿格里科拉还在献词中提到另一条"叙述的规则"："关于每一种矿物，我都会提到它曾被发现或如今被发现的地点。"②这条规则也应当被视为矿物描述系统的一组性质，因为当他论述具体矿物时，总会兼顾关于矿物出产状况的信息，包括其自然产地与人工开采或生产方法。③ 归结起来，这里列出的近三十种差异完全符合阿格里科拉在献言中对矿物性质的阐释，即独特特征、物理属性和有用的性能。其中，最易被感官察觉的偶性、触觉感知的偶性、抵御破坏的偶性和关于形态的偶性属于矿物的"独特特征和物理属性"，而关于功用和出产状况的性质则属于矿物"有用的性能"。通过这些，阿格里科拉便可以声称他将能够清晰显见地对几乎所有矿物的性质进行描述了。④

这套描述方法首先意味着，所有矿物都能够按照同一种规则而被描述其性质，不同矿物个体的特殊性及其独特背景不再需要被考虑，它们在方法面前被抹平了差异。其次，这套方法在原则上确定了哪些差异和偶性对于重建矿物性质是需要被考虑的，而哪些又是需要被排除的。显然，外观、物理性质以及对人类的功用被

---

① G. Agricola, *De natura fossilium*, trans. by M. C. Bandy & J. A. Bandy, pp. 5-15.
② Ibid., p. 1.
③ 可参见他对盐、硝石、明矾等矿物的讨论，G. Agricola, *De natura fossilium*, trans. by M. C. Bandy & J. A. Bandy, pp. 36-46.
④ G. Agricola, *De natura fossilium*, trans. by M. C. Bandy & J. A. Bandy, p. 15.

预先确定为认识矿物性质的首要视角,所有矿物都被安排到这个固定的认识框架中显现自身的性质。

然而,并不是每一种矿物都具有上述每一种偶性。例如,几乎所有石头都不具有黏腻度和可溶性,几乎所有土和金属都不具有透明性。事实上,某些偶性或偶性的特定组合似乎与特定的矿物具有对应关系。例如,只有金属才同时具有柔韧性、可熔性与不透明性,同时具有透明性与可溶性的矿物几乎一定是凝浆。因此,对差异和偶性的罗列,本身就蕴含着对矿物进行分类的可能。阿格里科拉在第一章讨论的第二部分内容,便是矿物的分类问题。他首先回顾了前人的矿物分类方案,并在一番分析后指出无论是亚里士多德将矿物分为开采物和挖掘物两类,还是阿维森纳将矿物分为石头、金属、含硫矿物和含盐矿物四类,抑或是大阿尔伯特将矿物分为石头、金属和中间矿物三类,都不能涵盖所有矿物。[①] 于是,阿格里科拉提出了自己的矿物分类主张,它奠基于四类简单矿物以及一套亚里士多德主义的混合理论。

四类简单矿物分别是土、凝浆、石头和金属,它们实际上已经在基于浆汁的普遍液相成矿理论中给出。这意味着四种简单矿物的划分,并不是基于外在偶性描述的人为区分,而是在根本上基于矿物生成过程的自然划分——不同类型的浆汁在不同的冷热环境作用下,自然形成了四类不同的简单矿物。尽管在《论起源和原因》中,阿格里科拉认为人的理性无法预判何种成分的浆汁会生成何种矿物,但在这里,他能够以描述偶性的方式分别对四类简单矿物进行定义。土在潮湿的时候具有可塑性,当被水浸透时就成了

---

① G. Agricola, *De natura fossilium*, trans. by M. C. Bandy & J. A. Bandy, pp. 15-19.

泥浆。凝浆分为两类,一类干而颇硬,遇水溶解,称为干性凝浆;一类质软黏腻,遇火可燃,称为黏性凝浆。石头是一种干硬的矿物,受热硬化的石头如果长期放在水中会稍有软化,放在火中则会变成粉末,而遇冷凝结的石头遇水并不软化,但在极热的火焰中会熔融。石头分为四类:普通石类、宝石类、大理石类和岩石类。金属既有固体也有液体,固体金属遇火熔融,熔融后经过冷却又能凝固并恢复原本的形态。①

除了四类简单矿物外,还有大量矿物是由它们混合或复合而成的,阿格里科拉因此提出了混合矿物与复合矿物的概念:

> 混合矿物这一类别,我指的是由两三种简单物所形成的矿物,而那两三种简单物本身也是矿物。混合矿物也是真正的矿物,只是它们的各组分以恰当的比例,混杂并结合得如此完美,以至于在这种混合物体的最小微粒中,也包含了它作为整体所拥有的全部物质。它们是如此结合的,假如有一种混合矿物包含了三种简单物组分,我们可以凭借火的力量将其中一种与另一种分开,或者将第三种与其他两种组分分开,又或者将两种组分与第三种分开。通常,两三种组分结合成一种新矿物后,它们原先的特性就都不再显现了。②

混合矿物的概念显然借用了亚里士多德对真正混合物的理

---

① G. Agricola, *De natura fossilium*, pp. 185-186.
② G. Agricola, *De natura fossilium*, trans. by M. C. Bandy & J. A. Bandy, pp. 19-20.

解。根据亚里士多德在《论生灭》第十章的阐述，真正的混合物应该满足如下条件：(1)混合物中的每种成分最初是单独存在的(327b23)；(2)混合物的成分可以再次分离(327b29)；(3)混合物必须是同质的，即其任何部分都与整体相似，就像水的任何部分都是水一样(328a11—12)。① 混合问题在亚里士多德主义形质论的框架中是个难以处理的棘手问题，因为它涉及物质成分的实体形式在混合以后如何与混合物的实体形式共存的考量。然而，既然阿格里科拉已经在矿物领域清除了形式，他在此就仅仅是现成地借用了混合物的概念，并没有考虑任何与形式相关的问题。

按照阿格里科拉的定义，混合矿物是能够从中分离出其原始成分的同质物，而这种分离凭借火的力量得以实现。因此，他能够利用炼金术或试矿验金的技艺，来确定哪些简单矿物组成了某一种混合矿物。基于这种实践经验，阿格里科拉指出，尽管四种简单矿物有可能互相混合，但现实中只存在有限的六类混合矿物：第一类由石头和凝浆混合而成，第二类含有金属和土，第三类由等量的石头和金属混合而成，第四类富含金属而只有少量石头，第五类含有大量石头只有少量金属，第六类则是金属、凝浆与金属的混合物。而与混合矿物这一概念相对的是，阿格里科拉的复合矿物并不是同质物，因而也不是亚氏意义上的真正混合物，它只是几种简单矿物的机械拼凑，不需凭借火，仅仅通过水力甚至用手都能将不同组分分离。② 若以表格形式反映上述内容，他对矿物的分类便

---

① R. Sharvy R,"Aristotle on Mixtures", *The Journal of Philosophy*, 1983, vol. 80, no. 8, pp. 439-457.

② G. Agricola, *De natura fossilium*, trans. by M. C. Bandy & J. A. Bandy, p. 20.

能呈现如下（表 5.1）。

表 5.1　阿格里科拉对矿物的分类

矿物	非复合矿物	简单矿物	土	
			石头	普通石头类
				宝石类
				大理石类
				岩石类
			凝浆	干性凝浆类
				黏性凝浆类
			金属	
		混合矿物	凝浆·石头	
			金属·土	
			金属·石头	等量类
				富含石头类
				富含金属类
			金属·凝浆·石头	
	复合矿物			

　　以上两部分，即对矿物偶性的描述方法和矿物的分类方法，一同构成了阿格里科拉重建矿物性质的经纬。一方面，借助偶性描述方法他能够将矿物的性质按照特定的表象充实起来，矿物之物性得以脱离具体矿物所处的自然环境，而在被某一矿物名称所涵盖着并被表象开辟出的空间中显现。另一方面，通过矿物分类，这一被物性充实起来的矿物名称能够在所有矿物的相互关系中找到它对应的位置。借由一张被这两套方法预先筹划但对任何矿物保持开放的表格，阿格里科拉在《论矿物的性质》中完成的工作就能得到最清楚的示意（表 5.2）。

第五章 重建性质：表象矿物的普遍话语

表5.2 阿格里科拉矿物性质-分类

矿物分类		简单矿物					非复合矿物				混合矿物			复合矿物
		土	石头			岩石类	凝浆		金属	凝浆与石头混合	金属与土混合	石头与金属等量混合	大量石头与金属混合	大量金属与石头混合	金属、凝浆与石头混合
			普通石类	宝石类	大理石类		干性凝浆	粘性凝浆							
矿物名称															
外在特征	最广为人知的属性	颜色													
		透明性													
		光泽性													
		味道													
		气味													
		温度													
		湿度													
	形态	形状													
		大小													
矿物性质	物理属性	抵抗破坏的能力	耐腐蚀性												
			可溶性												
			可韧性												
			可碎性												
			解理性												
			延展性												
			压缩性												
			可燃性												
		触觉感知的偶性	粗糙度												
			粘滑度												
			致密度												
			硬度												
有用性能		功用	食用												
			药用												
			其他												
		出产	产地												
			生产方法												

以任意一种矿物为例,如专门记录凝浆的第三卷所记载的第一种矿物:盐,阿格里科拉对它的论述都能够被放置于表5.3所撑开的空间。各种不同产地、不同生产方法、有着差异性状的盐被去除各自的背景差异而陈列在一起,它们由于在"干硬""透明""遇水可溶""具有咸味"等方面的同一,而被一视同仁地安置在位于"简单矿物—凝浆—干性凝浆"分类中的"盐"这一矿物名称下。与此同时,所有与"盐"这一名称相关的性质与特征,按照阿格里科拉预先就已经确定的偶性描述规则,被分门别类地填充到表象的空间。① 于是,"盐"这一矿物名称便与它所具有的且需要被理性把握的性质在这一表象空间重新建立了关联,失去了本性的盐获得了重建。借助于表5.3,我们从阿格里科拉对盐的论述中看到的,便是自然物脱离它固有的自然秩序,转而进入表象的世界,服从表象的规律,从表象那里重新获得能够被理性所认识的秩序的过程。《论矿物的性质》的全部工作,便是为了认识的目的而将所有矿物都置于同一与差异所构成的秩序中。

---

① 表5.3并没有列举所有阿格里科拉对盐的描述,仅是为了展示阿格里科拉描述一种矿物所依据的规则,他对盐的具体描述参见 G. Agricola, *De natura fossilium*, trans. by M. C. Bandy & J. A. Bandy, pp. 36-41.

表5.3 阿格里科拉对盐的性质的描述

矿物分类	非复合矿物
	简单矿物
	凝浆
	干性凝浆类
矿物名称	盐

矿物性质	外在特征与物理性质	感官最易知的偶性	颜色	白色（来自萨马提亚、喀尔巴阡、达契亚等地）； 灰色（来自萨马提亚、达契亚等地）； 黑色（用木头提炼的盐，引自普林尼）； 红色（来自巴尔赫的阿姆河、达契亚，埃及的孟菲斯）……
			透明性与光泽性	透明（来自喀尔巴阡和萨马提亚）； 透明且能反射图像（来自西西里湖，引自普林尼）……
			味道	咸味，越干燥咸味越浓，一般人工盐比天然盐咸味淡； 来自塔兰托的盐咸味温和； 来自死海的盐味道苦涩；形成自海沫的盐味道刺激……
			气味	一些盐具有强烈且令人愉悦的气味； 阿拉伯盐气味轻微……
			温度	—
			湿度	来自海水和盐水的"盐花"是湿润的；盐喜欢干燥，潮湿是它的敌人……
		触觉感知的偶性	黏腻度	"盐花"是黏腻的
			致密度与硬度	天然岩盐比人工海盐和湖盐质地致密坚硬； "盐花"质地松软……

续表

矿物分类	非复合矿物
	简单矿物
	凝浆
	干性凝浆类
矿物名称	盐

矿物性质			
外在特征与物理性质	抵御破坏的能力	可熔性	不会在火中解体
		可溶性	质地松软或呈粉末状的盐很容易被水溶解；质地紧密坚硬的盐溶解速度很慢但最终也会溶解；潮湿是盐的敌人，在潮湿的环境中会软化和溶解……
		可碎性	潮湿的盐被太阳晒得板结后可以用铁棒打碎
		可燃性	所有干燥的盐放置在火上，它的量不会减少或减少得慢
		耐腐蚀性	盐不会腐化
	形态	形状	立方体(来自萨马提亚、达契亚等地)；金字塔形(来自印度)……
		拟态	盐水制成的盐有的像花或鳞片
		大小	一些盐颗粒细小；来自萨马提亚的立方块盐重达2000磅……
有用性能	功用	食用	比大多数调味品更能增加人的食欲；用于保存食物防腐……
		药用	具有轻微的收敛性和清洁性；西班牙人用于治疗眼睛变黑；底比斯人用于治疗瘙痒、麻风和疥疮……
		其他	阿拉伯人用于建筑房屋和墙壁；罗马人用盐给庙宇奠基；希伯来人和早期基督徒将盐用于祭祀……

续表

矿物分类			非复合矿物
			简单矿物
			凝浆
			干性凝浆类
矿物名称			盐
矿物性质	有用性能	出产	产地	既存在于地表,也存在于地下;一些著名的盐矿产地:德国塞堡(Seburg)以北的盐湖、喀尔巴阡山脉的茨堡(Salzburg)、托伦堡(Torrenburg)、阿德赫尔(Aderhell)等地;据普林尼说还有奥梅努斯(Oromenus)、印度,以及靠近安曼(Ammanien)的非洲山区……
			生产方法	从山中开采岩盐或从沙子下面开采;从海水、盐泉、盐井和碱溶液中提取……

二 矿物学的普遍话语规则

1. 新语言？旧语言？

福柯在《词与物——人文科学考古学》中刻画的第一次知识型断裂,为理解《论矿物的性质》所塑造的矿物表象秩序提供了重要参照。基于福柯的工作,阿格里科拉的矿物表象系统可被理解为一种典型的古典时期知识型,一套与传统矿物描述方式截然不同的新的话语规则。

《词与物——人文科学考古学》检视了西方自 16 世纪以来为事物赋予秩序的历史,福柯认为构建知识的规则自文艺复兴以来发生了两次断裂性的改变,这在语言(语言学)、生命(自然志/生物学)和劳动(经济学)三个领域均得到了体现。就自然志领域而言,对自然物的认识在17世纪中叶以前借由符号的直接指示而完成。这里的符号,既可以是指向某自然物的语词,也可以是与该事物有关的其他事物。而所谓的直接指示,依赖的是相似性原则,亦即依据形态或意义的相似来建立符号与事物的关联。因此,某物的本性就是所有指示着它的符号(词/物)的集合,而认识某物的本性,构建关于某物本性的知识,便是要确立起一个囊括所有关于这一被指示物的符号的语义学网络。因此,关于某物的观察记录、文字资料、神话传说都是这个语义学网络的一部分,它们同等地构成了物之物性,并无实在性的区别。也正是基于这种构建知识的方式,历代文本成为认识自然物的主要途径。[1]

福柯认为,这种文艺复兴式的知识型在17世纪中叶发生了第一次断裂,物与语义学网络的直接指示关系被瓦解,物从词中被剥离出来。在词与物拉开的间距之中,物的表象显现了出来,只有经由预先被视为简明、中性、可靠的表象,才能够重新构建词与物的关系。因此,物虽然同样与"词"相关,但却出现了旧词与新词的区别。物被从中剥离的旧词是基于相似性原则构造的语义学网络,它被认为直接指示物的本性。而新词却是依据物的某些特定的表象而重新构建起来的。新词不再直指物的本性,而通过指向特定表象而与物相关。因此,认识物就必须经由认识物的这些表象。这种新的知识形态,被福柯称为古典时期知识型。福柯认为,这些

---

[1] 福柯:《词与物——人文科学考古学》,第134页。

第五章　重建性质：表象矿物的普遍话语　　　　　　　　　　349

预先被视为中性可靠的表象要素，只能来自最纯粹的比较活动，纯粹的理智直观，反映着"同一、差异、度量和秩序"，是基于数和量的度量之上的秩序。因此，最首要的表象便是自然物的外在形态和结构，它们由形式、数量、排列方式、相对尺寸等能够被数学化的广延所确定。在福柯看来，古典知识型对物的指明必须通过语言表象物的外形和结构而获得，而这一阶段自然史的目标便是为每个确定的指明构建秩序。这种秩序表现为物与物并置在一起的清晰空间而不是错综复杂意义交织的网，它是物依照各自在某些共同特征上的差异而排列起来的系统，它是一张反映着同一与差异的永恒的"图表"。这种对物的图表式的排列秩序，被福柯视为古典知识型的典型样态，它是一种把物与人的认识目光和表述话语联结在一起的新方式、一套新语言。①

为证明从文艺复兴知识型的旧语言到古典知识型的新语言存在着断裂，福柯举出了16—17世纪的几部动物志作为实际案例。阿尔德罗万迪（Ulisse Aldrovandi，1522—1605）撰写的《龙蛇志》（*Serpentum, et draconum historiae*）对于每一个研究的动物，都以相同的重要程度来描写其体型、捕捉方法、隐喻用法、繁殖方式、传说中的视觉器官、食物以及对它的烹调方法。这些来自观察、文字资料与传说的错综复杂的符号，组成了一个典型的关于该动物的语义学网络，通过揭示这个网络，阿尔德罗万迪便把握到了该动物的本性。这种文艺复兴时期流行的话语规则在1657年琼斯通（Joannes Jonstonus，1603—1675）的《四足动物自然志》（*Historiae*

---

① 福柯：《词与物——人文科学考古学》，第135—137页。

naturalis de quadrupedibus)中却荡然无存。琼斯通与阿尔德罗万迪的关键区别不在于有没有提供更多对某种动物的说明,而恰恰在于琼斯通清除的东西。他像对待一个无用的肢体那样清除了整个语义学网络,只保留下特定的表象来刻画任意一种动物,如名称、体型、习惯、年龄、繁殖、声音、举动、好恶、利用与药用方式。这意味着琼斯通不再试图直接把握动物的本性,而是通过一套对理性可靠的表象规则,在表象撑开的认识与事物之间的间距中刻画动物。这种通过特定表象认识动物的描述性秩序便是一种新的话语规则,直到18世纪的林奈在他的自然分类系统中遵从名称、理论、属、种、属性、用法和文献来描述自然物,这套新语言还都一直发挥着作用。①

基于上一节第三小节的分析,不难看出阿格里科拉对矿物性质的重建同样遵循着古典知识型的新语言规则,尽管它比琼斯通的动物志要早了110余年。阿格里科拉在放弃矿物的形式因与本性的同时,也清除了与矿物本性纠缠在一起的整个语义学网络。②在他制定的矿物表象规则中,始终发挥作用的是矿物最易被感官察觉的偶性、触觉感知的偶性、抵御破坏的偶性、关于形态的偶性以及关于功用和出产状况的性质。矿物依据在这些特定表象上的差异可以被填充到如表5.2那样的秩序表中,这就是福柯所说的"物与物并置在一起的清晰的空间"③。正如上一节第二小节所解

---

① 福柯:《词与物——人文科学考古学》,第135—137页。
② 本章第二节第二小节将以一些矿物志的实际案例对比展示了阿格里科拉究竟舍弃或改变了什么内容。
③ 福柯:《词与物——人文科学考古学》,第136页。

释的，矿物因其在本性上的必要的匮乏，使得它最容易脱离那张构成物之本性的意义网络，首先成为被表象所重塑的对象。阿格里科拉得以早于琼斯通一个世纪，就在矿物学领域完成了话语的变更和知识型的切换，或许也出于此。

然而，在20世纪的阿格里科拉研究史上，关于他是否真正完成了福柯所说的第一次知识型断裂，仍是一个受到质疑的问题，至今都未得到真正的回应。① 艾伯瑞与奥尔德洛伊德在1977年发表《从文艺复兴矿物研究到历史地质学》一文，承认福柯描述的文艺复兴知识型和古典知识型在矿物学领域也同样存在。但在他们看来，矿物学的古典知识型开始于17世纪中后期，阿格里科拉的《论矿物的性质》不过是文艺复兴知识型的典范。奥尔德洛伊德直到90年代也依然在地质学思想史的专著中坚持这一判断，把阿格里科拉的矿物研究看作是依据亚里士多德哲学所能整理出来的最全面的知识而已。尽管20世纪晚期兴起的人文主义新纲领，极大地发掘出阿格里科拉研究的潜力，但艾伯瑞与奥尔德洛伊德对其思想变革的质疑，却始终未被正面回应。

本书第四章已从自然哲学和形而上学的角度为阿格里科拉的观念变革进行了论证，本章第一节则阐明了这一变革在表象矿物的方式上所引发的后果，正是该后果使之成为现代意义的"矿物学之父"。这一判断显然不同于艾伯瑞与奥尔德洛伊德。因此，他们

---

① 参见导言第三节第二小节对1977年澳大利亚科学史家兰道尔·艾伯瑞与地质学史家戴维·奥尔德洛伊德发表的那篇文章的介绍，以及同节的第三小节对90年代以来人文主义纲领虽然重新发掘了阿格里科拉的研究潜力但没有正面回应奥尔德洛伊德等人的质疑的评论。

对阿格里科拉仍属文艺复兴知识型的论证便需要被重新思考,以便更周全地回答这一问题:《论矿物的性质》对矿物的处理究竟操持着一门新语言还是一门旧语言。事实上,艾伯瑞与奥尔德洛伊德的观点主要基于这一核心理由:《论矿物的性质》中对个别矿物的描述,与典型的文艺复兴矿物作品十分相近。例如,阿格里科拉也会使用基于"模仿"和"拟态"的矿物描述,如赤铁矿的颜色与血液相似,天青石与火相似等。此外,他对矿物用途的描述有时还包含着对宗教仪式和传说中的药性等问题的讨论。这一质疑的问题在于,他们仅仅注意到阿格里科拉所使用个别材料的具体内容是老旧的,却忽视了他全新的组织材料的方式——一种攫取-转译式的知识生产方式。通过下文的辨析,阿格里科拉矿物学相对于传统的革新之处将愈加显见。归结而言,它代表着一套前所未见的由面对着表象空间的大写主体所构造的普遍性话语。

2. 攫取-转译式的知识生产

本书在第四章第一节讨论阿格里科拉自然哲学的知识来源时,首次提到了攫取-转译式的知识生产方式。它代表这样一种写作策略:实践知识、观察经验、古代矿物文本、地方性俗语、神话传说等不同来源与性质的知识片段,它们原本并不服务于矿物的自然哲学讨论,却被从各自的知识语境中攫取出来,并被嵌入于阿格里科拉以学术传统为主导的自然哲学框架之中。其后在第四章第六节第二小节讨论阿格里科拉如何改造炼金术时,本书再次使用了"攫取-转译"这个概念。与先前类似,在这个问题上阿格里科拉部分保留了炼金术士对矿物的观察和实践经验,但却将它们从炼金术带有神秘色彩的矿物成因解释中剥离开来,并按照一种清除了矿物本性的新的自然哲学理解,将二者重新表述为专注于描述矿物偶性的矿物学技艺,以及专注于操持物质原料的冶金学技艺。对"攫取-转译"的两次使用,暗示了阿格里科拉对其矿物学各个部分的塑造,被一种特殊的知识生产模式所贯穿。他对诸矿物性质的论述也并不例外,而这恰恰被艾伯瑞与奥尔德洛伊德所忽略。他们无法洞察阿格里科拉矿物志的革新之处,端赖于此。在对《论矿物的性质》如何使用"攫取-转译"的方式重建矿物表象和展开阐述以前,本书首先对"攫取-转译"的概念作一来源的澄清。

"攫取"和"转译"的概念各有渊源,而明确将二者联合起来作为一种特定的生产机制的用法则出现在人类学家罗安清(Anna L. Tsing)的环境史作品《末日松茸》(*The mushroom at the end of the world*)之中。"攫取"首先是一个用于解释资本主义运作如何积累价值的政治经济学概念。罗安清将"攫取积累"(salvage accumulation)区别于马克思所说的"原始积累"(primitive accumulation)的经典模式。二者的差别主要在于是否对生产资料进行了完全的控制和合理化。原始积累强调以暴力手段剥夺农业人口的生产权利,驱使其从事工业劳作,将之异化为完全受工业系统控制的劳动力,并通过剥削其剩余价值从而完成资产积累。这一模式的背后,是将一切雇佣劳动和生产原材料都彻底单一合理化的资本主义形式。而"攫取"指的是资本主义进程中的另一种积累模式:包括劳动力和原材料在内的诸商品生产要素,并不需要被资本主义企业完全控制,它们可以在保留各自多样性和原初性的同时,作为单元整体地嵌入资本主义生产和供应链条之中,从而使资本积累依然有可能实现。例如,在现代食品采购体系中,资本家并不常常以彻底改造和控制的方式来剥削生态系统。相反,更常见的情况是他们以特定的方式利用超出其控制之外的生态系统的生产能力,如光合作用和动物消化模式,从而产生价值。攫取,就是这种将不受资本主义完全控制的多样化的商品生产要素,转化成资本主义价值的过程。罗安清认为,攫取不是一般资本主义进程中的点缀,而是当今资本主义运作的重要特征。[1]

攫取积累能够从非资本主义价值体制中成功创造出资本主义价值,其核心在于"转译"的过程。"转译"原是拉图尔(Bruno Latour)提出的行动者网络理论中的关键术语,用于描述人类与那些同人类合作的非人类之间的联结方式——那个囊括了人类与非人类平等存在的行动网络就是通过转译而实现的。[2] 日本人类学家佐塚志保(Shiho Satsuka)在 2015 年出版的专著《转译中的自然》(*Nature in translation*)中拓展了"转译"的含义。佐塚的核心论点是,文化转译活动是当代资本主义价值生产的核心环节,主体性的构建和对自由的探索这一资本主义价值中的关键主题,正是在文化转译的过程中实现了对地方性文化的取代。[3] 罗安清在《末日松茸》中吸纳了转译的这一延伸含义,但有别于佐塚将转译视为使一个世界创造计划变成另一个计划的过程,她将转译理解为资

---

[1] 罗安清:《末日松茸》,第 63—65、366 页。
[2] 同上书,第 391—392 页。
[3] S. Satsuka, *Nature in Translation: Japanese Tourism Encounters the Canadian Rockies*, Durham, NC: Duke University Press, 2015, pp. 12-13.

本主义局部协调而非完全控制的形式。正是转译将充满文化多样性的诸生产要素纳入资本主义的供应链条中,从而使资本积累得以可能。① 因此,罗安清将转译和攫取理解为同一过程的两面。而全球供应链作为世界资本主义的特征,正是通过攫取-转译的过程完成了非资本主义价值体系与资本主义价值体系之间的转换。② 罗安清所具体解释的案例,即连接俄勒冈州森林中的采集者和日本消费者之间的全球松茸供应链,就是一个充满文化多样性但又运作良好的资本主义价值积累系统。松茸在森林采摘者和初级买手那里是尚未被异化的自由战利品和礼品,它处于被一种狩猎采集文化萦绕的生命世界。唯有当对松茸的生长环境漠不关心的中间商和跨国进口商从中介和买手那里收购松茸,并对其按照成熟度、大小以及一整套外国消费者评判松茸的标准重新分级并收入仓库时,松茸才被从它原本的文化环境中攫取出来,并被转译为完全的资本主义商品。③ 狩猎采集文化和现代资本主义在这条供应链中共存,但通过攫取-转译的过程,前者被纳入资本主义价值生产的逻辑之中。

现代早期的科学知识生产与资本主义价值生产具有某些共同的特征。正如罗安清所说:"像资本主义一样,将科学看作转译机器是很有帮助的。"④她认为攫取-转译的过程能够帮助学者们理解,不同的科学元素如何被整合到一个同一的知识和实践体系中。

---

① 罗安清:《末日松茸》,第 64 页。
② 同上书,第 66 页。
③ 同上书,第 143—152 页。
④ 同上书,第 265 页。

基于此,本书将攫取-转译的概念从资本主义经济学分析引入对阿格里科拉矿物学知识生产的讨论。《论矿物的性质》所开辟的那个矿物表象空间,正如罗安清所分析的全球松茸供应链,并没有完成彻底单一的合理化,而是一个充满文化多样性的场所。阿格里科拉通过学者、商人、矿工等多种渠道来获取关于矿物的信息,并将它们保留在自己的作品中。[1] 献言中的这段话尤其能说明,他从古代矿物作品中攫取了大量信息并按照他自己的秩序对其进行了转译:

> 有时我会采用普林尼那博学的解释,甚至会引用他自己的话。既然这部作品还在,那从中选用某些材料也没什么不合适,不过对那些我将要讨论其性质的事物,我是不会完全照搬他或者其他作者的话的。只有以这种方式,也就是通过我们自己对其他作品进行解释,那些疑难问题才能得到澄清,那些散落各处、互不相干的信息才能以适当的秩序组织起来。[2]

阿格里科拉对古代矿物文本的攫取对象,不仅有普林尼,还包括特奥弗拉斯托、迪奥斯科里德斯、盖伦、阿维森纳、大阿尔伯特,以及诸多未具名的炼金术士等。因此,艾伯瑞等人指出《论矿物的性质》中包含着基于相似性的矿物描写片段以及对宗教仪式和药

---

[1] G. Agricola, *De natura fossilium*, trans. by M. C. Bandy & J. A. Bandy, p. 3.
[2] Ibid., p. 2.

物传说的讨论，只不过反映了阿格里科拉所攫取的知识生产资料的多样性，并不能说明他操持着旧话语。这里的关键在于，阿格里科拉虽然攫取和使用这些资料，但却对矿物原本所依附的直指其本性的语义学网络漠不关心，而是径直将其视为有待重组的"散落各处、互不相干的信息"。如同松茸在被对其生长漠不关心的中间商按照表象的规则重新分级的那一刻才被转译为完全的资本主义商品一样，资料来源多样的矿物也正是在消除其原本的本性，并被阿格里科拉按照表象的规则重新组织和描述时，被转译成为全新的存在——一种认识的对象，现代矿物知识的库存。

通过对比大阿尔伯特《论矿物》和阿格里科拉《论矿物的性质》对同一种矿物的不同处理方式，我们能够很清楚地看到攫取-转译机制如何从看似陈旧的矿物信息中生产出新的矿物观念。《论矿物》除了阐述矿物成因，也包含一份带有中世纪宝石书风格的矿物词表。[1] 这份词表并未对矿物进行分类，它"为了便于拉丁文的排序"，只是"按照字母顺序来介绍石头的名称和它们的本性"。[2] 这是一种典型的资料汇编式的写作模式，反映了中世纪盛期矿物志的一般面貌，作者只是起到编纂现成信息的作用，因此其身份并不十分重要。事实上，确实有学者认为这份词表并非大阿尔伯特自己的作品，而是以当时的宝石书为底本编辑而成。[3] 以金刚石为例，《论矿物》为之提供了如下描述：

---

[1] Albertus Magnus, *The Book of Minerals*, trans. by D. Wyckoff, pp. 68-69.
[2] Ibid., p. 69.
[3] Ibid., pp. 264-271.

金刚石是一种非常坚硬的石头，颜色比水晶稍深，但色泽光亮，非常坚固，无论是火还是铁都无法将其软化或破坏。但山羊的血和肉却能摧毁和软化它，特别是如果山羊在此之前喝了相当长一段时间的野芹酒或吃了山胡芦巴（mountain fenugreek）的话。因为对于那些患有结石症的人来说，这种山羊的血甚至足以击碎膀胱里的结石。但金刚石也会被铅破坏——这似乎更加神奇，因为[铅]中含有大量的水银。金刚石能穿透铁和其他所有宝石，但不能穿透钢，因为它能牢牢地粘在钢上。迄今为止发现的最大的金刚石有丝瓜那么大。它主要产于阿拉伯和塞浦路斯，但塞浦路斯的金刚石更软、颜色更深。[另一件]在许多人看来不可思议的事情[是]，当把这种石头放在磁铁上时，它能束缚磁铁，阻止磁铁吸引铁。若将之安装于金、银或钢铁之上，那这种能力将会更强。魔法师说，把金刚石绑在左臂上，可以抵御敌人、精神错乱、野兽和野蛮人，还能抵御纠纷和争吵，抵御毒药、幻觉和噩梦的侵袭。有人称这块石头为"钻石"，也有人不实地说它能吸铁。①

这段描述侧重于记录金刚石的能力，各种来源不明的关于其神奇性能的传说被堆砌在一起，其间夹杂着几句对金刚石外在偶性的描述。这种描述方式构成了福柯所谓文艺复兴知识型的语义学网络。如果对照阿格里科拉在《论矿物的性质》中对金刚石的描述，可以发现，他基本吸纳了上述大部分信息，并且还提供了更多

---

① Albertus Magnus, *The Book of Minerals*, trans. by D. Wyckoff, pp. 70-71.

从别处攫取来的资料。① 艾伯瑞等人便因为类似的原因断定阿格里科拉仍然未脱离文艺复兴知识型。但非常明显的是,在阿格里科拉对金刚石的描述中出现了一种秩序——他以本章第一节第三小节中所阐明的表象秩序重组了他所攫取的信息。

他首先简要介绍了金刚石在质料和效力两方面的成因,并解释了它名称的由来:

> 金刚石是由一种与石英相同的物质凝结而成的,但它却经过更强的低温过程。它的名字源于它不受铁和火的影响。它也被称作亚拿基石(anachites),因为一些人认为其永恒闪光能使人摆脱空虚的恐惧。

其后便是一大段关于产地的介绍,他记录了埃塞俄比亚、印度、阿拉伯、马其顿、塞浦路斯等地所产金刚石的不同颜色和透明度。阿格里科拉在此强调,普林尼对金刚石的介绍并没有提及产地。这表明对于产地的关注是他有别于普林尼的地方。接着阿格里科拉依次介绍了金刚石的大小、形状、光滑度、硬度和耐火性。这些信息大多来自普林尼《自然志》第三十七卷②,另外还包括来自古希腊哲学家色诺克拉底(Xenocrates)的说法:

> 如果我们相信普林尼的话,它在最热的火中也不会熔化,

---

① G. Agricola, *De natura fossilium*, trans. by M. C. Bandy & J. A. Bandy, pp. 121-122.
② 普林尼:《自然史》,李铁匠译,上海三联书店 2018 年版,第 398—399 页。

甚至不会发光。根据色诺克拉底的说法，它在火中不会变脏，反而会被净化。

《论矿物》中提到的羊血使之软化的传说，被阿格里科拉附于对金刚石硬度的说明中。至于金刚石可以抵御精神错乱、幻觉噩梦等说法，则被附于最后对金刚石功用的简短介绍中。值得注意的是，阿格里科拉对这些功能进行了评论："据说它能防止精神错乱，但这很难令人相信。"①

这一段对金刚石性质的描述，很好地体现了攫取-转译的模式如何将不同来源的知识片段嵌入他自己对矿物的理解中。在《论矿物》的"金刚石"词条中几乎占据全部篇幅的关于其神奇能力的表述，被阿格里科拉整体攫取出来，但却仅仅将之转译为对"功用"这一组表象的说明，从而大大削减了内容本身的重要性。主导着转译的原则，正是由那六组表象的要素严格构成：最易察觉的偶性、经触碰而知的偶性、抵御破坏的偶性、形状、功用与出产。

3. 矿物学的普遍话语

阿格里科拉自然哲学阶段的最终成果，在于揭示了矿物学的普遍话语，从而塑造了一门具有普遍特征的矿物学。矿物学的普遍话语，一方面是指纯粹基于地下物质偶然作用的普遍矿物成因理论，另一方面则是指基于特定表象重建矿物性质的普遍规则，这二者都是那种消除了矿物实体形式和本性的新自然哲学的产物。

---

① G. Agricola, *De natura fossilium*, trans. by M. C. Bandy & J. A. Bandy, p. 122.

第五章 重建性质：表象矿物的普遍话语

在上述两方面的普遍原则的支配下，矿物研究不再只是针对个别矿物进行解释和描述，它能够对任何矿物的成因做出解释，对任何矿物的性质进行表象，哪怕这种矿物尚未被发现。矿物研究因此成为具有普遍性的矿物学。关于成矿理论的普遍性，本书已在第四章第五节进行了充分阐释。在这里，还需对描述矿物性质的表象规则及其普遍性做进一步阐述。

根据本章第一节第三小节的讨论，矿物的普遍表象规则由一套预先确定的对矿物偶性的描述方法和一套矿物分类方法组成。前者依据分属于外在特征、物理属性和有用性能这三类性质的近三十种特定表象来描述矿物，后者则基于矿物生成过程的自然划分与试金验矿的实践经验，使特定矿物能够在与其他矿物的相互关系中找到自己的位置。这一表象规则的普遍性首先在于，所有矿物都能够按照同一种规则而被描述与分类，不同矿物个体的特殊性及其独特背景不再需要被考虑，它们在规则面前被抹平了差异。其次，这套规则在原则上确定了哪些差异和偶性对于重建矿物性质是需要被考虑的，而哪些又是需要被排除的。显然，外观、物理性质和对人类的功用被预先确定为认识矿物性质的首要视角，所有矿物都需要被安排到这个固定的认识框架中以显现自身的性质。

这种普遍表象规则只有经过自然哲学的转向才得以形成，这一点通过比较《贝尔曼篇》与《论矿物的性质》在描述矿物这同一项工作上的差别，得以清楚显现。这两部作品分属阿格里科拉的医药学阶段和自然哲学阶段，对具体矿物进行详细描述是二者共同的任务。《贝尔曼篇》讨论了70余种矿物，而《论矿物的性质》则更具系统性地分类描述了400余种,并将它们整理为一个更全面的术语表。因此,研究者常常将两部文献的关系视为后者在论述系统性和材料丰富性的意义上推进了前者①,却忽略了二者的根本区别。

《贝尔曼篇》与《论矿物的性质》的区别,并不在于后者比前者处理了更多矿物,而在于《论矿物的性质》显现出了矿物学的普遍话语,而《贝尔曼篇》仅仅是具有特定背景的个别矿物学。本书第三章第一节已表明,在《贝尔曼篇》中,阿格里科拉是作为一位身处德意志富矿区的医生和药剂师来看待矿物的。他虚构了一场对话,让经验丰富的矿工贝尔曼带领安贡和奈维乌斯两位医生攀登位于约阿希姆斯塔尔的矿山,畅谈沿途所见的各种矿物。在此,矿物研究者的形象是一个亲身在矿山考察的药剂师,他主要关注那些独产于当地的矿物药,将古代医学文献中对它们的描述和当地实际矿产的性质与功能进行相互印证。每一种矿物自身的背景,无论是它作为在历史中被记载的药物的文本背景,还是它处于约阿希姆斯塔尔矿山的自然背景,都清楚地保留在《贝尔曼篇》的文本中。《贝尔曼篇》关注特殊性而非普遍性,它发展出的是对特殊物的观察和描述兴趣。第三章第三节讨论的一个插曲表明,当贝尔曼试图暂时离开这个特定矿区的特定视角,普遍地讨论一些当地并没有的矿物以及关于矿物生成的问题时,安贡和奈维乌斯打断了他的发言,重新把话题拉回到眼前的矿山。

---

① H. Hiro, *Le Concept de Semence Dans Les Théories de La Matière à La Renaissance*, p. 112.

第五章　重建性质：表象矿物的普遍话语

与之完全不同的是，《论矿物的性质》是一部旨在为矿物提供普遍性描述的作品。正如拉斐尔所注意到的，阿格里科拉在自然哲学阶段的形象不再是一个亲身探寻矿山的考察者，而是一个在书斋中作为观察者和局外人的学者。① 他所处理的对象不再是德意志某个特定矿山的矿产，而是面向当时全世界（不包含新大陆）范围内出产的矿物：

> 我国的矿脉和矿山虽未出产所有种类的矿物，但我仍然尝试去探讨德国没有发现，但在欧洲其他地方以及亚洲、非洲某些地方出产的那些矿物。学者、商人和矿工为我讨论这些矿物提供了很大帮助。②

在开姆尼茨市担任市镇医生并履行公职的阿格里科拉自然不可能亲自前往世界各地的矿场考察。除了他自己有限的考察经验外，阿格里科拉对矿物的了解一方面来自他对古代文本的阅读，也就是拉斐尔所说的文本实践，另一方面则来自其他学者、商人与矿工为他提供的信息。在 1546 年致穆勒的信中——这封信收录于"地下之物作品集"的最后，作为对这一阶段写作的总结，阿格里科拉感谢了穆勒、法布里修斯、科杜斯等八位友人对他的帮助，他们为他寄来了世界各地的矿物标本以及与矿产相关的资料。③

---

① R. Raphael, "Toward a Critical Transatlantic History of Early Modern Mining".
② G. Agricola, *De natura fossilium*, trans. by M. C. Bandy & J. A. Bandy, p. 3.
③ G. Fraustadt, *Schriften zur Geologie und Mineralagie I*. pp. 9-10.

矿物和矿物学家有国界,而一门普遍话语指导下的矿物学却能够超越国界。对书斋中的阿格里科拉而言,这些矿物是与它们各自背景相分离的对象。在每一种矿物的条目下,被预先确定的表象所攫取的信息被组织成超越具体背景从而不带任何视角的陈述,对矿物性质的描述因而呈现出一种中立、客观与超然的面貌。就像以下这段对黄金的描述:

纯金呈黄色,具有独特而非凡的自然光彩与色泽。它在火中熔化,可以铸造,但熔化对它的影响非常小,以至于它可以从所有其他金属中分离出来,而不会失去其体积。通过在宽大的浅口容器中长期反复加热金,直到它发出火的颜色,就可以改善和净化它。正因如此,它一直被认为是最珍贵的金属。由于它是酸性的,其他的酸性物质,如盐、苏打、醋、从未成熟的葡萄中榨出的汁液等都不会溶解它,也不会减少它的体积。因而用皓矾(atramentum sutorium)制成的水,可以将金从银中分离。它不含任何如铁锈或铜绿那样的杂质。当擦在手上时,它不会像其他金属一样留下污垢,这证明它是天然纯净的,没有什么会从纯金上脱落。它不会留下自己的印记或任何其他颜色,通过这种方式可以将它从所有其他类似外观的物质中区分出来。只有当它在试金石上摩擦时,才会产生一个与其颜色相似的印记。它比银子更软,因此,如果一枚用白金或金银合金制成的戒指和一枚纯金戒指日复一日地戴在同一手指上,后者最终会完全磨损。虽然黄金很软,但它并不脆弱。它可以被敲打得很薄,以至于可以用大约五盎司的黄金制作出 50 片以上的工用金箔,这种金箔的边长大约为四英寸半,只有药剂师和画家所用金箔的三分之一厚。金子可以用丝棉卷成线,不用丝棉也可以。有时这种线是编织的。金子的重量与铅大致相同,两种金属在敲击或投掷时都不会产生任何独特的声音。①

黄金在矿物学的普遍话语规则的塑造下,仅仅被颜色、光泽、耐火性、可熔性、耐腐蚀性、硬度、延展性、重量等特定的表象所刻画。它成为了超越于文化和自然背景之上客观的物,只在表象组成的秩序中显现自身。这种新的表象矿物的方式,与阿格里科拉通过纯粹的物质运作解释矿物成因的液相成矿理论,以及取消了矿物实体形式和本性的自然哲学互相契合,共同标志着矿物观念变革的完成。

三 功用的话语与普遍矿冶工业的诞生

何以艾伯瑞与奥尔德洛伊德对阿格里科拉的矿物观念变革毫无觉察?除了他们没有识别出阿格里科拉"攫取-转译"式的知识生产方式外,另一关键原因在于,他们拘泥于追寻矿物研究中那些可被数学化的表象要素的出现,而忽视了阿格里科拉的矿物表象原则中功用话语的重要意义。正是后者,使矿物在作为矿物学知识对象的同时也成为一种价值对象,并最终导向阿格里科拉在《矿冶全书》中完成的最为人所知的工作——构想一门具有普遍扩张

---

① G. Agricola, *De natura fossilium*, trans. by M. C. Bandy & J. A. Bandy, p. 170.

意味的矿冶工业。

在艾、奥二氏看来,一种真正告别文艺复兴知识型的古典矿物研究,意味着出现一个基于外在结构的矿物分类系统,并且如果这种外在结构还能够被还原为可以普遍数学化的点、线、面,那就更好了。然而,在17—18世纪,矿物分类学从来没有完全建立在矿物外在结构之上,内在化学成分始终是矿物分类的重要依据。因此,直到发现林奈于1766年出版的《自然系统》第十二版在平面上展开了石英晶体的表面,对其边长和几何形态进行计算,并以此作为矿物描述和分类的标准时,他们才勉强地将这种晶体学方法视为古典知识型在矿物领域的形成标志。①

这种对古典知识型的偏狭理解,主要基于《词与物——人文科学考古学》第五章对自然志的讨论。在这一章,福柯确实试图建立古典时期自然志与普遍数学化的关系——他将自然物的外在形态和结构视为最首要的表象要素,而它们由形式、数量、排列方式、相对尺寸等能够被数学化的广延所确定。但若仅仅将数学化作为古典知识型的特征,那就歪曲了福柯的本意——古典知识型有别于文艺复兴知识型的根本,首先在于事物必须经由特定的表象系统被把握,其要害并不是这套表象系统一定能够被数学化,而在于事物丧失了原本被语义学网络所勾勒的本性。这就是为什么琼斯通的动物学能被福柯视为古典知识型的标志——他并没有像林奈那样提供对物种可见结构的数学描绘,但"整个动物语义学像一个死

---

① W. R. Albury & D. R. Oldroyd, "From Renaissance Mineral Studies to Historical Geology, in the Light of Michel Foucault's the Order of Things", pp. 193-194.

了的和无用的肢体那样"被他清除了。①

与琼斯通类似,在阿格里科拉的矿物学普遍话语中也找不到什么数学化特征。艾、奥二氏试图寻找那些"由表面和线条所提供,而不是由功能或看不见的组织所提供"的特定表象②,而在阿格里科拉的矿物学中显著出现的,却恰恰是对矿物功用的描述。重视矿物的功用,并不意味着阿格里科拉没有摆脱中世纪矿物研究所依赖的语义学网络,尽管功用和效力往往在那里占据了重要位置。事实上,阿格里科拉建立的那套看似中立客观的矿物学普遍话语,隐含着一种功利主义原则,它倾向于从对人的功用的角度看待一切矿物,这种态度本身就已经有别于中世纪的矿物研究。本书第四章第六节第三小节已经详细论述了产生这种态度的神学背景,简而言之,当自然秩序和认识秩序相互分离之后,上帝的造物旨意不再能够通过理性把握矿物的内在本性而被理解,因此将矿物的自然目的理解成上帝对人类福祉的物质关照,充分发挥矿物对人类的物质功用,便成了重建人与上帝关联的一条功利主义路径。而此处想要进一步讨论的是,矿物学普遍话语规则中的功用话语,何以隐含着一种对矿物价值的全新理解,又何以导向了一门普遍矿冶工业。

在《词与物——人文科学考古学》第五章讨论自然志领域的知识型断裂之后,福柯在第六章转向了关注劳动和价值的经济学领域,一种与前者同构的知识型断裂同样在此发生。这一断裂的核心可以简单表述如下:文艺复兴时期把被铸造的金属的价值建立

---

① 福柯:《词与物——人文科学考古学》,第135页。
② W. R. Albury & D. R. Oldroyd, "From Renaissance Mineral Studies to Historical Geology, in the Light of Michel Foucault's the Order of Things", p. 192.

在它内在固有的特性之上(它是贵金属这一事实意味着,金属的内在本性决定了它的贵重价值),而17世纪的情况发生了颠倒,金属货币的价值不再依附于金属本身的特性,而建立在它能够与其他商品进行交换这一事实之上,货币交换和流通的能力决定了它的价值。① 正如矿物由于失去了其内在本性而需通过外在表象重建其性质,金属的价值也不再出于其内在固有的本性,而来自一种基于特定表象以及它与其他物之关系的重估。因此,金属不再仅仅因为"它能够制作成什么""它能够装饰什么"这些简单的原材料功能而具有价值,相反,它的价值主要来源于它能够表象其他商品的这种价值。在文艺复兴时期,金属本身是一种"高贵的"商品;而到了17世纪,它成为了商品价值的表象,衡量一切价值的尺度——金钱只有在履行其表象功能的确切度量中才能成为真正的财富。②

阿格里科拉正是在这个意义上理解矿物,尤其是金属矿物的功用。他在《论矿物的性质》的最后这样说道:"哲学家乐于思考这些复合物的性质,而矿工则乐于从这些物质中提取金属并从中获利。"③这鲜明地昭示着,在矿物成为有待被认识的知识对象的同时,金属这类特殊的矿物成为了有待于人们发掘和冶炼的价值对象。金属的功用和价值,是他在《论矿物的性质》第八卷论述的主要内容之一。以黄金为例,他罗列了大量能够用黄金制成的用具和装饰品,但却留下了这样一句话:"除了货币,有许多其他物品都是由黄金制成的。至于货币,我将在《论金属和货币的价值》(*De*

---

① 福柯:《词与物——人文科学考古学》,第177—184页。
② 同上书,第184页。
③ G. Agricola, *De natura fossilium*, trans. by M. C. Bandy & J. A. Bandy, p. 222.

precio metallorum et monetis,1549)中专门讨论。"这意味着金属除了以上罗列的"制作成其他物品"的功用,还有更重要的功用需要专门出书讨论。

三年后,阿格里科拉在弗洛本正式出版了《论金属和货币的价值》一书。他在开头就阐明了他如何理解金属作为货币的价值。他首先列举了动物、丝绸、金银细软、宝石、珍珠乃至城堡、城市以及肥沃的耕地等一系列有价值的东西,并指出所有这些东西的价值都源于其实际功用、珍贵性质和收益能力,唯独金钱的价值不在于此,而在于它能够衡量价值并具有交换功能:

> 尽管这些命运的馈赠都因其珍贵而价值连城,但同样作为命运馈赠的金钱,却因为可以衡量上述物品的价值,而达到了其自身的全部价值。我们不仅可以用金钱来购买它们,还可以用金钱来做许多其他的事情。因为以下这些工作都可以用金钱交换得到:学者们通过教授生活和自由技艺方面的知识来塑造心灵;医生们通过采取预防措施使身体不生病,或在患重病时将其恢复到健康状态;律师们提供法律信息、裁决纠纷或为委托人提供辩护。总之,拥有丰富金钱的人拥有开展任何事情的资源,无论他是珍视长期和平抑或是想发动战争。这就是为什么喜剧诗人菲勒蒙(Philemon)说银子是阿玛耳忒亚之角(das Horn der Amalthea),他说得非常精辟。①

---

① 引文译自德译选集第五卷,参见 G. Fraustadt, W. Weber, *Georgius Agricola Ausgewählte Werke Band V:Schriften über Masse und Gewichte*, Berlin: VEB Deutscher Verlag der Wissenschaften,1959, pp. 337-338.

在希腊神话中，阿玛耳忒亚之角被宙斯赋予了神奇的功能，它能够源源不断地产出主人所要求的任何东西，它是富裕丰饶的源泉。在阿格里科拉看来，金属的独特价值在于它作为货币，超越于一般的商品之上，具有了衡量价值的价值。通过普遍有效的交换，金属被理解为一种通用的资源、价值的源头。这种理解通过功用话语内嵌于矿物学的普遍话语规则，并最终反映在《矿冶全书》对一门具有普遍性的矿冶工业的构想之中。

当阿格里科拉试图在《矿冶全书》中构建一门生产金属的矿冶工业时，他是以传统而又发展成熟的农业为目标的。他在写给萨克森公爵莫里茨选帝侯的献词开头便这样说道："最伟大的公爵啊，我常常将金属技艺视作一个整体，正如莫德拉图斯·科卢梅拉（Moderatus Columella）看待农业那般。"莫德拉图斯·科卢梅拉是生活在 1 世纪的罗马作家，他的 12 卷本的《论农业》(De Re Rustica)是了解罗马农业的重要资料来源。这部作品于 1472 年首次印刷，在阿格里科拉去世之前已经重印了大约十五或十六个版本。显然 12 卷本的《矿冶全书》有暗自对标《论农业》之意。阿格里科拉在献词中继续说道：

> 毫无疑问，没有一种技艺比农业更为古老，但金属技艺也同样古老。事实上，它们至少是平等的、同时代的，因为没有人能在没有工具的情况下耕种田地。而在所有农业工作中，正如在其他技艺中一样，人们使用的工具都是由金属制成的。因此，金属对人类来说是最必需的东西。如果一门技艺贫乏

到它可以不使用金属,那这门技艺就不那么重要,因为没有工具就无法创造任何东西。而在凭借良好和诚实的手段获取巨额财富的所有方法中,没有什么比采矿更为有利。①

阿格里科拉在此呼吁莫里茨公爵发展一门以生产金属为目标的新产业。他试图表明,这门产业就像罗马帝国的农业一样重要,甚至还更加重要。因为正如他在《论金属和货币的价值》中表达的那样,金属是价值和财富之源,没有什么能比采矿更加有利。因此,《矿冶全书》试图构建一门矿冶工业的出发点,正是阿格里科拉对金属功用和价值的特定理解。

　　金属矿物被视为一种独特的资源,一种衡量价值的普遍尺度,这一对功用的特定理解内嵌于矿物学的普遍话语。尽管矿物学并未实际允诺对矿山的开采与对矿物的冶炼,但它却已将矿物从它所处的自然中剥离并传唤至表象的图表架构之中,并通过功用的话语将其视为一种能够嵌入生产链条的价值之源。芒福德与麦茜特在《矿冶全书》中读出的现代矿冶工业对自然的开采和逼促,实际早已蕴含在这门具有普遍意义的新矿物学之中。当哲学家为之做好了自然哲学的预备,当这种新的看待矿物的观念形成时,采矿机械遍布地下的雷鸣动荡也就轰然而至了。这也是为什么阿格里科拉在完成对矿物观念的改造后,最终转向了对矿冶工业的构思。《矿冶全书》所要塑造的这门以实现矿物功用、增进人类福祉为目

---

① G. Agricola, *De re metallica*, trans. by H. Hoover & L. H. Hoover, p. xxv.

标的矿冶工业,恰恰建立在矿物学普遍话语的基础之上。因此,在它的思想深处,根植着普遍扩张的基因。正如矿物学的普遍话语规则对一切尚未发现的矿物敞开一样,这门普遍的矿冶工业也不会止步于中欧的某一矿山,它必定无远弗届地扩张到世界任何地区,将每一处矿产都采掘并置入生产和供应的链条中。

结　　语

本书运思的起点在于一种惊异，它由那种把16世纪采矿业视为现代文明原型的芒福德式断言，以及矿物确实已经成为现代人日用而不知的普遍隐喻这两方面所共同引发。为了追问人们对矿物的认识方式何以与现代思想的形而上学基础相契合，本书尝试重新思考由"矿物学之父"阿格里科拉完成的矿物观念变革。重思的核心问题在于阿格里科拉如何处理他所面对的有关矿物观念的思想遗产，而这在导言中又被分解为两项任务：一是建立对16世纪产生影响的古代矿物观念的基本图景，二是理解阿格里科拉对这些思想所做的取舍。在结语部分，我们不妨从这两方面对本书的要旨做一回顾和总结。

第一章结尾的第四节，已对第一项任务做出了小结。从亚里士多德经由阿拉伯炼金术与拉丁欧洲炼金术再到大阿尔伯特，古代矿物观念的演变脉络被总结为自然秩序的人化与神圣化，而16世纪的阿格里科拉正处于这一脉络的端点。这里需要强调的是，阿格里科拉所面对的矿物观念基本图景突出地表现为在中世纪盛期奠定的一整套有关矿物生成的自然哲学理解。其中，矿物的自然秩序、人对矿物的认识秩序和天界的神圣秩序是合而为一的，人所能获得的矿物知识就是神所赋予的矿物的自然本性。正因如此，我们对阿格里科拉如何取舍这套观念的考察也主要聚焦于自然哲学的意义上。第二章的最后一节提出，理解阿格里科拉的矿物观念变革的基础，在于理解他的自然哲学转向：他如何产生对矿物的自然哲学兴趣，他如何转变古代对矿物的自然哲学理解，他对矿物的自然哲学理解如何影响他的矿物学。这些正是完成第二项任务的出发点与核心问题。

经过本书的论述，我们不再将这位矿物学之父的主要著作看作是一个被《矿冶全书》所代表的只关乎矿冶主题的连续整体。这实际上是在阿格里科拉研究领域流行多年的不当教条，它完全忽视了阿格里科拉著作的自然哲学意涵，并且将他仅仅视为一个矿冶技术文献的编纂者，将他对矿物知识的组织仅仅看作是人文主义学术受工匠传统影响后的产物。在这一教条的影响下，阿格里科拉对矿物观念的变革始终受到遮蔽。为了避免这种危险，我们必须将他的全部作品纳入细致的考量，尤其是其早期和中期阶段那些带有强烈自然哲学色彩的作品。这样做是为了清理出主导着阿格里科拉矿冶研究展开的自然哲学理路，并真正理解它。正是这一理路使得"矿物学之父"成为可能。

一言蔽之，本书对阿格里科拉自然哲学理路的阐释，揭示出这样一回事——矿物自然本性的丧失与基于表象的新矿物学的建立，其实是同一过程的两面。矿物自然本性的丧失主要关涉到对矿物成因的全新理解。在这一问题上，阿格里科拉做出了一个形而上学决断，他放弃了对矿物形式因的追问。因此，尽管他依然使用着质料因与效力因，火、气、水、土四元素，以及冷、热、干、湿四性质等亚里士多德学派的术语，但矿物的成因从此不再在亚里士多德主义的四因说和形质论框架下被考虑。矿物成为了不受实体形式规范的质料，失去了原本依附于形式因的自然本性，仅仅受着冷、热、干、湿等物质力量的偶然作用。从这个形而上学的决断开始，人的认识秩序就与矿物的存在秩序发生了分离。人认识矿物不再是把握矿物的本性，而被转换成对矿物表象的认识。表象成为了人与矿物之间的屏障，矿物的自然本性再也无法被理性所触及。与此同时，由于矿物被理解为物质力量作用下的偶然产物，它也就不再能够与造物主的神意相关联。上帝被推远至超越于认知结构以外的位置，只能通过信仰和功利主义的路径维系。神意、自然和理性的同一性就此瓦解，中世纪奠定的对矿物的自然哲学理解，因而也就遭到了阿格里科拉的完全颠覆。

不过，也正是因为矿物失去了自然本性，建立一门基于表象的新矿物学才成为可能。放弃形式因所引发的后果是，人类的理性和感官仅仅能够把握矿物的表象。在这个表象世界，矿物的外在性质取代了它的内在本性，成为认识矿物的唯一基础。因此，矿物研究需要重新奠基。这项研究在中世纪原本依赖一套囊括所有关于被指示物的符号的语义学网络来刻画矿物的本性，而当本性被性质取代之后，这个语义学网络便被弃置不顾，取而代之的则是一套基于事先被视为简明、中性、可靠的表象的新语言。矿物的外在特征、物理性质以及它对人类的功用被预先确立为把握一切矿物的首要原则，依据这套新的话语规则，阿格里科拉从不同来源攫取信息，并将它们转译成一门新的、具有普遍意义的矿物学。它的普遍性在于，所有矿物都能按照同一种规则被描述与分类，不同矿物个体的特殊性及其独特背景在作为规则的矿物学普遍话语面前被抹平了差异。矿物成为了超越于文化和自然背景之上的客观的对象物，只在特定的表象秩序中显现自身。这种新的表象矿物的方式，只有在自然哲学转向之后才得以形成，它与阿格里科拉纯粹物质主义的矿物成因论一道，标志着矿物观念变革的完成。

阿格里科拉在矿物领域完成的观念变革，预演了一个世纪以后现代性思维的全面到来。在笛卡尔和霍布斯的时代同样发生了自然与认识的分离，只是这次分离超出了矿物的范围，发生在了一切事物之上。这些现代性的推动者最终完成了人与世界、表象与存在、主体与对象的二分，他们使人不再能够在世界上找到居所，而只能栖身于由自身心灵所构建的主体性安全岛。[1] 由此出发，理性不再能够把握已经隐遁的世界的存在与本质，而只能在世界的表象空间合法运作。正如人与矿物的关系在阿格里科拉的自然哲学转向之后需要重新奠基，人与世界之关系也在这种全面分离的形而上学之后获得了重新定义——人成为主体而世界成为认识的对象。由此也就解释了本书最初的疑惑，人们对矿物的认识方式何以与现代思想的形而上学基础相契合。

阿格里科拉所奠定的矿物学普遍话语，体现了一种对矿物的对象性认识方式，这直接催生了《矿冶全书》所承载的建立普遍矿冶工业的理想。阿格里科拉构想的矿冶工业以实现矿物功用、增进人类福祉为主导原则，它将矿物视为一种同一且普遍的价值对象。正如那套基于表象的普遍话语规则攫取一切作为知识库存的

---

[1] 参见扎卡：《霍布斯的形而上学决断》，第 461—463 页；施特劳斯：《自然权利与历史》，彭刚译，生活·读书·新知三联书店 2016 年版，第 174—181 页。

矿物并将之转译为矿物学知识,作为价值对象的矿物也必定被普遍扩张的矿冶工业所攫取,并被转译成生产供应链中的普遍价值。这一构想已经在现代工业文明中获得了实现,芒福德将其原型追溯到16世纪的采矿业,这不可谓不敏锐。

现代工业文明将自然看作利用和征服的对象而对之大肆掠夺、索取和破坏,从而导致了现代世界的生态困境。这意味着孕育出矿冶工业的矿物学普遍话语,尽管以一种超越和去背景的视角全览着矿物,但并非如它所宣称的那样客观和中立。任何解蔽方式都意味着一种遮蔽。本书揭示了普遍矿物学建立在矿物本性的匮乏之上,只有遮蔽矿物的本性,一种对象性的、以功用为主要导向的认识方式才能在表象世界建立。但揭示出这一点,并不仅仅是为了把它当作已经发生的事实而不得不接受下来。海德格尔在《艺术作品的本源》中展现了一种与普遍矿物学不同的看待矿物的视角,矿物丰富的内在本性在这种视角下真正地发扬了出来——古希腊人用刚硬闪烁的金属塑造神像以彰显其光明灵性,借坚固耸立可堪承载的巨岩之势建筑神庙以突出其厚重庄严,画家在配色相宜的画作上绘涂矿物颜料以成全其闪耀艳丽。[①] 这些天地神人与矿物相互应和的案例表明,矿物本非匮乏的无本性之物。它固然只以偶性显示自身,但只有在将诸偶性把握为与主体相隔离的外在表象时,只有在以外在特征、物理属性和功用为原则重建矿物性质时,矿物才真正无可避免地成为匮乏的无本性之物,彻底消失在测度性和有用性之中。

---

① 海德格尔:《林中路》,第34—35页。

基于此，本书一直试图理清的矿物观念在 16 世纪遭遇变革的历史，就显示出了它最基本的关怀，即为当下对现代工业文明的反思提供某种教益。新世界前进的动力如今过于自然地建立在对矿物的开采上，以至于除非有矿难发生，我们都很难注意到那些天然沉默着的矿物的存在。因此，回到阿格里科拉所处的那个工业文明刚刚兴起的过渡时期，反而更容易看清楚问题的由来。芒福德率先将对现代工业文明的反思与揭示阿格里科拉矿物学所隐含的方法和理念关联了起来。尽管有相当多的批评指出他忽视了一个长期存在于现代早期的更富精神性的有机自然，以及与矿冶实践相关的更为多元的活力论观念，但本书从思想史的角度为他提供了支持。本书显示，阿格里科拉所做的那个将实体形式和本性舍弃的形而上学决断，最终塑造了全新的理解矿物生成的自然哲学，并由此形成在表象世界重建矿物性质的普遍规则。尽管存在着对矿物的多元理解，但经过这套普遍规则的攫取和转译，它们成为一门新矿物学的知识库存，使矿物愈发远离原本丰富的自然。矿物从具有内在本性的存在，转变为一种只在地下矿液的机械运作下偶然生成的单纯物质，一种只在表象世界被认识的对象，这就是阿格里科拉完成的矿物观念变革。芒福德的价值在于迫使我们正视这个可被归于现代理性主义的主导性话语的存在，它是我们今日世界依然身处其中且难以逃脱的命运。唯当我们正视且澄清了这一命运后，对矿冶文化多元性的历史呈现才可能具有真正的力量。

参考文献

P. 阿多:《伊西斯的面纱》,张卜天译,华东师范大学出版社 2015 年版。
奥尔德罗伊德:《地球探赜索隐录:地质学思想》,杨静一译,上海科技教育出版社 2006 年版。
奥维德:《变形记》,杨周翰译,人民文学出版社 2000 年版。
波爱修斯:《神学论文集:哲学的慰藉》,荣震华译,商务印书馆 2017 年版。
柏拉图:《蒂迈欧篇》,宋继杰译,云南出版集团 2023 年版。
E. A. 伯特:《近代物理科学的形而上学基础》,张卜天译,商务印书馆 2018 年版。
戴克斯特豪斯:《世界图景的机械化》,张卜天译,商务印书馆 2018 年版。
丁耘:《道体学引论》,华东师范大学出版社 2019 年版。
丁耘:《是与易:道之现象学导引》,载《儒家与启蒙:哲学会通视野下的当前中国思想(增订版)》,生活·读书·新知三联书店 2020 年版。
福柯:《词与物——人文科学考古学》,莫伟民译,上海三联书店 2001 年版。
傅汉思:《〈坤舆格致〉惊现于世:阿格里科拉 De re metallica (〈矿冶全书〉) 1640 年中译本》,曹晋译,《澳门历史研究》2015 年第 14 期。
哈里森:《圣经、新教与自然科学的兴起》,张卜天译,商务印书馆 2020 年版。
哈里斯:《无限与视角》,张卜天译,湖南科学技术出版社 2014 年版。
海德格尔:《形而上学的基本概念》,赵卫国译,商务印书馆 2017 年版。
海德格尔:《演讲与论文集(修订译本)》,孙周兴译,商务印书馆 2018 年版。
海德格尔:《林中路》,孙周兴译,商务印书馆 2019 年版。
胡塞尔:《欧洲科学的危机与超越论的现象学》,王炳文译,商务印书馆 2017 年版。
吉莱斯皮:《现代性的神学起源》,张卜天译,湖南科学技术出版社 2012 年版。
晋世翔:《近代实验科学的中世纪起源——西方炼金术中的技艺概念》,《自然辩证法通讯》2019年第8期。
柯瓦雷:《我的研究倾向和规划》,孙永平译,载吴国盛编:《科学思想史指南》,四川教育出版社1994年版。
柯瓦雷:《从封闭世界到无限宇宙》,张卜天译,商务印书馆2021年版。
J.克莱因:《柏拉图〈美诺〉疏证》,郭振华译,华夏出版社2011年版。
雷思温:《牧平与破裂:邓·司各脱论形而上学与上帝超越性》,生活·读书·新知三联书店2020年版。
梁中和:《古典柏拉图主义哲学导言》,华东师范大学出版社2019年版。
林德伯格:《西方科学的起源(第二版)》,张卜天译,湖南科学技术出版社2013年版。
刘劲生:《阿格里柯拉及其〈论金属〉》,《自然杂志》1986年第11期。
罗安清:《末日松茸》,张晓佳译,华东师范大学出版社2020年版。
刘未沫、孙小淳:《亚里士多德对流星、彗星及银河的解释》,《中国科技史杂志》2017年第3期。
麦茜特:《自然之死——妇女生态和科学革命》,吴国盛译,吉林人民出版社1999年版。
芒福德:《技术与文明》,陈允明、王克仁、李华山译,中国建筑工业出版社2009年版。
H.明克勒:《德国人和他们的神话》,李维、范鸿译,商务印书馆2017年版。
B.W.欧格尔维:《描述的科学:欧洲文艺复兴时期的自然志》,蒋澈译,北京大学出版社2017年版。
帕廷顿:《化学简史》,胡作玄译,中国人民大学出版社2010年版。
潘吉星:《阿格里柯拉的〈矿冶全书〉及其在明代中国的流传》,《自然科学史研究》1983年第1期。
普林尼:《自然史》,李铁匠译,上海三联书店2018年版。
L.普林西比:《炼金术的秘密》,张卜天译,商务印书馆2018年版。
濮若一、马睿智:《罗吉尔·培根自然哲学中的质料多元论》,《自然辩证法通讯》2024年第3期。
施特劳斯:《论柏拉图的〈会饮〉》,邱立波译,华夏出版社2011年版。
施特劳斯:《自然权利与历史》,彭刚译,生活·读书·新知三联书店2016年版。
施特劳斯:《西塞罗的政治哲学》,于璐译,华东师范大学出版社2018年版。
王子贤、王恒礼:《简明地质学史》,河南科学技术出版社1983年版。

吴国盛:《由史入思:从科学思想史到现象学科技哲学》,北京师范大学出版社 2018 年版。

亚里士多德:《物理学》,张竹明译,商务印书馆 1982 年版。

亚里士多德:《动物志》,颜一译,载苗力田主编:《亚里士多德全集》(第 4 卷),中国人民大学出版社 1996 年版。

亚里士多德:《宇宙论·天象论》,吴寿彭译,商务印书馆 1999 年版。

亚里士多德:《动物四篇》,吴寿彭译,商务印书馆 2010 年版。

亚里士多德:《气象学》,徐开来译,载苗力田主编:《亚里士多德全集》(第 2 卷),中国人民大学出版社 2016 年版。

亚里士多德:《形而上学》,吴寿彭译,商务印书馆 2017 年版。

严弼宸:《试验与冶炼之辩:论南图藏〈坤舆格致〉抄本第二卷内容与卷次》,《中国科技史杂志》2021 年第 4 期。

严弼宸:《20 世纪科学史中的阿格里科拉:一项编史学考察》,《中国科技史杂志》2023 年第 1 期。

严弼宸:《从自然静观到技艺操控:炼金术汞硫理论对矿物观念的重塑》,《科学文化评论》2023 年第 5 期。

严弼宸:《矿物作为现代隐喻与形而上学的完成》,《自然辩证法研究》2023 年第 11 期。

严弼宸:《亚里士多德〈气象学〉中的矿物成因理论》,《自然科学史研究》2024 年第 2 期。

Y. C. 扎卡:《霍布斯的形而上学决断》,董皓、谢清露、王茜茜译,生活·读书·新知三联书店 2020 年版。

张卜天:《质的量化与运动的量化——14 世纪经院自然哲学的运动学初探》,北京大学出版社 2010 年版。

张卜天:《阿格里科拉的〈矿冶全书〉及其对采矿反对者的回应》,《中国科技史杂志》2017 年第 3 期。

张旭鹏:《观念史的过去与未来:价值与批判》,《武汉大学学报》(哲学社会科学版)2018 年第 2 期。

Adams, F. D., *The Birth and Development of the Geological Sciences*. London: Baillière, Tindall and Cox, 1939.

Agricola, G., *Bermannus, sive de re metallica*, Basilea: Froben, 1530.

Agricola, G. , *De ortu et causis subterraneorum* , Basilea: Froben, 1546.

Agricola, G. , *De natura fossilium* , Basilea: Froben, 1546.

Agricola, G. , *De veteribus et novis metallis* , Basilea: Froben, 1546.

Agricola, G. , *De re metallica* , trans. by H. Hoover & L. H. Hoover, New York: Dover, 1950.

Agricola, G. , *De natura fossilium* (*Textbook of mineralogy*) , trans. by M. C. Bandy & J. A. Bandy, New York: Dover publications, 1955.

Albertus Magnus, *The Book of Minerals* , trans. by D. Wyckoff. Oxford: Clarendon Press, 1967.

Albury, W. R. , Oldroyd, D. R. , "From Renaissance Mineral Studies to Historical Geology, in the Light of Michel Foucault's the Order of Things", *The British Journal for the History of Science* , vol. 10, no. 3, 1977, pp. 187-215.

Aldrich, M. L. , Alan, E. L. & Lindsay, L. S. , "Georgius Agricola, De Animantibus Subterraneis, 1549 and 1556: A translation of a Renaissance essay in zoology and natural history", *Proceedings of the California Academy of Sciences* , vol. 60, no. 1, 2009, pp. 89-174.

Alfonso-Goldfarb, A. M. , Marcia, H. F. , "Gur, Ghur, Guhr or Bur? The quest for a metalliferous prime matter in early modern times", *The British Journal for the History of Science* , vol. 46, no. 1, 2013, pp. 23-37.

Aristotle, *The Complete Works of Aristotle* , edit. by Barnes J. Princeton: Princeton Uni. Press, 1991.

Aristotle, *Metaphysics* , trans. by Sachs J. Green Lion Press, 1999.

Aristotle, *Aristotle: Meteorologica* , trans. by H. D. P. Lee. The Loeb classical library. No. 397, Cambridge (Mass.): Harvard Uni. Press, 2004.

Asmussen, T. , "Spirited metals and the oeconomy of resources in early modern European mining", *Earth Sciences History* , vol. 39, no. 2, 2020, pp. 371-388.

Asmussen, T. , Long, P. O. , "Introduction: The Cultural and Material Worlds of Mining in Early Modern Europe", *Renaissance Studies* , vol. 34, no. 1, 2020, pp. 8-30.

Avicenna, *De congelatione et conglutinatione lapidum* , edit. and trans. by E.

J. Holmyard and D. C. Mandeville, Paris: Paul Geuthner, 1927.

Baldner, S. , "St. Albert the Great and St. Thomas Aquinas on the Presence of Elements in Compounds", *Sapientia*, vol. 54, no. 205:1999, pp. 41-57.

Barton, I. F. , "Georgius Agricola's contributions to hydrology", *Journal of Hydrology*, vol. 523, 2015, pp. 839-849.

Barton, I. F. , "Georgius Agricola's De Re Metallica in Early Modern Scholarship", *Earth Sciences History*, vol. 35, no. 2, 2016, pp. 265-282.

Barton, I. F. , "Mining, alchemy, and the changing concept of minerals from antiquity to early modernity", *Earth Sciences History*, vol. 41, no. 1, 2022, pp. 1-15.

Beretta, M. , *The Enlightenment of Matter: The Definition of Chemistry from Agricola to Lavoisier*, Canton, MA: Science History Publications, 1993.

Beretta, M. , "Humanism and chemistry: the spread of Georgius Agricola's metallurgical writings", *Nuncius*, vol. 12, no. 1, 1997, pp. 17-47.

Berrens, D. , "Names and Things: Latin and German Mining Terminology in Georgius Agricola's Bermannus", *Antike Und Abendland*, vol. 65-66, no. 1, 2020, pp. 232-243.

Cohen, I. B. , "Bergwerk-Und Probierbüchlein, Anneliese Grünhaldt Sisco, Cyril Stanley Smith, De Re Metallica, Herbert Clark Hoover, Louhenry Hoover, Georgius Agricola", *Isis*, vol. 42, no. 1, 1951, pp. 54-56.

Caley, E. R. , Richards, J. F. C. , *Theophrastus on Stones*, Columbus: the Ohio State University, 1956.

Daston, L. , Park, K. , *Wonders and the Order of Nature 1150-1750*, Princeton: Princeton University Press, 1998.

Dear, P. , *Discipline and Experience: The Mathematical Way in the Scientific Revolution*, Chicago: University of Chicago Press, 1995.

Dixon, C. S. , *The Reformation in Germany*, Hoboken: John Wiley & Sons, 2002.

Dym, W. , "Mineral fumes and mining spirits: Popular beliefs in the Sarepta of Johann Mathesius (1504-1565)", *Reformation & Renaissance Review*, vol. 8, no. 2, 2006, pp. 161-185.

Dym, W. , "Alchemy and Mining: Metallogenesis and Prospecting in Early Mining Books", *Ambix*, vol. 55, no. 3, 2008, pp. 232-254.

Dym, W. , *Divining science: Treasure hunting and earth science in early modern Germany*, Leiden: Brill, 2010.

Dym, W. , "Thoughts on Mining History", *Earth Sciences History*, vol. 31, no. 2, 2012, pp. 315-335.

Eichholz, D. E. , "Aristotle's Theory of the Formation of Metals and Minerals", *The Classical Quarterly*, vol. 43, no. 3-4, 1949, pp. 141-146.

Engewald, G. , *Georgius Agricola*, Leipzig: BSB B. G. Teubner Verlagsgesellschaft, 1982.

Felten, S. , "Mining Culture, Labour, and the State in Early Modern Saxony", *Renaissance Studies*, vol. 34, no. 1, 2020, pp. 119-148.

Forbes, R. J. , "Ausgewählte Werke, De Natura Fossilium Libri X, Die Mineralien", *Isis*, vol. 51, no. 2, 1960, p. 239.

Fors, H. , *The Limits of Matter: Chemistry, Mining, and Enlightenment*, Chicago: University of Chicago Press, 2015.

Fraustadt, G. , *Ausgewählte Werke: Schriften zur Geologie und Mineralagie I, von G. Agricola*, *Vol. 3*, Berlin: VEB Deutscher Verlag der Wissenschaften, 1956.

Fraustadt, G. , *Ausgewählte Werke: De natura fossilium libri X, von G. Agricola*, *Vol. 4*, Berlin: VEB Deutscher Verlag der Wissenschaften, 1958.

Fraustadt, G. , *Ausgewählte Werke: Vermischte Schriften I, von G. Agricola*, *Vol. 6*, Berlin: VEB Deutscher Verlag der Wissenschaften, 1961.

Fraustadt, G. , *Ausgewählte Werke: Vermischte Schriften II, von G. Agricola*, *Vol. 7*, Berlin: VEB Deutscher Verlag der Wissenschaften, 1963.

Fraustadt, G. , Prescher, H. , *Ausgewählte Werke: De re metallica Libri XII, von G. Agricola*, *Vol. 8*, Berlin: VEB Deutscher Verlag der Wissenschaften, 1974.

Fraustadt, G. , Weber, W. , *Ausgewählte Werke: Schriften über Masse und Gewichte, von G. Agricola*, *Vol. 5*, Berlin: VEB Deutscher Verlag der Wissenschaften, 1959.

Fritscher, B. , "Wissenschaft vom Akzidentellen. Methodische Aspekte der

Mineralogie Georgius Agricolas",*Georgius Agricola 500 Jahre*:*Wissenschaftliche Konferenz vom 25-27 März 1994 in Chemnitz*,Freistaat Sachsen,edit. by F. Naumann. Basel:Birkhäuser,1994,pp. 82-89.

Gillispie,C. ,*Dictionary of Scientific Biography*,Vol 1, New York:Charles Scribner's Sons,1980.

Gottschalk,H. B. , "The authorship of Meteorologica, Book IV", *The Classical Quarterly*,vol. 11,no. 1-2,1980,pp. 67-79.

Grendler,P. F. , "The Universities of the Renaissance and Reformation",*Renaissance Quarterly*,vol. 57,no. 1,2004,pp. 1-42.

Hall,A. R. , "The Scholar and the Craftsman in the Scientific Revolution", *Critical Problems in the History of Science*, edit. by M. Clagett. Madison:University of Wisconsin Press,1959,pp. 3-23.

Hall,A. R. , "Merton revisited or science and society in the seventeenth century",*History of science*,vol. 2,no. 1,1963,pp. 1-16.

Hamm,E. , "Mining history:people,knowledge,power",*Earth Sciences History*,vol. 31,no. 2,2012,pp. 321-326.

Hannaway,O. , "Georgius Agricola as Humanist",*Journal of the History of Ideas*,vol. 53,no. 4,1992,pp. 553-560.

Hannaway,O. , "Herbert Hoover and Georgius Agricola:The Distorting Mirrors of History",*Bull. Hist. Chem.* ,no. 12,1992,pp. 3-10.

Hannaway,O. , "Reading the pictures: the context of Georgius Agricola's woodcuts",*Nuncius*,vol. 12,no. 1,1997,pp. 49-66.

Haug,H. ,"In the Garden of Eden? Mineral lore and preaching in the Erzgebirge",*Renaissance Studies*,vol. 34,no. 1,2020,pp. 57-77.

Hiro,H. ,*Le Concept de Semence Dans Les Théories de La Matière à La Renaissance*:*De Marsile Ficin à Pierre Gassendi*, Turnhout: Brepols, 2005.

Koyré,A. , "Influence of philosophic trends on the formulation of scientific theories",*The Scientific Monthly*,vol. 80,no. 2,1955,pp. 107-111.

Laudan, R. , *From Mineralogy to Geology*:*The Foundations of a Science*, 1650-1830,Chicago:University of Chicago Press,1987.

Long,P. O. ,"The Openness of Knowledge:An Ideal and Its Context in 16th-

Century Writings on Mining and Metallurgy", *Technology and Culture*, vol. 32, no. 2, 1991, pp. 318-355.

Long, P. O. , *Artisan/Practitioners and the Rise of the New Sciences*, 1400-1600, Corvallis: Oregon State University Press, 2011.

Long, P. O. , "Trading zones in early modern Europe", *Isis*, vol. 106, no. 4, 2015, pp. 840-847.

Luzzini, F. , "Sounding the depths of providence: Mineral(re)generation and human-environment interaction in the early modern period", *Earth Sciences History*, vol. 39, no. 2, 2020, pp. 389-480.

Maier, A. , *An der Grenze von Scholastik und Naturwissenschaft*, Essen: Essener Verlagsanstalt, 1943.

Martin, C. , "Book Review: Structure and Method in Aristotle's Meteorologica: A More Disorderly Nature, written by Malcolm Wilson", *Early Science and Medicine*, vol. 20, no. 1, 2015, pp. 77-79.

Morello, N. , "Bermannus—the names and the things", *Georgius Agricola 500 Jahre: Wissenschaftliche Konferenz vom 25-27 März 1994 in Chemnitz, Freistaat Sachsen*, edit. by F. Naumann. Basel: Birkhäuser, 1994, pp. 73-81.

Morello, N. , "Agricola and the birth of the mineralogical sciences in Italy in the sixteenth century", *The Origins of Geology in Italy*, edit. by G. B. Vai & W. G. E. Caldwell. Geological Society of America, 2006, pp. 23-30.

Moulin, I. , Twetten, D. , "Causality and Emanation in Albert". *A Companion to Albert the Great: Theology, Philosophy, and the Sciences*, edit. by I. Resnick, Leiden: Brill, 2013.

Naumann, F. , *Georgius Agricola 500 Jahre: Wissenschaftliche Konferenz vom 25-27 März 1994 in Chemnitz, Freistaat Sachsen*, Basel: Birkhäuser, 1994.

Nef, J. U. , "Mining and Metallurgy in Medieval Civilisation", *The Cambridge Economic History of Europe*, Vol. II, *Trade and Industry in the Middle Ages*, edit. by M. M. Postan & E. Miller, Cambridge: Cambridge University Press, 1987, pp. 693-762.

Newman, W. R. , "Technology and alchemical debate in the late middle ages", *Isis*, vol. 80, no. 3, 1989, pp. 423-445.

Newman,W. R. ,*The Summa perfectionis of Pseudo-Geber*:*a critical edition*,*translation and study*,Leiden:Brill,1991.
Newman,W. R. ,*Promethean Ambitions*:*Alchemy and the Quest to Perfect Nature*,Chicago:University of Chicago Press,2005.
Newman,W. R. ,*Atoms and Alchemy*:*Chymistry and the Experimental Origins of the Scientific Revolution*,Chicago:University of Chicago Press, 2006.
Newman,W. R. ,"Mercury and Sulphur among the High Medieval Alchemists:From Rāzī and Avicenna to Albertus Magnus and Pseudo-Roger Bacon",*Ambix*,vol. 61,no. 4,2014,pp. 327-344.
Norris,J. A. ,"The mineral exhalation theory of metallogenesis in pre-modern mineral science",*Ambix*,vol. 53,no. 1,2006,pp. 43-65.
Norris,J. A. ,"Early theories of aqueous mineral genesis in the sixteenth century",*Ambix*,vol. 54,no. 1,2007,pp. 69-86.
Norris,J. A. ,"The providence of mineral generation in the sermons of Johann Mathesius (1504-1565)",*Geological Society*,vol. 310,no. 1,2009,pp. 37-40.
Norris,J. A. ,"Auß Quecksilber und Schwefel Rein:Johann Mathesius (1504-65) and Sulfur-Mercurius in the Silver Mines of Joachimstal",*Osiris*, vol. 29,no. 1,2014,pp. 35-48.
Norris,J. A. ,"Agricola's Bermannus:A dialogue of mineralogical humanism and empiricism in the mines of Jáchymov",*Latin Alchemical Literature of Czech Provenance*,edit. by T. Nejeschleba,J. Michalík. Olomouc: Palacký University,2015,pp. 7-20.
Oldroyd,D. R. ,*Thinking About the Earth*:*a History of Ideas in Geology*, Cambridge:Harvard University Press,1996.
Paul,W. ,*Mining Lore*:*An Illustrated Composition and Documentary Compilation with Emphasis on the Spirit and History of Mining*,Indianapolis:Morris Print Company,1970.
Raphael,R. ,"Producing Knowledge about Mercury Mining:Local Practices and Textual Tools",*Renaissance Studies*,vol. 34,no. 1,2020,pp. 95-118.
Raphael,R. ,"Toward a Critical Transatlantic History of Early Modern Min-

ing: Depiction, Reality, and Readers' Expectations in Álvaro Alonso Barba's 1640 El Arte de Los Metales", *Isis*, vol. 114, no. 2, 2023, pp. 341-358.

Riddle, J. M., Mulholland, J. A., "Albert on Stones and Minerals". *Albertus Magnus and the Sciences: Commemorative Essays*, edit. by J. A. Weisheipl, Toronto: Pontifical Institute of Mediaeval Studies, 1980.

Rinotas, A., "Compatibility Between Philosophy and Magic in the Work of Albertus Magnus", *Revista Española de Filosofía Medieval*, vol. 22, no. 1, 2015, pp. 171-180.

Rinotas, A., "The Philosophical Background of Medieval Magic and Alchemy", *The Journal of Science and Culture*, vol. 3, no. 1, 2015, pp. 79-98.

Rinotas, A., "Alchemy and Creation in the Work of Albertus Magnus", *Journal of Philosophy*, vol. 3, no. 1, 2018, pp. 63-74.

Sacco, F. G., "Erasmus, Agricola and Mineralogy", *Journal of Interdisciplinary History of Ideas*, vol. 3, no. 6, 2014, pp. 1-20.

Sarton, G., *Six Wings: Men of Science in the Renaissance*, Bloomington: Indiana University Press, 1957.

Satsuka, S., *Nature in Translation: Japanese Tourism Encounters the Canadian Rockies*, Durham, NC: Duke University Press, 2015.

Sawday, J., *Engines of the Imagination: Renaissance Culture and the Rise of the Machine*, Abingdon: Routledge, 2007.

Schönbeck, C., "Georgius Agricola-ein humanistischer Naturforscher der deutschen Renaissance", *Georgius Agricola 500 Jahre: Wissenschaftliche Konferenz vom 25-27 März 1994 in Chemnitz, Freistaat Sachsen*, edit. by F. Naumann, Basel: Birkhäuser, *1994*, pp. 477-496.

Sharvy, R., "Aristotle on Mixtures", *The Journal of Philosophy*, vol. 80, no. 8, 1983, pp. 439-457.

Siraisi, N. G., *History, Medicine, and the Traditions of Renaissance Learning*, Ann Arbor: The University of Michigan Press, 2007.

Sisco, A., "Georgius Agricola, 1494-1555, Zu Seinem 400. Todestag, 21. November 1955. Rolf Wendler", *Isis*, vol. 49, no. 3, 1958, pp. 369-370.

Smith, P. H., "Eloge: Owen Hannaway, 8 October 1939-21 January 2006",

Isis, vol. 98, no. 1, 2007, pp. 143-148.

Smith, P. H. , "The codification of vernacular theories of metallic generation in sixteenth-century European mining and metalworking", *The Structures of Practical Knowledge*, Cham: Springer, 2017, pp. 371-392.

Sparling, A. W. , "Providence and Alchemy: Paracelsus on How Knowledge Unfolded, Matter Developed, and Bodies Might Be Perfected", University of Nevada, 2018.

Steven, B. , "St. Albert the Great and St. Thomas Aquinas on the Presence of Elements in Compounds", *Sapientia*, no. 54, 1999, pp. 41-57.

Takahashi, A. , "Nature, Formative Power and Intellect in the Natural Philosophy of Albert the Great", *Early Science and Medicine*, vol. 13, no. 5, 2008, pp. 451-481.

Taylor, H. , "Mining Metals, Mining Minds: An Exploration of Georgius Agricola's Natural Philosophy in De re metallica (1556)", Vanderbilt University, 2021.

Taylor, G. , *Al-Rāzī's "Book of Secrets": The practical laboratory in the medieval Islamic world*, Fullerton: California State University, 2008.

Taylor, G. , "The Kitab al-Asrar: an alchemy manual in tenth-century Persia", *Arab Studies Quarterly*, vol. 32, no. 1, 2010, pp. 6-27.

Taylor, G. , *The Alchemy of Al-Razi: A Translation of the "Book of Secrets"*, Create Space Independent Publishing Platform, 2015.

Tkacz, M. W. , "Albertus Magnus and the Recovery of Aristotelian Form", *The Review of Metaphysics*, vol. 64, no. 4, 2011, pp. 735-762.

Tschudin, P. F. , "Agricola und der Basler Humanismus-Agricolas Bermannus in der Hand des Erasmus", *Georgius Agricola 500 Jahre: Wissenschaftliche Konferenz vom 25-27 März 1994 in Chemnitz*, Freistaat Sachsen, edit. by F. Naumann, Basel: Birkhäuser, 1994, pp. 176-185.

Twetten, D. , Baldner, S. & Snyder, S. C. , "Albert's Physics", *A Companion to Albert the Great: Theology, Philosophy, and the Sciences*, edit. by I. Resnick, Leiden: Brill, 2013.

Varani, B. , "Agricola and Italy", *GeoJournal*, vol. 32, no. 2, 1994, pp. 151-160.

Werner, A. G. , *New Theory of the Formation of Veins*, trans. by C. Anderson, London: Encyclopædia Britannica Press, 1809.

White, G. W. , "De Natura Fossilium (Textbook of Mineralogy), Georgius Agricola", *The Journal of Geology*, vol. 65, no. 1, 1957, pp. 113-114.

Wilsdorf, H. , *Ausgewählte Werke: Georg Agricola und seine Zei*, Vol. 1, Berlin: VEB Deutscher Verlag der Wissenschaften, 1955.

Wilsdorf, H. , *Ausgewählte Werke: Bermannus, von G. Agricola*, Vol. 2, Berlin: VEB Deutscher Verlag der Wissenschaften, 1955.

Wilson, M. , "A Somewhat Disorderly Nature: Unity in Aristotle's Meteorologica I-III", *Apeiron*, vol. 42, no. 1, 2009, pp. 63-88.

Wilson, M. , *Structure and Method in Aristotle's Meteorologica: A More Disorderly Nature*, Cambridge: Cambridge University Press, 2013.

Wyckoff, D. , "Albertus Magnus on Ore Deposits", *Isis*, vol. 49, no. 2, 1958, pp. 109-122.

后 记

本书是我在清华大学科学史系完成的博士论文基础上修改而成的。它在结构和内容上基本保留了博士论文的原貌。我的博士论文在当年(2024)被评为清华大学优秀博士论文,但我明白其中还存在不少缺憾和不足。尤其是受限于论述焦点、研究精力和毕业年限,论文仅仅对阿格里科拉早中期的矿物自然哲学进行了观念史梳理。对于他晚期关于矿冶技术的杰作《矿冶全书》只是从自然哲学的角度略做分析,以显示一种面对自然的新态度对矿冶工业实践的影响,而没有详细分析这部作品的篇章结构和技术细节。至于阿格里科拉对16世纪以后欧洲乃至世界矿冶知识与工业实践的影响,论文则完全没有涉及。利用这次出版的机会,我得以修正了论文中一些字句和引用的错误,但关于《矿冶全书》研究以及"后阿格里科拉时代"矿冶史研究的空白,一时之间难以补全,就只能留待以后的工作进行填补了。

作为本书底稿的博士论文的完成,首先应该感谢张卜天教授的悉心指点与深切教导。张老师是直接将我引入科学史门径的人。自从2017年以来,无论是研读由他分享给汉语学界的译作,还是与他日常交游和漫步闲谈,我时刻都在接受着他的智识引领和精神熏陶。我之所以能够带着理解现代工业文明的问题意识进入阿格里科拉,皆因他彼时刚刚发表了一篇介绍《矿冶全书》的文章。2019 年 9 月起,我正式成为张老师的博士生,直到 2023 年 7 月他移居杭州。这数年间,他对我倾囊相授。他是这个时代最彻底、最本真的教师,我完全理解并认同这一点。因此,我将这本小书献给我的老师张卜天。

而本书能够顺利出版,则应该衷心感谢我的导师吴国盛教授。尽管正式成为吴老师名下学生的时间很短,但他对我的影响不可谓不深。吴老师对纯粹学术的追求,为我创造了一个自由开明的学术环境;他所推进和弘扬的科学思想史和现象学科技哲学这两大学科方向以及打通科史哲的治学风格,为我奠定了基本的运思框架。我从 2021 年初开始在他的组会接受学术写作的训练,由此才逐渐形成比较清晰的文风。同时,也是由于吴老师的鼓励和提携,我才有机会面向学界同人与公众导读科史哲领域的经典著作。导读逼促着我自己把书读清楚,因此我才逐渐学会如何读书,而这也是我读博期间的最大收获。

北京科技大学的晋世翔副教授,不啻为我的第二导师,是他带着我逐字逐句地读福柯、德勒兹、海德格尔、康德、亚里士多德等人艰涩的哲学文本。他从 2017 年开始主持并坚持至今的读书班,为我形成治学的脉络感提供了极大帮助。2022 年胡翌老师加入后,读书班的面貌为之一新。两位老师介绍、讨论和延伸出的许多思想资源,成为我思考问题的灵感,最终都融汇到这部作品之中。因此,我必须向他们表示诚挚的谢意。

此外,我还要感谢胡翌霖副教授、蒋澈副教授和王哲然副教授。这不仅是因为他们在论文定稿和评审期间提出了十分有益的建议，更因为这项研究的完成离不开他们的先期帮助。胡老师在技术哲学课程上对《技术的追问》《科学与沉思》这两篇文章的领读，使我对海德格尔的技术形而上学有所理解；而他开设的串讲西方哲学经典的科学哲学课程，对我则起到了廓清思想史脉络的重要作用。本书的宏观关切是考虑矿物观念变革与形而上学之完成的关系，这一关切正是形成于胡老师的这两门课。蒋澈老师教授了我拉丁语，能够处理阿格里科拉的大量一手文献，端赖于此。此外，本书的文献综述部分形成于蒋老师导读西方科学史名著的课程，是这门课程让我开始理解 20 世纪 90 年代以后西方科学史研究的转向。2020 年上半年参加王哲然老师整理达·芬奇手稿的项目，为我提供了第一次汇报阿格里科拉和比林古乔的机会，使我初步思考了关于阿格里科拉的写作思路。也是经过这个项目，我掌握了一些令我长期受益的文献工具的用法。

北京大学的张大庆教授、北京科技大学的潜伟教授、中国社会科学院哲学研究所的孟强研究员以及清华大学科学史系的王巍教授和沈宇斌副教授，在百忙之中仔细审阅了我的博士论文，并向我提出了许多有益的建议，在此一并向他们表示感谢。其中尤其需要感谢的是潜伟老师。2018 年我尚在北科大读硕士期间，就向他汇报过对这项研究的初步设想，当年他便向我提出了若干建议。如今博士论文和书稿已完成，它的方向和规模都超乎我当年的设想，潜伟老师对此给予了热情鼓励。我理解其中包含着他对学生的殷切期待。

此外，还需要感谢清华大学刘嘉桢老师、张恩硕老师与张晓天老师在论文评审和答辩过程中提供的各种帮助。感谢湖南大学马玺老师对我博士论文的建议，当他还在清华科学史系做博士后研究时，曾与我专门进行过相关讨论，并向我提供了他的博士论文以便参考。感谢刘逸、史艳飞、徐思源、李筠若、袁铨、季骅、许馨丹等朋友的情谊和帮助，他们在我论文写作的不同时期与我一起读书或交流。形成现在的视野和思路，非常有赖于这些交流。特别是在论文写作最艰难的时候，许馨丹和季骅向我介绍了"万能青年旅店"这支摇滚乐队。他们的专辑《冀西南林路行》，尤其是其中《采石》《山雀》《泥河》等歌曲，借由描绘矿业而反思自然对象化的现代性困境，正切合于激发我写作的原初问题。我个人的学术志趣与当下艺术的强烈共鸣，极大地激励了我在最后关头完成我的博士论文。

感谢苗孟苂女士和胡青云女士为本书提供的切实帮助。在中德通邮极不顺畅的2020年初，青云姐姐为我从德国寄来了六卷阿格里科拉德译选集以及一些国内难以获得的二手文献，这些材料成为本书最重要的文献资源。苗孟苂女士多年来坚持听我讲述许多尚未成形但激动人心的写作思路，以及我在一手文献中发现的许多极其有趣的故事，这种讲述与倾听的互动，最终孕育出本书相当多的内容。

感谢商务印书馆的颜廷真博士和李婷婷主任为本书出版所付出的辛勤劳动。

最后，由衷地感谢我的父母和亲人。他们多年来对我的理解、包容和支持，使我能够心无旁骛地读书写作，并继续学术道路。

本人攻读博士学位受到了清华大学未来学者奖学金为期四年的资助，这部作品是受资助的成果体现，在此也一并致谢！

清华科史哲丛书

时间的观念 　　　　　　　　　　　　　　　　　吴国盛 著
质的量化与运动的量化
　　——14世纪经院自然哲学的运动学初探　　张卜天 著
媒介史强纲领
　　——媒介环境学的哲学解读　　　　　　　胡翌霖 著
透视法的起源　　　　　　　　　　　　　　　王哲然 著
从方法到系统
　　——近代欧洲自然志对自然的重构　　　　蒋　澈 著
大哉言数（修订版）　　　　　　　　　　　　刘　钝 著
复杂性的科学哲学探索（修订版）　　　　　　吴　彤 著
克丽奥眼中的科学
　　——科学编史学初论（第三版）　　　　　刘　兵 著
贝时璋与当代中国生物物理　　　　　　　　　陆伊骊 著
技术哲学导论　　　　　　　　　　　　　　　胡翌霖 著
托勒密《地理学》研究　　　　　　　　　　　鲁博林 著
阿格里科拉的矿物观念变革　　　　　　　　　严弼宸 著